国家社会科学基金项目
"自引视角下学者研究兴趣的演化路径与迁移规律研究"（编号：20BTQ089）

河南省高等学校哲学社会科学创新团队支持计划（编号：2024-CXTD-13）

# 自引视角下
# 学者研究兴趣的演化与迁移

温芳芳　著

中国社会科学出版社

**图书在版编目（CIP）数据**

自引视角下学者研究兴趣的演化与迁移／温芳芳著． 北京：中国社会科学出版社，2025.8． -- ISBN 978-7-5227-4868-9

Ⅰ．G3

中国国家版本馆 CIP 数据核字第 2025X2A199 号

| | |
|---|---|
| 出 版 人 | 季为民 |
| 责任编辑 | 田　文 |
| 特约编辑 | 周晓慧 |
| 责任校对 | 王太行 |
| 责任印制 | 张雪娇 |

| | |
|---|---|
| 出　　版 | 中国社会科学出版社 |
| 社　　址 | 北京鼓楼西大街甲 158 号 |
| 邮　　编 | 100720 |
| 网　　址 | http://www.csspw.cn |
| 发 行 部 | 010-84083685 |
| 门 市 部 | 010-84029450 |
| 经　　销 | 新华书店及其他书店 |

| | |
|---|---|
| 印　　刷 | 北京君升印刷有限公司 |
| 装　　订 | 廊坊市广阳区广增装订厂 |
| 版　　次 | 2025 年 8 月第 1 版 |
| 印　　次 | 2025 年 8 月第 1 次印刷 |

| | |
|---|---|
| 开　　本 | 710×1000　1/16 |
| 印　　张 | 20.25 |
| 插　　页 | 2 |
| 字　　数 | 290 千字 |
| 定　　价 | 118.00 元 |

凡购买中国社会科学出版社图书，如有质量问题请与本社营销中心联系调换
电话：010-84083683
**版权所有　侵权必究**

# 前　言

党的二十大报告指出："教育、科技、人才是全面建设社会主义现代化国家的基础性、战略性支撑。必须坚持科技是第一生产力、人才是第一资源、创新是第一动力，深入实施科教兴国战略、人才强国战略、创新驱动发展战略，开辟发展新领域新赛道，不断塑造发展新动能新优势。"人才是创新的第一资源，是推动科技事业发展的主导力量。功以才成，业由才广。人才资源是一个国家最重要的战略资源，瞄准世界科技前沿、抢占科技竞争和未来发展的制高点，努力推动关键核心技术取得突破，建设世界科技强国，迫切需要培养和造就一大批优秀科技人才，不断强化人才对科技创新的战略支撑。科教兴国战略、人才强国战略、创新驱动发展战略，归根结底要依靠广大的创新人才来实现。在有组织的科研和自由探索之间，学者的研究兴趣如何演化与迁移，这是解锁学者成长成才规律的关键，有助于更好地认识和把握学者的学术生涯发展变迁，为着力造就拔尖创新人才、聚天下英才而用之，提供重要的参考信息和决策依据。

学者研究兴趣的演化是科学发展的基本驱动力。一位学者在某个时期通常只专注于一个或两个研究主题，而在学术生涯的不同阶段，其研究兴趣及研究方向则在不同的主题之间迁移。各个时期发表的论文如实地记录了学者的探索历程和活动足迹，自引将这些论文串联成完整的链条，并在时间轴上呈现出其前后承接关系，从而为考察学者的研究兴趣及研究方向的演化与迁移问题提供了新思路和新途径。自引表明作者的研究工作具有连贯性和稳定性，在相同或相近时期内一般不会有剧烈变化，若在某个阶段自引很少甚至为零时，说明作者又转向了新的研究主题。因此，以文献为节点的自引网络展示了学者研究方向的演化脉络，其聚类结构显示出研究兴趣的迁移轨迹。

习近平总书记多次强调人才工作的重要意义。他在中国科学院第十九次院士大会和中国工程院第十四次院士大会上发表的重要讲话指出："创新之道，唯在得人。得人之要，必广其途以储之。"在中国科学院第十七次院士大会和中国工程院第十二次院士大会上，习近平总书记指出："顺木之天，以致其性"，要求按照人才成长规律改进人才培养机制。事实上，创新人才培养与开发的成效有赖于对人才成长规律的理解和尊重。党的十九届四中全会明确要"完善科技人才发现、培养、激励机制，健全符合科研规律的科技管理体制和政策体系"。党的二十大报告首次将教育、科技、人才进行统筹安排、一体化部署。在此背景下，围绕学者科研活动规律进行定量考察与分析，对于完善创新人才培养机制、健全科技管理体制和政策体系，具有重要的理论价值和现实意义。

论文既是构筑科学大厦的砖石，也为考察学者学术生涯变迁及研究兴趣演化提供了重要的线索和依据。引文分析在揭示学者研究兴趣方面有所应用，其有效性也得以初步检验，但是研究过程中并未区分自引与他引。与此同时，已有的自引研究大多围绕其评价功能展开，却忽视了自引作为特殊的引文形式在表征知识交流方面的积极功效，自引在展现学术传承脉络时较之他引更具特色和优势。本书从自引这一全新的视角出发追本溯源、寻踪觅迹，对学者的研究兴趣演化路径与迁移规律进行定量分析和动态探测，进一步揭示科学发展规律和创新人才成长规律，服务科研管理决策、指导青年学者成长。基于自引网络的计量分析与可视化展示，追踪学者研究兴趣的演化轨迹、描绘其演化路径、发掘其迁移规律，在此基础之上解读科学发展规律与创新人才成长规律，为服务科研管理决策、指导青年学者成长提供启示和建议。

本书的学术价值包括：拓展和深化了学者的学术生涯、研究方向、研究兴趣，以及知识交流和引文分析等相关主题的研究思路与内容，有助于进一步丰富和完善文献计量学、科学学等的理论和方法体系。具体表现为：一是从自引视角切入对学者的学术生涯发展脉络、研究兴趣及研究方向演化与迁移问题进行了动态考察，构建了学者研究兴趣计量分析的新范式，开辟了自引分析及应用的新领域；二是基于自引网络的计量分析与可视化展示，提出能够识别和追踪研究兴趣演化与迁移的新方案，革新了学者研究兴趣分析的方法和工具；三是深入剖析演化特征和机理，发掘学者研究兴趣迁移的成因、规律和影响，增强了该领域的理论基础和学术认知；四是唤起学界对于自引之科学交流功能和价值的关注，带给后续研究者一定的借鉴和启示。

本书的应用价值包括：立足于国家大力实施"创新驱动发展战略"和"人才强国战略"的时代背景，从学者研究兴趣的演化与迁移角度，揭示了科学发展规律和创新人才成长规律，提出了关于优化科技人才工作的改革方案和对策建议。具体可应用于：一是指导科研选题，为广大青年学者制定学术生涯发展规划、选择研究方向等提供参考，使其在科学探索过程中目标更明确、路径更清晰；二是服务科研管理决策，使相关部门在资源分配时能够更有针对性地确立资助方向、资助对象和资助形式，营造"鼓励试错、宽容失败"的学术生态，给予那些"虽九死其犹未悔"的创新人才以更坚定的支持；三是贯彻落实国家关于创新人才工作的精神，使相关政策更加契合创新本质和人才规律，为完善人才发现、培养、评价和激励机制，健全符合科研规律的科技管理体制和政策体系提供参照和依据。

本书涉及理论、方法、实证、应用等多个方面的内容，从多个层次和角度针对学者研究兴趣的演化与迁移问题进行较为系统全面的考察和分析；主要面向情报学、计量学、科学学等相关专业的师生，广大从事科技创新工作和科技管理工作的人员，以及对科学、科学家等问题感兴趣的社会大众，读者群体较为广泛。

本书是作者主持完成的国家社会科学基金一般项目"自引视角下学

者研究兴趣的演化路径与迁移规律研究"（项目编号：20BTQ089）的研究成果之一，该项目已于2024年5月正式结项。本书是在结项报告基础之上修改完善而成的，是作者近年来主要研究成果的总结与提炼。在出版过程中也得到了河南省高等学校哲学社会科学创新团队支持计划资助。杨嘉敏、郑诗嘉、闫香玉、靳华等几位研究生参与了文献资料整理、数据采集与计算分析。在研究和写作过程中参考和借鉴了大量的中外文资料，在此向各位作者一并表示感谢。本书也得到了一些同行专家学者的指导和帮助，在此向所有为本书付出辛勤劳动的单位和个人表示诚挚的谢意。

　　自引在表征学者的学术传承与演化脉络方面的特色和优势亟待深入探索。本书摒弃传统观念对自引科学评价功能的质疑和非议，转而深入发掘自引的科学交流功能，基于自引网络来考察学者研究兴趣的演化与迁移，以及学者学术生涯的发展变迁，开辟了新的研究视角，拓展了自引的新功能。尽管如此，自引的计量功能属性有待进一步发掘，学者研究兴趣的演化与迁移问题还需要进行更为深入细致的研究，本书只是一次初级的探索与尝试，抛砖引玉，以期唤起更多专家学者的关注与兴趣，我们也期待着在这一研究领域涌现出更多的优秀成果。由于研究资源和条件所限，加之作者本人的学识和水平有限，对部分内容的研究还不够深入，对个别问题的认识和解读存在片面性，书中也不免存在错漏和不妥之处，恳请广大读者批评指正，以便在后续研究中或再版时予以纠正和完善。

# 目 录

第一章 绪论 ·································································· (1)
  一 研究背景与意义 ·················································· (1)
    （一）研究背景 ······················································ (2)
    （二）研究意义 ······················································ (7)
  二 研究内容与方法 ················································· (10)
    （一）研究内容 ····················································· (11)
    （二）研究方法 ····················································· (14)
  三 创新之处 ··························································· (16)

第二章 国内外文献综述 ··············································· (18)
  一 国内文献综述 ···················································· (19)
    （一）国内自引主题的研究 ···································· (19)
    （二）国内研究兴趣主题的研究 ······························ (27)
    （三）国内学术生涯主题的研究 ······························ (31)
  二 国外文献综述 ···················································· (38)
    （一）国外自引主题的研究 ···································· (39)
    （二）国外研究兴趣主题的研究 ······························ (46)
    （三）国外学术生涯主题的研究 ······························ (55)
  三 研究述评 ··························································· (60)
    （一）自引主题的研究述评 ···································· (60)

（二）研究兴趣主题的研究述评 …………………………………（61）
（三）学术生涯主题的研究述评 …………………………………（62）

第三章 理论基础 ……………………………………………………（64）
一 基本概念 ……………………………………………………（64）
（一）自引 …………………………………………………………（64）
（二）研究兴趣 ……………………………………………………（68）
（三）学术生涯 ……………………………………………………（72）
二 相关理论 ……………………………………………………（75）
（一）引文分析理论 ………………………………………………（75）
（二）知识生态理论 ………………………………………………（78）
（三）生涯建构理论 ………………………………………………（81）
（四）生命周期理论 ………………………………………………（84）

第四章 自引的知识交流特征 ………………………………………（88）
一 数据与方法 …………………………………………………（89）
（一）样本数据 ……………………………………………………（89）
（二）研究方法 ……………………………………………………（90）
二 自引与他引知识交流特征的计量 …………………………（93）
（一）语义相似度的计量 …………………………………………（93）
（二）引文位置的计量 ……………………………………………（97）
（三）引用时滞的计量 ……………………………………………（104）
三 主要结论与讨论 ……………………………………………（110）
（一）主要结论 ……………………………………………………（110）
（二）相关启示 ……………………………………………………（113）

第五章 自引表征学术轨迹的机理 …………………………………（117）
一 基于扎根理论的学者自引动机及行为 ……………………（117）

（一）理论基础 …………………………………………… (118)
　　（二）研究方法 …………………………………………… (120)
　　（三）数据收集与扎根编码 ……………………………… (121)
　　（四）结构模型的构建与阐释 …………………………… (131)
　二　基于自引考察学者研究兴趣的机理 ……………………… (138)
　　（一）关键要素的关联机制 ……………………………… (138)
　　（二）方案设计和基本原理 ……………………………… (140)
　　（三）需要考虑的其他方面 ……………………………… (144)

## 第六章　杰出学者自引网络的计量 …………………………… (147)
　一　数据与方法 ………………………………………………… (147)
　　（一）样本选择 …………………………………………… (147)
　　（二）数据获取 …………………………………………… (150)
　　（三）研究方法 …………………………………………… (151)
　二　杰出学者的主要科学指标统计 …………………………… (155)
　　（一）科学生产力和学术影响力 ………………………… (157)
　　（二）自引率指标 ………………………………………… (158)
　　（三）学科差异 …………………………………………… (159)
　三　杰出学者自引网络的可视化 ……………………………… (162)
　　（一）中国科学院院士的自引网络 ……………………… (163)
　　（二）中国工程院院士的自引网络 ……………………… (180)
　四　自引视角下杰出学者学术生涯的发展历程 ……………… (209)
　　（一）杰出学者学术生涯的共性特征 …………………… (209)
　　（二）杰出学者成长成才的基本轨迹 …………………… (211)
　　（三）研究兴趣演化迁移的一般规律 …………………… (213)

## 第七章　学者研究兴趣的演化与迁移 ………………………… (216)
　一　学者研究兴趣的演化 ……………………………………… (217)

（一）研究兴趣的演化路径 …………………………（217）
　　（二）研究兴趣的演化过程 …………………………（220）
　二　学者研究兴趣的迁移 ……………………………（223）
　　（一）研究兴趣迁移的原因 …………………………（223）
　　（二）研究兴趣迁移的影响 …………………………（227）
　三　研究兴趣演化与迁移的机理 ……………………（229）
　　（一）演化与迁移的内在联系 ………………………（230）
　　（二）演化与迁移的驱动力 …………………………（233）
　　（三）研究兴趣与学术生长 …………………………（239）

**第八章　管理启示与对策建议** …………………………（248）
　一　管理启示 …………………………………………（248）
　　（一）科学发展是继承与创新的有机统一体 ………（249）
　　（二）自引为追踪学者学术轨迹提供了新线索 ……（251）
　　（三）学者在其学术生涯中需不断探索与尝试 ……（255）
　　（四）研究兴趣迁移由内生外生因素共同驱动 ……（259）
　　（五）研究兴趣适度迁移有利于学者职业成长 ……（261）
　二　对策建议 …………………………………………（263）
　　（一）以人才为抓手开展有组织科研 ………………（264）
　　（二）提供宽松的人才成长成才环境 ………………（266）
　　（三）深化科技人才评价机制改革 …………………（269）
　　（四）注重科技人才培育的过程管理 ………………（274）
　　（五）持续优化科技创新管理政策 …………………（278）

**第九章　结论与展望** ……………………………………（282）
　一　主要结论 …………………………………………（282）
　　（一）自引为考察学者研究兴趣的演化与迁移
　　　　　提供了新视角 ………………………………（282）

- （二）杰出学者的学术生涯大多呈现出一些共性的发展脉络 …………………………………………（283）
- （三）学者在其学术生涯中通常会经历研究兴趣的多次迁移 ……………………………………（284）
- （四）学者研究兴趣的演化与迁移整体上呈现出向上的进化趋势 …………………………………（285）
- （五）研究兴趣迁移是必要的且有益于学者学术生涯发展 ………………………………………（286）

二　研究不足 …………………………………………………（287）
- （一）研究结果严重依赖自引数据质量 ………………（287）
- （二）实证研究样本的代表性相对有限 ………………（287）
- （三）研究结果未经样本学者本人确认 ………………（288）

三　研究展望 …………………………………………………（288）
- （一）自引分析结果与其他计量分析结果的比较 ……（288）
- （二）研究兴趣迁移对学者学术生涯的全方位影响 …（289）
- （三）深入剖析自引的知识交流机理 …………………（289）
- （四）预测学者研究兴趣未来的演化趋向 ……………（290）

**参考文献** …………………………………………………………（292）

## 第一章

# 绪　　论

学者研究兴趣的演化是科学发展的基本驱动力。学者在其较长的学术生涯发展中研究兴趣会发生演化和变迁，这些通常会在学者所发表的学术论文中找到线索。若将自引视为表征学者对他自己以往研究方向和知识的继承，那么通过自引关系可以追踪学者研究兴趣的演化路径，再借助在一定时间轴或时间窗口下网络结构的变化，则可以了解学者研究兴趣的变化。这就为我们考察学者研究兴趣的演化与迁移，进而揭示学者学术生涯的发展与变迁，提供了新的维度和途径，也为我们认识和把握人才的成长成才规律，指导科技人才的评价、管理、开发与应用等提供了参考和依据。本书从自引视角出发考察学者个体在其学术生涯中研究兴趣的演化与迁移，以杰出学者为例，基于每位学者的论文集合构建自引网络，综合采用主路径分析、社区发现、主题识别、时间线等方法和技术，追踪学者研究兴趣演化轨迹、描绘演化路径、发掘迁移规律，在此基础上解读科学发展规律与创新人才成长规律，为服务科研管理决策、指导青年学者成长提供启示和建议。

## 一　研究背景与意义

致天下之治者在人才。在创新驱动发展战略和人才强国战略的双重驱动下，党和国家高度重视人才事业，同时也对我国的人才事业提出了新的更高的要求。发掘、培育、开发和利用好科技创新人才，关系着我国科技创新的成效,也关系着整个国家和民族的前途与命运。为营造良好的人才成长环境、加快科技人才的成才成长,建立健全能够适应我国人才事业和科技创新事业发展需要的人才体制机制,急需对人才的成长规律有更为科学准确的把握和理解。近年来,科学计量学的快速发展,尤其是引文分析方法在科学交流和科学评价活动中的广泛运用,为定量考察学者的科研轨迹和学术生涯以及揭示科技人才成长规律等提供了一些线索。自引作为一种特殊的引文现象,表征着作者在当前研究中对以往他自己所创造的知识的继承和发展,作者在其学术生涯不同阶段发表的论文,以及这些论文通过自我引用所建立的知识链条及网络,为我们提供了考察学者学术生涯和揭示科技人才成长规律的一种新途径。

## (一)研究背景

### 1. 我国的科技创新事业处于关键历史时期

党的二十大报告强调了创新驱动发展战略和人才强国战略的重要意义,并对这两大战略的实施进行了前瞻性谋划。党的十八大以来,党和国家高度重视科技创新和科技人才工作。我国学者的发文量已经居于全球首位,同时,我国的专利申请数量也连续多年稳居世界第一。我国的科研成果的质量及影响力获得大幅提升,培养和造就了一大批优秀的科技创新人才,为我国的科技创新事业提供了重要的支撑。但是,随着目前国际形势越来越严峻,也越来越复杂,夹杂着接踵而至的风险和连续的挑战,我国的科技创新事业随之面临着一系列的压力和考验。以美国为首的西方国家长期奉行单边主义,顽固地坚持零和博弈和冷战思维,在科技领域对中国企业、高校、科研机构以及科学家进行打压、封锁和限制,妄图在中国的崛起之路上设置关卡。国际形势的复杂严峻加上我国科技创新事业发展步入新的关键时期,使得我国目前对科技创新人才的需求也更迫切。

西方国家的种种阻挠和极限施压,决定了我国必须靠自己,坚持走自主创新之路,而我国开展科技创新工作也离不了自有科技资源和科技人才两个方面的助力，尤其是对那些"卡脖子"的关键技术和领域进行重点攻关。创新驱动发展战略与人才强国战略两大战略是相辅相成的，创新驱动发展归根结底还是要依靠科技人才去落实。在此背景下，传统的人才体制机制亟须改革和创新，以便能够更好地促进科技创新和经济发展。认清当前我国科技创新所面临的新形势和新任务，才能进一步明确我国人才事业的新目标和新要求。

2. 我国的科技人才事业面临着大好机遇

人才是创新的第一资源，也是我国实现民族振兴、赢得国际竞争主动的战略资源。在当今世界，人才资源的重要性日益凸显，人才尤其是科技人才成为推动经济社会发展最重要的资源。国与国的竞争更多地表现为科技实力的较量，科技实力的竞争归根结底是人才的竞争。一个国家和地区培养和吸引的优秀人才越多，在竞争中所具有的优势就越强。如何能够更好地开发和利用珍贵的人才资源，建立健全科技人才体制机制，为科技创新事业提供充足的人才支撑，一直是党和国家各项事业的重中之重。

我国人才队伍拥有显著的数量和规模优势，不仅存量大，增量也非常突出。据统计，全国人才资源总量从2010年的1.2亿人增长到2019年的2.2亿人，其中专业技术人才从5550.4万人增长到7839.8万人，各类研发人员全时当量达到了480万人年，居世界首位。与此同时，我国人才队伍的结构、质量、影响力等也在快速提升，涌现出一大批在世界上具有较高影响力和话语权的科技人才，在部分领域已经开始引领世界科技发展潮流。党和国家比以往任何时候都更加重视科技人才，党的十八大以来，习近平总书记就人才工作发表了系列重要讲话，并作出重要指示，为我国的人才工作提供了基本遵循。各级各地政府相继出台了一系列人才政策，在引才、育才、用才、聚才等各方面提供了诸多切实有效的制度文件和政策措施，为人才工作的开展创造了有利条件。

3. 科学计量学的快速发展和广泛应用

近几十年来，科学计量学快速发展，不仅形成了独具特色的理论和方法体系，建立了相对完整的学科体系，并且已经在各个领域获得了广泛的传播和应用，包括揭示科学交流规律、追踪科学发展的轨迹、衡量科技创新效率、评估科研能力与影响力，同时也为科技政策制定以及科研管理与决策等提供了科学依据。

科学研究、交流及发展过程中所涉及的所有行为、现象、主体、成果、规律等都是科学计量学的研究对象。其中，科学家是科技创新的微观主体，是科学研究和科学交流的具体实施者，科学的发展主要依赖于科学家的集体努力。也正是这个原因，科学研究主体中的科学家是科学计量学所注重的主要研究对象，科学计量学在开展计量与评价时也是主要围绕该类主体在科学交流中的行为与表现展开，试图揭示科学家的行为特征和一般规律，为提升科研生产效率、帮助科学家更好地开展科学研究等提供参考借鉴。在相关研究中，科学计量学在考察科学家的行为表现方面积累了丰富的成果和经验，从经典的普莱斯定律的提出，到当前杰出科学家的学术画像，无论科学发展处于何种阶段，科学生产的方式发生何种变革，科学研究的环境发生如何变化，科学计量学自其诞生开始，就一直将科学家的行为和表现视为其重要的研究领域，持续地探索和努力，当然也获得了一系列的成果和发现，构筑起了一套相对完整和成熟的理论和方法体系。

在知识经济时代，社会经济发展对科技创新的依赖程度日益增强，科技实力在国家综合实力和企业竞争力中的比重不断增大，科技作为第一生产力的观念已经被大家广泛认同，各个国家和地区，以及各类组织和机构对于科技创新的重视程度也是前所未有的，由此所带来的科技创新领域的冲突和竞争越来越激烈。相应地，科技创新人才的地位进一步凸显。科学计量学原本就将科学家作为主要研究对象之一，在深入实施人才强国战略的时代背景下，科学计量学对如何开发科学家的科研潜力、如何推动科学家的科技创新、如何提升科学家的科研效率、如何帮助科学家获得更好的科研成果和科研绩效等问题更为关注。因此，科学计量学在过去几十年间针对科学家的科学研究和科学交流活动所开展的计量和评价,以及在此过程中积累的理论、方法、工具、经验等,为当前及未来的研究打下了坚实的基础。尽管如此,科学家所处的科学环境、社会环境和技术环境发生了翻天覆地的变化,科学研究以及科学交流的方式也发生了巨大改变,围绕着科学家的行为和表现问题产生了一系列新命题,对于相应的计量分析和评价提出了新要求。鉴于此,关于科学家在科学研究及知识交流当中的表现及行为特征等主题,其研究视角和研究内容需要进一步拓展、研究方法和研究工具也需要进一步革新。

4. 引文分析及自引分析日渐成熟完善

引文是科学家在科学研究和交流过程中留下的足迹,为我们探寻科学发展规律提供了直接的线索和依据。引文的数量不断累积,引文本身携带着丰富的信息,特别是引用与被引用的关系信息,能够构筑起各类科学主体之间的关联,引文及其相应的引文关系的分布呈现出一定的规律性。国内外学者通过对引文分布规律的计量分析,梳理科学的发展脉络、捕捉科学家的行为特征、揭示知识交流规律、考察学科知识结构、测度学科交叉度或相似性,引文分析成为文献计量学最重要的组成部分,同时在文献计量学中也是最具特色、最为活跃的研究领域。经过几十年的发展,引文分析的内涵和外延不断扩展,引文分析方法持续更新,引文分析工具不断完善,引文分析的应用领域不断延伸。

引文分析始于20世纪20年代,1927年,Gross 等人首次进行了引文分析,他们以化学专业某些期刊论文为样本,通过参考文献的统计分析找出了化学专业的核心期刊①。该项研究被视为最早的引文分析,距今已有近百年时间。该项研究是典型的实证研究,将引文分析的方法应用于期刊评价,基于引文分析结果寻找核心期刊。比加菲尔德提出引文检索方法并创立引文索引早了几十年。可见,引文分析从一开始就注重实证研究和应用研究,且关注引文的科学评价功能甚于引文检索功能。1965

---

① Gross, P. L. K., Gross, E. M., "College Libraries and Chemical Education", *Science*, Vol. 66, No. 1713, 1927, pp. 385–389.

年，普赖斯在 Science 杂志上发表了一篇题为"科学论文的网络"的论文①。该论文引起了学界的极大关注，单篇被引频次高达 800 多次，在一定程度上奠定了引文分析的理论基础。在文献计量学领域随后发表的学术论文中，有关引文分析主题的学术论文越来越多。引文分析得到了越来越广泛的关注和认可，其应用领域也不断拓展，而且其有效性在实证研究中得到充分检验。

科学是一场接力赛，每一位学者都站在前人的肩膀上去看这个世界，在开展他自己的研究时，必然会学习前人或者其他人的研究成果，在前人研究的基础上为科学研究添砖加瓦，推动科学的发展和进步。正因如此，研究者的引用行为也是普遍存在的现象。从 1927 年首篇引文分析文献问世至 1961 年首版 SCI 问世，再到今天引文分析获得广泛应用，近百年来引文分析发展演化，引文分析的研究主题、研究内容不断拓展和深化，其应用领域也愈加广泛。

自引是一种特殊类型的引用，具备一般引文的共性特征，同时兼具其自身的特色。其本质仍是知识的交流与传承，只不过自引的知识交流和传承只限于同一主体，而他引则是发生在不同主体之间的更广泛的知识交流。自引是科学交流系统的重要组成部分，但是以往在文献计量学领域，国内外学者并未对自引和他引做严格区分。相比较而言，对他引的关注度更高，针对自引的研究成果则相对有限。尽管如此，近几十年来引文分析在理论、方法、工具及应用等方面所取得的丰硕成果，同样为自引分析提供了极大的便利。目前已有的自引研究大多围绕以下几个主题展开：一是自引率（自引证率与自被引率）的统计分析，以证实自引是普遍的科学交流行为和现象；二是自引对于科学评价的影响，学者多持有负面态度，其中，关于不当自引、过度自引等问题及其对科学评价指标的干扰最为关注，自引主题的研究大多集中于此；三是针对自引

---

① Price，D. J.，"Networks of Scientific Papers: The Pattern of Bibliographic References Indicates the Nature of the Scientific Research Front"，Science，Vol. 149，No. 3683，1965，pp. 510 – 515.

科学交流功能的关注程度不够,针对自引的科学交流属性所开展的研究数量相对较少。

综上所述,国内外学者针对自引所开展的研究,从不同维度揭示了自引的规律和特征,为本研究的开展提供了有益的参考和借鉴。尽管对自引之科学交流与知识传承功能的正向研究相对较少,但却为本研究作出了积极的支撑和铺垫。近年来,整个引文分析领域所取得的成就,尤其是大数据分析、复杂网络、知识图谱等方法和技术在引文分析领域的广泛应用,为本研究奠定了坚实的基础,也积累了宝贵的经验和资料。

**(二)研究意义**

1. 理论意义

丰富相关学科的理论和方法体系。本书从自引角度出发,以部分杰出学者为例,对其研究兴趣的演化和迁移问题进行计量分析和可视化展示,探寻和揭示学者学术生涯的发展演化脉络和一般规律。一方面,借助文献之间的自引现象表征学术研究过程中的知识传承现象,从全新的视角考察学者的学术生涯演化与变迁。拓展和深化学者的学术生涯、研究兴趣、知识交流、学术传承以及引文分析等相关主题的研究思路与内容,在某些方面能够对文献计量学及科学计量学等相关的理论和方法体系进行充实和丰富、完善。另一方面,本书聚焦自引现象,将自引视为学者研究兴趣和研究内容自我继承的一种独特模式,通过构建自引网络并进行可视化展示和分析,识别学者研究兴趣的迁移规律,并考察研究兴趣迁移对其学术生涯的影响。以往研究成果过多地关注自引对科学评价的影响,且对自引的认知过于负面和狭隘,在研究视角上存在一定的局限性。因此,本书的理论价值具体表现为:一是从自引视角切入对学者个体的学术生涯发展脉络及研究兴趣演化与迁移问题进行动态考察,构建学者研究兴趣计量分析的新范式,开辟自引分析及应用的新领域;二是基于自引网络提出能够识别和追踪研究兴趣演化与迁移的新方案,革新学者研究兴趣分析的方法和工具;三是深入剖析演化特征和机理,发掘研究兴趣迁移的成因、规律和影响，增强该领域的理论基础和学术认知；四是唤起学界对自引的科学交流功能和价值的关注，带给后续研究者一定的借鉴和启示。

拓展自引分析的研究视角和内容。一般来说，研究者通常会借助前人的研究成果，也就是以他引为主、自引为辅。针对自引所开展的计量分析相对较少，且多关注其评价功能，探讨自引给科学评价所带来的干扰和破坏，无论是作者自引还是期刊自引，研究者多持有谨慎甚至反对的态度，因自引易于被操纵，所以认为可能会被别有用心的作者或期刊操纵和利用，从而影响引文指标及其评价结果的准确性。直至目前，关于自引能否代表作者或期刊真正的学术影响力，以及引文评价指标计算中是否应该剔除自引，仍然存在很大争议。事实上，这些研究只关注了自引的评价功能，而忽视了自引与生俱来的知识交流属性。本书主要突出自引的科学交流功能，发掘自引在追踪和解释学者研究兴趣与学术生涯方面的积极功效；构建了学者研究兴趣计量分析的新范式，开辟了自引分析及应用的新领域，开拓了引文分析的新维度；能够引发相关领域研究者们对自引的科学交流功能的思考和关注，带给后续研究者一定的参考和启示。

提供学者学术生涯研究的新方案。关于学者学术生涯的研究主要分为定性和定量两种模式。定性的研究通常基于对某位杰出学者的生平和学术经历的全面充分的了解，研究者大多与研究对象交往甚密，对其颇为熟悉，或者大量研读了研究对象的相关资料或学术成果，再采用类似于传记的手法，梳理其学术生涯的发展演变，并介绍各个时期其学术思想演化和研究兴趣变迁的相关情况。定量的研究一般从研究对象的学术简历或者学术成果中提取相关信息，一位学者发表的首篇论文和末篇论文常被视为其学术生涯的起点和终点，以论文为踪迹，追溯其学术生涯的发展历程。当论文的关键词或者参考文献出现较大改变时，意味着学者研究兴趣发生了变迁。本书在识别研究兴趣变迁时，并不是单纯以关键词和参考文献为判别依据，而是借助自引网络的结构特征加以研判和识别。从自引视角出发，提出了一种考察学者学术生涯演化轨迹以及识别学者研究兴趣迁移的新方法，有助于获得不同的研究结论和发现，也为国内外研究者定量考察学者的学术生涯问题提供了一种可供借鉴的新方案。

2. 现实意义

为青年学者的成长成才提供参照，有助于造就规模宏大的青年科技人才队伍。国家战略人才力量最重要的基石是青年学者，青年人才体力、精力、创新力都处在旺盛期。但是在现行评价机制下，青年学者普遍面临着竞争大、压力大、资源少、机会少等问题，成长的路线和评价的尺度过于单一和狭窄。许多人在学术生涯的初期还处于彷徨犹豫中，甚至会走一些弯路。针对以上情况，我们迫切需要探索学者成长成才的基本规律。本书以国内的杰出学者为例，考察其学术生涯的演化历程，揭示其研究兴趣的演化与迁移规律，试图从杰出学者的学术生涯发展变迁中捕捉成功者的经验和路径。解答青年学者所关心和关注的系列问题，例如，学术生涯的不同阶段，研究方向是否要迁移？如何迁移？迁移是否会影响科研生产效率？什么样的研究路径和模式更易于通向成功？等等。以杰出学者为标杆，以杰出学者的学术生涯为参照，为广大的青年学者制定学术生涯发展规划、选择研究方向提供参考和启示，使他们在科学探索过程中目标更明确、路径更清晰。

为科技人才评价与管理提供依据，贯彻落实"破五唯"精神，进一步优化学术生态。传统的人才评价手段已经越来越难以适应当前人才工作的需要，甚至在某些方面出现了用所谓的"西方"标准化尺子丈量一切的极端化评价倾向，不仅不利于优秀人才的遴选和激励，反而扼杀了学者的创造力，出现了"揠苗助长""机会主义""重数量而轻质量"等不良现象，破坏了学术生态，加剧了不当竞争。2020年，教育部、科技部等多个部门联合发文，提出"破五唯"、改革人才评价机制、进一步优化学术生态的要求。在此背景下，本书揭示杰出学者学术生涯的发展规律，在此基础之上，更有针对性地提出改革人才评价机制、推动人才成长成才的对策建议。本研究成果有助于服务科研管理决策，使相关部门在资源分配时能够更有针对性地确立资助方向和对象,鼓励试错、宽容失败、自由探索,引导适度有序的人才竞争,营造宽松自由的人才成长环境,给那些"虽九死其犹未悔"的创新人才以坚实的支持。为进一步贯彻落实"破五唯"要求提供参考借鉴和行动依据。

为科技人才政策的完善提供参考,使相关的工作制度和方案更加科学有效。以往的科技人才政策之所以不能满足当前人才工作的需要,很重要的方面就是因为对科技创新人才的成长成才规律缺乏系统、全面深刻的认识。因此,本书始终以揭示杰出科学家的成长成才规律为主要目标,旨在为创新驱动发展战略和人才强国战略下我国的科技人才工作提供可以遵循和借鉴的规律与原理,为完善人才发现、培养、评价和激励机制,健全符合科研规律的科技管理体制和政策体系提供参照和依据。本书对相关的管理和决策部门以及科技政策制定者可以产生积极的影响,不仅为其管理与决策提供了一定的理论指导以及行动方案,而且有助于其更好地贯彻落实国家关于创新人才工作的精神,使相关政策更加契合创新本质和人才规律。

## 二 研究内容与方法

本书创新性地提出"从自引视角考察学者研究兴趣演化路径与迁移规律"的思路,将作者自引视为学者在科学研究过程中对他们自己以往的研究方向和研究成果的继承,基于自引网络描绘学者研究兴趣的演化路径,剖析演化特征与迁移规律,以各个学科的杰出学者为例,展示其学术生涯发展与变迁中所呈现出的规律性特征,并考察研究兴趣变迁对学者学术生涯的影响。本书整体上遵循"从个体实证研究到群体规律总结再到创新决策支持"的基本路线,以国内的杰出学者(中国科学院和中国工程院院士)为例,首先考察个体的演化和迁移特征,再由个体映射至群体,通过一定的样本规模个体特征的归纳和统计,提炼学者整体呈现出的一般规律。

# 第一章 绪论

**（一）研究内容**

第一章"绪论"。分别从研究背景与意义、研究内容与方法、创新之处等方面对本书的基本情况进行介绍。其中，研究背景部分主要从我国目前实施的创新驱动发展战略和人才强国战略角度出发，探讨我国科技人才工作所面临的新形势和新任务，进一步明确了研究人才发展规律所具有的重大现实意义。研究意义从理论和现实两个层面进行剖析。研究内容部分归纳和概括了本书各章节的主要内容、观点和结论。研究方法部分介绍了本书研究过程中实际使用的主要方法和工具。创新部分阐释了本书的研究特色与创新。

第二章"国内外文献综述"。围绕自引研究和学术生涯两个主题，遍寻国内外相关文献，对所收集到的文献进行阅读和归纳整理，梳理研究动态。对国内外学者所开展的相关研究以及所取得的研究成果进行归纳梳理，每个主题之下再分别从不同的维度展示研究成果、观点及发现。之后在研究述评部分，提炼出国内外同类研究所呈现出的主要特征，指出已有研究在研究视角、研究内容、研究方法、研究观点等方面尚存在的局限和不足，以便进一步明确本书的研究起点和创新之处。

第三章"理论基础"。对本书所涉及的基本概念和相关理论进行定义和阐释。基本概念部分分别对自引、研究兴趣和学术生涯三个核心概念进行解释和说明，本书聚焦作者自引问题，将自引视为科学研究自我传承的一种方式，借由自引分析考察学者研究兴趣的演化与迁移；对研究兴趣概念进行了分析说明，阐释了兴趣、研究兴趣和研究主题等概念之间的关联性；在对学术生涯概念进行解释时，对学术职业、职业成长、学术轨迹、职业变迁等相关概念进行了梳理和比较。相关理论部分主要围绕引文分析理论、知识生态理论、生涯建构理论和生命周期理论展开阐释说明，这些理论为本研究提供了重要的参考和依据，也为我们解读学者研究兴趣的演化与迁移规律、理解学者学术生涯的发展变迁提供了关键性的借鉴与启示。

第四章"自引的知识交流特征"。为考察自引的知识交流属性,借助于文献计量学的方法,通过对自引和他引数据的计量分析,定量揭示两者之间的差异性特征。本章分别从语义相似度、引文位置和引用时滞三个方面对自引和他引进行比较,发现自引的语义相似度更高、引文时滞更短、引文位置比较均衡但于篇末位置略为集中。基于计量分析的数据和结果,证实了自引在知识交流中发挥着积极的功效,且在引用的有效性、及时性等方面优于他引,特别强调了自引作为特殊的引文形式在表达科学继承关系、追踪科学发展规律等方面所发挥的积极功效,自引的知识交流功能属性应该受到重视和开发利用。这些结论为本书研究思路及方案的设计与实施提供了直接的证据和依据,就本质而言自引受内容驱动,尤其自引文献之间具有更强的主题相关性,在一定程度上说明从自引这一全新的角度出发考察学者研究兴趣的演化与迁移具有科学性和合理性。

第五章"自引表征学术轨迹的机理"。通过对不同学科领域的学者进行深度访谈,采用扎根理论对访谈结果进行编码分析并构建结构模型,揭示了自引认知、态度、动机以及自引行为、外部环境、学术轨迹等要素之间的关系及作用机理。在此基础之上,阐释从自引角度来考察学者研究兴趣的机理,重点剖析基于自引行为及自引网络考察学者研究兴趣演化与迁移的基本原理:一位学者在学术生涯的不同阶段发表一系列成果,这些先后发表的成果具有方向上的一致性、内容上的关联性和思路上的继承性,尤其是在相同或相近时期发表的成果,彼此之间在主题方向或研究内容上大多存在着紧密的关联。自引将这些具有一致性、关联性和继承性的成果串联起来,构成了记录学者研究活动足迹的完整链条。所以,自引为我们考察某一学者学术生涯的研究轨迹、某一学科领域的知识结构及其演化路径等提供了重要的线索和依据。

第六章"杰出学者自引网络的计量"。本章将基于自引网络考察学者研究兴趣演化与迁移的思路付诸实践,以实证研究的方式去验证方案的可行性与有效性。以2021年当选的中国科学院院士和中国工程院院士作

# 第一章 绪论

为杰出学者代表,从 WoS 和 CNKI 数据库获取每位学者的发文及引文数据,从中提取自引关系信息,基于自引数据构建每位样本学者的自引网络,通过自引网络的可视化展示与分析,再借助 LDA 主题模型识别学者的研究兴趣,在可视化过程中加入了时间轴,以便展示学者在其数十年的学术生涯中研究方向的演化与迁移情况。依据自引网络在网络节点、网络关系、网络结构等方面所呈现出的规律特征,追踪自引网络的演化轨迹。依据实证研究结果,提取杰出学者学术生涯所呈现出的共性特征,基于生命周期理论描绘杰出学者成长成才的基本轨迹,揭示出学者研究兴趣演化与迁移的一般规律。

第七章"学者研究兴趣的演化与迁移"。依据前一章实证研究部分获得的计量分析结果与研究发现,本章进一步阐释了研究兴趣演化与迁移的机理,揭示了学者研究兴趣演化的路径与过程,分析了学者研究兴趣迁移的原因。研究兴趣是学者从事科学研究的基本动力,外化为学者所从事的研究方向和主题。学者的研究兴趣伴随着学术生涯的整个发展历程,兼具相对稳定性和持续变化性的特征,即在某个时期内保持相对的稳定性和连续性,而在其内部则一直孕育着变革的能量,在一段时期以后必然实现由量变到质变,表现为研究兴趣的迁移。在阐释学者研究兴趣演化与迁移机理时,借鉴了生物学经典的物种演化理论,以知识的遗传和变异来解释学者研究兴趣的演化与迁移原理,以"天择"和"自择"来描绘学者研究兴趣演化与迁移的驱动力。最后以杂交水稻之父袁隆平的学术生涯为例,通过梳理其学术生涯中的关键时间节点及事件,再结合本书获得的结论与启示,梳理了学者的研究兴趣与其学术成长之间的关系。并以此为例,为青年学者研究兴趣的探索与选择、学术生涯发展规划、成长成才等提供借鉴和启示。

第八章"管理启示与对策建议"。研究科研工作者的职业规划、职业生涯发展状况以及由研究兴趣引发的研究主题的变化而探索出的规律,一方面可以揭示科学生产力发展的内在机制,另一方面也对科学事业的发展提供了更好的政策指导与支持。综合本书获得的结论和发现,尤其基于实证研究所获得的统计数据和分析结果，从学者学术生涯变迁以及研究兴趣演化与迁移角度，剖析科学发展规律与创新人才成长规律，揭示杰出学者成功成才的路径与模式，并从中归纳经验启示，最后将研究结论应用于创新决策支持。为青年学者的学术生涯规划与管理提供有针对性的建议，增强其对研究兴趣演化与迁移规律的认识和把握，使其沿着现实可循的有效路径适时合理地切换研究方向和科学选题。归纳和提炼出一般规律与管理启示：科学发展是继承与创新的有机统一体，自引为追踪学者学术轨迹提供了新线索，学者在学术生涯中需要不断探索与尝试，研究兴趣迁移由内生和外生因素共同驱动，研究兴趣的适度迁移有益于学者的职业成长。围绕上述几个主要研究结论展开讨论，在此基础之上，为我国科研管理工作和科技政策制定提供对策建议：以人才为抓手开展有组织的科研，提供宽容的人才成长成才环境，深化科技人才评价机制改革，注重科技人才培育的过程管理，持续优化科技创新管理政策。

第九章"结论与展望"。首先，对本书获得的主要结论进行总结与阐释：自引为考察学者研究兴趣的演化与迁移提供了新视角，杰出学者的学术生涯大多呈现出一些共性的发展脉络，学者在其学术生涯中通常会经历研究兴趣的多次迁移，学者研究兴趣的演化与迁移整体上呈现出向上的进化趋势，研究兴趣迁移是必要的且有益于学者学术生涯发展。其次，客观地指出了本书在数据可靠性、样本代表性、结果精确性三个方面存在的局限和不足。最后，对后续研究进行了展望，明确未来研究的重点和方向，自引分析结果与其他计量分析结果有何异同、研究兴趣迁移对学者学术生涯的全方位影响如何、深度剖析自引的知识交流机理、预测学者研究兴趣未来的演化趋向等，未来仍须围绕着这几个维度持续跟进和深入挖掘，进一步加强和拓展本书的研究工作。

## （二）研究方法

### 1. 文献调研法

借助 Web of Science、中国知网（CNKI）等数据库获取与本书相关的国内外文献，经过广泛阅读以后，进行归纳整理和梳理提炼，从中析取出有价值的理论、观点、理念、方法和工具等，用于指导本研究，并在阶段性成果和研究报告写作中参考借鉴部分关键知识。通过对国内外研究成果的梳理分析，帮助我们更好地认识和把握相关研究主题和领域的前沿、动态、热点以及知识体系和脉络。文献调研法主要应用于本书的基础研究部分，旨在为整个研究提供理论依据和方法支撑。

2. 复杂网络分析及可视化方法

以国内本土杰出学者为样本，获取每位学者所发表的论文及其引文数据，从中提取出自引信息，构建自引网络。借助复杂网络分析和可视化手段，对网络结构、节点属性等进行全面的计量分析。与此同时，将自引网络置于时间轴之上，沿着时间线考察自引网络的聚类特征，以及各个聚类之间的关联，追踪学者研究兴趣的演化特征，从中识别研究兴趣的迁移，着重考察研究兴趣迁移前后学者的研究特点，结合除论文以外的多元化的学者信息分析研究兴趣迁移的原因及其对学者学术生涯的影响。本书的实证研究主要用到的方法就是复杂网络分析及可视化方法。

3. 数理统计方法

在识别和追踪各个学者研究兴趣的演化特征和迁移规律以后，再从群体角度考察学者在其学术生涯中研究兴趣演化和迁移的共有特征和一般规律，实现从个体特征到群体规律的映射，综合采用回归分析、相关分析等，考察研究学者的兴趣演化与迁移与其学术生涯之间的关联。当中也使用了比较分析法，主要包括研究兴趣迁移前后的比较、不同学者之间的比较、不同学科之间的比较等，试图通过多维的比较分析，揭示学者研究兴趣演化和迁移所呈现出的共性特征与个性特征，以及一般规律和特殊规律。数理统计方法大部分也是用在本书的实证研究中。

4. 访谈法与扎根理论

为探明学者自引的动机及行为特征，本书采用访谈法对来自不同学科领域的样本学者开展深度访谈，并采用扎根理论对收集到的访谈资料进行不同层级的编码处理，在编码基础之上根据概念及其类属关系，构建关于学者自引动机及行为的理论模型。通过访谈法获取的第一手资料，证实自引的首要动机是学者对他们自己以往研究的继承与肯定，从而有效验证了自引的知识交流功能以及自引在表征科学研究继承性方面的合理性与有效性。再以此理论模型为参照和依据，阐释基于自引分析考察学者研究兴趣演化与迁移的基本原理，同时也为本书所提出的"基于自引网络考察学者研究兴趣演化与迁移"研究方案的设计及具体实施提供理论指导和现实依据。

5. 归纳法和演绎法

本书采用定性与定量相结合的方法，在实证研究的基础之上，再通过定性的研究归纳和诠释主要结论与启示，从而完成从实证研究到应用研究的跃迁，将规律和结论应用于支持创新和管理决策。基于在实证研究部分所获得的统计数据和计量结果，以及从当中提取出的主要特征和一般规律，再通过归纳法和演绎法等诠释这些特征和规律，揭示学者研究兴趣演化与迁移的基本原理，以及研究兴趣演化与迁移对学者学术生涯的影响机理。然后，再将这些研究结论和发现形成管理启示与借鉴，分别针对青年学者的成长成才、科技和人才政策的修订与完善、科研管理部门开展评价与决策等几个方面，提出对策建议和优化方案，使本书的研究结论与发现能够应用于社会实践，解决当前我国科技创新和人才事业所面临的现实问题。

## 三 创新之处

学术思想创新：以往虽有研究曾借助引文关联追踪学者学术生涯变迁及学术思想演变，但是自引毕竟不同于他引，自引在表征学者的学术传承与演化脉络方面具有天然的特色和优势。本书摒弃传统观念对自引科学评价功能的质疑和非议，转而深入发掘自引的科学交流功能，基于自引网络考察学者研究兴趣的演化与迁移问题，开辟了新的研究视角，拓展了自引的新功能。

学术观点创新：学者研究兴趣的演化与迁移并非完全出于个人兴趣，而是受到多方因素的影响和制约，如学科热点前沿、社会现实需求、社会关系、外部环境变迁等，共同左右着学者的选择与取舍。本书利用自引网络识别研究兴趣的演化与迁移轨迹，但在剖析机理时并不拘泥于发文及引文数据，而是将学者置于其所处的特定背景、环境和关系中，通过多源数据和多重关系的综合分析发掘研究兴趣演化与迁移的原因和动机。

研究方法创新：从自引视角出发考察学者研究兴趣演化与迁移是全新的探索和尝试，已有的相关方法和工具能够提供一定的借鉴，但并不能直接满足研究需求。而要针对自引网络的特征，整合主题模型、主路径分析、社区发现、复杂网络、时间线等方法和技术，设计和开发一套新方案，以实现基于大规模样本数据的学者研究兴趣的自动识别、动态分析和可视化展示。

# 第二章

# 国内外文献综述

论文既是构筑科学大厦的砖石,也为考察学者学术生涯变迁及研究兴趣演化提供了重要的线索和依据。早期主要以定性研究为手段,研究者多具有社会学、历史学等背景①,通过阅读整理某位学者发表的文献,总结其学术生涯历程、寻找代表性成果、梳理学术脉络、评述学术贡献、探索学术谱系,研究者凭借对该学者生平及其成果的了解和理解,研判其学术思想演化和研究兴趣变迁的规律。科学出版数据的不断累积使得此类问题的定量分析变得可行,研究重心逐渐转向文献计量学。早在1964年,加菲尔德就提出基于引文关联生成历史图谱以展示研究方向演化路径的构想,并手工绘制了遗传学的引文时序网络图。② 此后,加菲尔德等人又开发了引文编年可视化系统 HistCite,用于生成某个学科领域的知识结构地图,以呈现研究内容的整体迁移轨迹。③ 国内外研究者围绕自引、研究兴趣、学术生涯等主题开展了一系列相关研究,现将主要研究成果进行梳理和综述,为本书提供重要的参考借鉴,并进一步明确本书的研究起点、研究价值和意义。

---

① 王双、赵筱媛、潘云涛等:《学术谱系视角下的科技人才成长研究——以图灵奖人工智能领域获奖者为例》,《情报学报》2018年第12期。

② Garfield, E., "Mapping the Output of Topical Searches in the Web of Knowledge and the Case of Watson-Crick", *Information Technology and Libraries*, Vol. 22, No. 4, 2003, pp. 183 – 187.

③ Garfield, E., "Historiographic Mapping of Knowledge Domains Literature", *Journal of Information Science*, Vol. 30, No. 2, 2004, pp. 119 – 145.

# 一　国内文献综述

国内学者分别围绕自引、研究兴趣、学术生涯等主题展开研究，并产出了一批相关研究成果。本书从中国知网（CNKI）的中文学术期刊库检索并下载各个相关主题的文献，通过对这些中文文献的阅读和整理，对国内的研究成果进行梳理和综述。

## （一）国内自引主题的研究

### 1. 自引率指标的计量分析

1984年，王崇德在《科技文献的自引》一文中，定义了学科自引、期刊自引、时间自引、机构自引和作者自引，并介绍了它们的计算办法，自引按照类型可以分为直接自引和间接自引两类。他指出，自引特别是作者自引是一个有待重视的角落，其间任何研究上的突破，都有助于科学社会现象学的发展。① 同年，罗式胜在《自引类型与分析》一文中分别介绍了各种类型的"广义自引形式"及其计算公式和适用范围，他还介绍了"本篇文献自引率"和"平均自引率"两个指标的计算方法及其表征意义，指出这两个指标为定量评价著者提供了可供参考的科学方法。② 邱均平在《科学文献自引的统计与分析》一文中基于引证和被引证两个方面对文献自引情况进行定量统计分析，发现了自引的一些规律性特征。③

以上几篇论文是20世纪80年代国内较早针对自引问题的研究，重在对自引概念及自引计量指标的引介，但是并未立即引起学界的关注和重视。至20世纪90年代，引文分析类论文开始大量涌现，国内学者对引文的数量及比例进行统计分析，有时会对自引现象进行计算。

---

① 王崇德：《科技文献的自引》，《情报学刊》1984年第1期。
② 罗式胜：《自引类型与分析》，《情报科学》1984年第3期。
③ 邱均平：《科学文献自引的统计与分析》，《情报学刊》1989年第6期。

例如，梁立明在计量探讨《自然辩证法研究》期刊 7 年间发文的主题、合著、参考文献等内容时，计算出该期刊的作者自引和期刊自引在总引用次数中的占比分别为 22.8% 和 37.0%。① 徐光宇基于《中国地震学报》和《美国地震学会会报》两种刊物的发文及引文，计算了发表在这两种期刊上文章的自引比例，包括作者自引、期刊自引、学科自引和国家自引四种类型，统计结果表明，中美这两种刊物的作者大多有自引行为，表明多数作者的当前研究和之前的研究工作有联系，是在原有工作基础上的深化和拓展。② 岳泉对三种情报学期刊的引文类型、语种、年代、自引和互引等进行统计和比较，指出自引率越高，说明作者已有的研究成果越丰富，可引用的前期成果越多，且研究成果内容上的关联性越强。③

20 世纪 90 年代国内此类成果还有很多，这类研究的共同特征是：学者并非专门针对自引现象进行计量分析，而是在对某些期刊刊载的文献进行计量时部分涉及自引指标的计算问题，这些星星点点散落于引文计量分析成果中的相关内容，并未引起学者对自引问题的广泛关注。以引文分析为代表的文献计量渐成热点，但自引研究却被淹没在引文分析之中，大部分研究未将其作为一个独立的问题加以计量分析。不可否认的是，这一时期，也有少数学者专门针对自引进行统计分析，但此类成果数量极少。

屈卫群发现图书情报学的作者自引率介于自然科学和社会科学之间；平均期刊自引率偏低，反映该学科研究的连续性和稳定性较差；平均时间自引率很低，反映出该学科对新文献的引用速度较慢；学科平均自引率较高，则说明该学科的发展已经较为成熟，有着较强的相对稳定性，

---

① 梁立明：《关于〈自然辩证法研究〉的文献计量学研究》，《自然辩证法研究》1992 年第 8 期。

② 徐光宇：《中美地震学核心期刊文献近期引文特征分析比较》，《情报科学》1994 年第 4 期。

③ 岳泉：《三种情报学期刊的发文及其引文比较研究》，《情报杂志》1999 年第 2 期。

但是也反映出该学科吸取其他学科知识的能力较低。① 崔红对来自生物学、化学、应用学科的 104 位国内学者的自引状况进行调查统计，结果显示，基础学科和应用学科的自引率分别为 10% 和 8%，作者职称与自引程度相关，自引和他引的引文位置分布不同。②

韩秀兰和陈秀娥以《中国图书馆学报》为例统计了几项自引指标，并指出语种自引率下降表明该学报作者的外文检索能力不断提高，越来越重视对国外情报资源的吸收和利用；作者自引率较高，表明该学报作者的科研方向明确，科研选题稳定且具有一定的连续性；学科自引率的大小可以用来评价学科的稳定性，衡量该学科与其他学科交叉、渗透和联系的程度，学科自引率大，说明学科发展比较成熟稳定，相对独立性也较大；期刊自引率高，反映出该期刊接收文章的连续性较强，有其自己独特的写作风格和特点。③

国内早期关于自引问题的研究，多是以国内某一种或几种期刊所刊载的文献为例，计算自引率指标。基于相关统计数据和计算结果，一方面证实自引是普遍的科学现象，是引文系统的重要组成部分；另一方面分析自引率指标大小所表征的计量意义，例如，以期刊自引率来衡量期刊选题的稳定性，以作者自引率来考察作者研究主题的连续性，以语种自引率反映学者对国内外文献资源的利用情况，学科的开放程度以及学科与学科之间的相互交流是否频繁则用学科自引率来反映。总之，早期国内学者对自引多持有正向肯定的态度，将其视为一种特殊的引文形式，介绍了不同类型的自引在考察和揭示科学交流规律方面的独特价值和贡献。之后，在不同时期，仍相继有学者计算自引率指标，但是计量方法越来越复杂，不再是单纯地计算自引率指标，而是借助自引率指标来探

---

① 屈卫群：《国内图书情报学文献中的自引研究》，《情报理论与实践》1997 年第 6 期。
② 崔红：《我国科技人员自引现象分析》，《情报理论与实践》1998 年第 3 期。
③ 韩秀兰、陈秀娥：《〈中国图书馆学报〉自引分析》，《中国图书馆学报》1996 年第 6 期。

自引视角下学者研究兴趣的演化与迁移

讨自引对科学评价的影响。

2. 自引对科学评价的影响研究

2000年以后，国内学者开始关注自引对科学评价的影响问题，尤其是自引对以影响因子为代表的期刊评价和以h指数为代表的作者评价的影响。熊春茹认为，一方面对合理的自引应予以认同，虽然在概念上较难界定"合理自引"与"不当自引"，但是合理自引往往表现在学术论文作者自我构筑的知识体系当中，如果作者的研究显示出学科的阶段性、关联性以及继承性三个特征，具有这样特征的自引则通常可认为是"合理自引"，与之相反则认为是"不当自引"；另一方面，作者认为可以构建一种"作者—编辑—审稿专家"三位一体的阻止措施来从根源上制止不当自引的现象。①

蒋鸿标等指出期刊评价在计算影响因子时是包括自引的，但自引并不反映他人对该论文的关注程度，这样，自引文献越多就越不能反映期刊的真实价值和社会影响，在无形中降低了期刊评价的权威性，因而自引文献不宜提倡，除非很有必要；自引往往是自我标榜宣扬，唯恐别人不知道他还发表过这些文章，所以自引文献要尽量避免。②"自引文献要尽量避免"的观点是从评价学术期刊的角度出发的，蒋鸿标等也认为可以引用自己的文献，但不必在文末加以著录，只需在正文当中交代清楚即可；作者提出参考文献的重要作用不仅是为文章的论题提供依据，而且是为评估刊物提供重要的统计数据，只有他引文献才能为论题提供强有力的佐证，也只有他引文献才能为评价学术期刊提供客观公正的数据。③徐鸿飞等认为，自引反映出作者在学习吸收同行的成果方面比较保守和封闭，应避免为扩大其自己论文的影响因子

---

① 熊春茹：《参考文献自引评价指标的探讨》，《中国科技期刊研究》2002年第6期。
② 蒋鸿标、罗健雄：《关于学术论文中的引文问题》，《图书情报知识》2002年第4期。
③ 蒋鸿标：《再谈学术论文中的引文问题——兼与马恒通先生商榷》，《情报杂志》2004年第1期。

而采取无所选择的自引倾向。①

自引对于引文指标的影响,尤其是期刊自引对于期刊影响因子的影响,一直是学界争论的焦点。就该主题已有的研究成果来看,来自编辑出版和期刊评价领域的学者就此问题开展了大量研究,很多人都对自引持有负面态度,认为其不能反映真实的学术影响力,导致了引文指标的膨胀和失真,常被别有用心者用于操作影响因子指标等。所以,一些学者建议在引文评价中剔除自引,或者设置权重以抑制自引对引文评价指标的干扰。还有一些学者提出了各种能够识别不当自引和过度自引的方法和指标,试图遏制自引所带来的不良影响、优化出版环境、提升科学评价效果。除了期刊自引和作者自引以外,也有少数研究者探讨了学科自引、国别自引等其他维度的自引对科学评价结果的影响。例如,舒非和邱均平在《我国国际论文的真实影响力分析》的文章中认为,虽然我国科研人员刊登的国际论文数量在世界上居首位,但是由于许多引用来自国内同行,当排除国内同行的自引后,在许多学科我国学者发表论文的国际影响力都低于世界平均水平。②

3. 关于作者自引的相关研究

苑彬成等认为,作者自引反映了科研的连续性、继承性、相关性。③金伟认为,作者引用本人已发表过的其他论文,大多是由于课题研究的连续性和相关性,是无可厚非的,由于作者对其本人的研究成果了然于胸,因而在引用与其本人研究相关的内容时,通常以其本人的研究成果作为引用首选,而不去研读其他人相关的研究内容,这就导致作者的故步自封,使引用失去了权威性和新颖性。④

---

① 徐鸿飞、王海燕、缪宏建等:《科技论文中对参考文献的正确引用》,《中国科技期刊研究》2003 年第 3 期。
② 舒非、邱均平:《我国国际论文的真实影响力分析》,《中国图书馆学报》2022 年第 1 期。
③ 苑彬成、方曙、刘清等:《国内外引文分析研究进展综述》,《情报科学》2010 年第 1 期。
④ 金伟:《广义上的作者自引问题及其控制》,《辽宁师范大学学报》(自然科学版)2007 年第 2 期。

朱大明认为，自引量主要是由学术地位较高的作者贡献的，也从一个侧面反映出期刊论文的学术质量和学术影响力，一定量的作者自引是合理的，也是必然的。① 朱大明在另一项研究中发现，作者自引篇率和自引率与基金论文呈明显的正相关性，基金论文的自引篇率和自引率明显高于非基金论文，说明文献的学术质量和影响力可以通过科研人员自引量衬托出来。② 他还指出一定量的作者自引是合理的，但过多的自引可能从一个侧面反映出作者科研信息的贫乏或者信息源的单一狭窄，必定会让人对其科研成果的起点、深度和广度表示怀疑；而且会因某些学者学术道德失范以及急功近利地呈现其自己已有的学术成果，因自引的便利性和随意性很可能会造成过度自引，这就需要对合理自引与不当自引加以区分。③

蒋颖等发现在各种合作规模下作者自引数一般按文章中的排名顺序依次递减，第一作者自引数远高于其他作者的自引数。④ 查颖探讨了自引对学者学术成就评价的影响，计量结果显示，排除自引以后学者的被引次数平均下降8.39%、h指数下降幅度处于0—3，平均下降值为0.7（5.60%），可见，自引次数的增加对h指数确有影响，但影响很小。⑤ 姚建文等将作者自引视为学术泡沫的一种，论文自引中有许多是虚假引用，即使是真自引，他们认为这也不能作为论文学术水平与科技人才评价的依据，论文学术水平的体现主要应看他人评价，所以在科技人才评价过程中，应将自引视为论文引用泡沫加以去除。唯有如此，才能切实做到以公正、客观、公平为准则去评价科技人才。⑥ 张燕等通过去除自引频

---

① 朱大明：《作者自引与其技术职称的相关性分析》，《中国科技期刊研究》2008年第1期。
② 朱大明：《基金论文与非基金论文作者自引对比分析》，《编辑学报》2009年第3期。
③ 朱大明：《某作者多篇文献同被引现象简析》，《编辑学报》2012年第1期。
④ 蒋颖、金碧辉、刘筱敏：《期刊论文的作者合作度与合作作者的自引分析》，《图书情报工作》2000年第12期。
⑤ 查颖：《H指数与论文自引——以图书情报领域中国学者为例》，《图书馆理论与实践》2008年第6期。
⑥ 姚建文、黄筱玲、吴丽萍：《论去除论文引用泡沫——基于客观公正评价科技人才的视角》，《情报理论与实践》2013年第8期。

次，关注到高他引和低他引论文的不同贡献，在研究人员影响力评估指标 p 指数的基础上进行整体修订得到 $p_{new}$ 指数，认为该指数能够提高人才影响力评价的公平性。[①]

李昕雨等以我国图情学科 CSSCI 期刊的论文为样本数据进行统计分析，结果显示，38556 位作者平均自引证率和自被引率分别为 1.82% 和 2.05%；文献发表后第一年自被引数达到峰值，而在发表后 2—20 年自被引数递减，自被引数也比较少；对于各种合作的文献，第一作者的自引占比平均值在所有作者中最高，但当作者数从 1 增加到 8（含）以上时，随着作者数量增加，第一作者的自引占比平均值不断下降；作者的自引证数与其发表数量、学术生涯长度、合作人数/合作人次都有不同程度的正相关性。类似地，作者自被引数也与上述因素存在弱或中度相关性，在一般情况下，发表文献数量越多、合作过的总人次越多、学术生涯越长、h 指数越高的作者，他们的自引证数或自被引数也较高；整体而言，我国图书情报学领域作者自引现象并不十分常见，过度自引的现象更为罕见，并且因作者自引对 h 指数产生的影响可能也比较小，作者自引对文献他引频次的影响是客观存在的，但这很可能也跟文献自身质量水平相关。[②]

4. 自引动机及自引机理研究

早在 1984 年，国内学者罗式胜在引介自引及自引指标时就曾指出，在引文过程中自引是一种常见而重要的现象，自引与一般的引文一样，自引的被引证规律可以在很大程度上展现学科之间的关联，特别是自引过程的特殊规律，对于揭示各个国家、各类专业、各个系统（或单位）、各个语种、各种杂志等之间的关系及学科动态有其独到的贡献。[③] 武夷山

---

[①] 张燕、赵婉忻、董凯：《基于他引频次和贡献率的学者影响力评价》，《情报理论与实践》2021 年第 10 期。

[②] 李昕雨、雷佳琪、步一：《我国图书情报学作者自引行为研究初探》，《图书情报工作》2022 年第 20 期。

[③] 罗式胜：《自引类型与分析》，《情报科学》1984 年第 3 期。

根据引文动机的不同以及其他各种因素的影响，认为自引和他引有可控和不可控两个方面。① 朱大明指出，无论自引还是他引，只要引证主体在其著述当中确实有必要引用相关文献并确实做到了合理、有效且规范地引用，都必须本着客观、求真、务实的态度明确地标引和著录，从这一角度来看，自引是与他引并无本质区别的科学引证现象，参考文献的引用和著录不只是论文表述的格式规范，关键是体现在动机和行为中的学术诚信。②

郭晓兰研究发现，自引是指拥有相对稳定性和文献生产连续性的科学主体，在其后期撰写文献时引用其自己先前已发表过的文献的引用形式，这一定义适用于目前已知的各类自引现象；在各类自引中，作者自引是最基本、最典型的，它是其他自引形成的基础，作者自引属于个体行为，所包含的主观因素较多；而其他自引则属于群体行为，它们一般都是不自觉形成的，基本上不受个体主观因素的影响，具有相对充分的客观性，但归根结底，科研人员的文献生产行为是实现自引的方式。③ 淳姣等在一篇关于引用动机的综述论文中提到，由于引用动机的复杂性及敷衍引用的存在，学术评价不宜过度依赖于引文分析，注意引用动机的学科差异性，也要避免对自引的过度偏见和对经典与创新性文献引用数量的认知误区。④

张海齐在统计中发现大部分作者都存在自引现象，认为作者自引的主要原因包括：一是作者的研究课题周期较长，论文与论文之间存在着继承性；二是作者研究课题比较专深，涉及这一领域的科学工作者及相关成果较少；三是提供作者前期研究工作的背景，避免重复；四是引用已发表论文的实验方法；五是引用已发表论文的学术观点和结果，一般

---

① 武夷山：《文献引用的可控与不可控》，《科技导报》2008年第4期。
② 朱大明：《他引或自引：关键是学术诚信》，《科技导报》2008年第16期。
③ 郭晓兰：《引文及其自引与伪引》，《现代情报》2004年第4期。
④ 淳姣、姜晓、刘莹等：《国外应用访谈法研究引用动机进展及对我国学术评价的启示》，《图书馆论坛》2016年第3期。

是为了对原观点进行证明、发展、更正，以便使之更趋完善，或者是说明某一事实、回答质疑，也有可能是提请读者注意作者即将发表的著作。①

**（二）国内研究兴趣主题的研究**

1. 科学与兴趣的哲思

科学与兴趣是相辅相成，辩证统一的。早在1980年，姚诗煌在《科学与兴趣》一文中就指出，社会应该为人们兴趣的发展创造条件，设法使人们的兴趣和社会需要有机地统一起来，也就是说，社会应该起到合理的引导和调剂作用，使人们的兴趣和热情能够最大限度地发挥出来，强调"干一行爱一行"是必要的，因为兴趣确实可以在工作当中培养，但在可能的情况下也可以让人们"爱一行干一行"②。子元在阐释兴趣与科学创造的关系时曾指出，有重要独创性贡献的科学家，常常是兴趣广泛的人，掌握的知识越丰富，产生重要设想的潜力也就越大，科学的想象如泉水一样涌现出来。丰富的知识不仅有助于启发人们发现问题，而且常常能够使人们在问题未解决之前就构造出解决这一问题的图画，并引导人们走向新的创造。③苏振芳在《论兴趣的方法论意义》一文中指出，兴趣在人们的思维活动中具有重要的地位，它不仅作为一种个性的心理特征，而且，重要的是兴趣具有思维方法的特征，兴趣对人才成长会产生一种高效能的催化作用，可以促使人们更快地进入科学创造的角色，可以激发人的思维灵感，对人的创造力开发产生一种积极的导向作用，提高科学研究的效率。④

兴趣是科学研究的动力之源。梁燕玲认为，中国高等教育研究文化

---

① 张海齐：《从文献引文研究科学论文作者的文献利用》，《情报学刊》1992年第3期。
② 姚诗煌：《科学与兴趣》，《科学学与科学技术管理》1980年第1期。
③ 子元：《广泛的兴趣与科学创造》，《医学与哲学》1980年第1期。
④ 苏振芳：《论兴趣的方法论意义》，《福建师范大学学报》（哲学社会科学版）1996年第4期。

的根本在于唤醒学术探索欲，塑造真正的研究人才，稳固学术决心、确立和完善学术制度；学术兴趣是指研究者对研究对象的注意强度和维持程度，是学术文化的动力源泉；研究文化的基本结构是学术兴趣与学术信念在学术制度规范下的完美结合。①朱诗勇在探讨理论兴趣与实用精神究竟谁是科学动力之源时曾指出，科学的动力——无论是功利性的科研动机还是非功利性的科研兴趣，都是以社会实用之目的为基础，科学家绝大部分都能够选择从事他所感兴趣的工作，乃是社会提供了这种职业支持和精神支持，社会人士、学生、企业、国家提供的捐助、学费、财政支持，为从事该类工作的人群解决了谋生和事业的经济问题，并使其感受到社会对他们的科学工作兴趣的认同乃至赞赏，这使得他能够把兴趣与谋生合而为一。②张磊和张之沧认为，大部分科学家热衷科学研究、致力于科学事业是因为科学中带有令其兴奋的因素。因此，从某些意义上说，科学发现活动始终在寻求真知、寻找乐趣的道路上，是一种高级活动，从行为动机上可以充分说明兴趣作为内在动力能够推动科学的发展进步。③

2. 研究兴趣的识别与挖掘

进行信息、文献、学者、社区等推荐服务的重要环节是用户兴趣辨别，在挖掘科研人员的研究兴趣时可以采用关键词共现分析、主题模型、引文分析等方法。冯小东等提出学术论文中引用的参考文献能够在一定程度上反映作者的研究兴趣，可以根据作者和文献的引用关系挖掘用户的潜在研究兴趣，以此扩充LDA模型。④

主题模型被广泛地应用于学者研究兴趣的识别与挖掘，研究者主要

---

① 梁燕玲：《信念、兴趣与制度——论中国高等教育研究文化》，《现代大学教育》2006年第5期。
② 朱诗勇：《科学根本动力：理论兴趣还是实用精神？——兼论中国古代科学的文化之根》，《陕西行政学院学报》2009年第2期。
③ 张磊、张之沧：《兴趣与科学》，《洛阳师范学院学报》2010年第4期。
④ 冯小东、武森、王佳晔：《基于作者引用文献关系的潜在研究兴趣主题发现》，《中国科技论文》2014年第1期。

来自图书情报学和计算机技术等相关领域，主题模型不断地被创新和修正，并涌现出了一批方法研究和实证研究成果。余传明等基于金融范畴的科技论文，研究出复合主题演化模型，通过此模型可以知晓科研人员在不同时间段下的主题概率分布，识别主题之下的词汇概率分布情况，并充分考虑作者在合著作者文献中的排名对于其研究主题及其主题变化的影响，通过金融领域的实证研究表明，该复合主题演化模型可以清晰地展示金融专业科研人员研究喜好的动态演变。① 王永贵等根据用户微博内容的数据构建出改进版的作者主题模型 UF_AT，经检验，该模型在用户兴趣主题以及主题词概率值上均高于 AT 模型。② 由于当前主题模型不用于多语言数据集，李岩等为了改进这方面的不足，在此前学者研究的基础上探究出了多语作者主题模型，该模型能够基于不同语种的大量科研文献自动识别隐含主题，挖掘出作者的兴趣所在，同时采用吉布斯采样方法评估 Joint AT 模型参数，有助于实现跨语言的信息检索。③

3. 研究兴趣相似性研究及其在推荐服务中的应用

精准挖掘学者潜在合作关系和探测学科知识结构的关键环节是准确识别作者研究兴趣的相似度。针对作者研究兴趣的相似度计算已在学科知识结构探测、科研社区发现、作者合著结构剖析、学科间关系探讨等领域取得广泛的应用。通过测度和分析作者研究兴趣之间的相似性，有效挖掘潜在的竞争对手与合作伙伴，一直以来都是图书情报领域研究的重要课题。李纲等从作者微观个体研究兴趣角度出发，计算各社区内部科研人员研究兴趣的相似性，对"研究兴趣相似是科研人员合作的关键动机之一"这一结论进行定量证明，结果表明，从网络整体层次上看，合著网络中科研人

---

① 余传明、左宇恒、郭亚静等：《基于复合主题演化模型的作者研究兴趣动态发现》，《山东大学学报》（理学版）2018 年第 9 期。

② 王永贵、张旭、任俊阳等：《结合微博关注特性的 UF_AT 模型用户兴趣挖掘研究》，《计算机应用研究》2015 年第 7 期。

③ 李岩、刘志辉、高影繁：《面向科研人员兴趣画像的多语作者主题模型研究》，《情报学报》2020 年第 6 期。

员的研究兴趣有着极高的相似性，但同时也不可避免地有着一定程度的差异性（互补性）；作者研究兴趣会极大地影响科研社区的形成，两个层次的兴趣相似性说明研究兴趣相似可以有效促进合作。①

巴志超等创新性地以关键词语义网络为基础衡量科研人员研究兴趣的相似性，通过对作者研究兴趣相似性的有效度量，能够帮助学者找到与他们自己研究兴趣相似但是还未实际产生合作关系的学者。② 研究兴趣相似的学者之间往往存在更大的合作潜力，因此关于研究兴趣的研究，尤其是研究兴趣相似度的测度，可应用于学者推荐、社群发现等领域，特别是潜在合作者的识别与推荐。③ 熊回香教授带领团队开展了系列研究，不仅建立了学者相似兴趣推荐模型④，还设计出了研究兴趣的识别方法与推荐模型，包括基于多维决策属性的科研合作者推荐模型⑤，建立多维度的学者画像⑥，引入时间因子加权兴趣特征形成学者动态兴趣矩阵⑦，融合兴趣相似度与信任度⑧。这些模型和方法的不断创新，均为了实现更好的合作者推荐之目的。

除此以外，还有其他多位学者开展了基于研究兴趣的学者推荐和学

---

① 李纲、李岚凤、毛进等：《作者合著网络中研究兴趣相似性实证研究》，《图书情报工作》2015年第2期。

② 巴志超、李纲、朱世伟：《基于语义网络的研究兴趣相似性度量方法》，《现代图书情报技术》2016年第4期。

③ 李纲、徐健、毛进等：《合著作者研究兴趣相似性分布研究》，《图书情报工作》2017年第6期；徐健、毛进、叶光辉：《基于核心作者研究兴趣相似性网络的社群隶属研究——以国内情报学领域为例》，《图书情报工作》2018年第12期。

④ 熊回香、唐明月、叶佳鑫等：《融合加权异质网络与网络表示学习的学术信息推荐研究》，《现代情报》2023年第5期。

⑤ 王妞妞、熊回香、刘梦豪等：《基于多维决策属性的科研合作者推荐研究》，《情报科学》2022年第7期。

⑥ 董文慧、熊回香、杜瑾等：《基于学者画像的科研合作者推荐研究》，《数据分析与知识发现》2022年第10期。

⑦ 杨梦婷、熊回香、肖兵等：《基于动态特征的学者推荐研究》，《情报理论与实践》2022年第4期。

⑧ 顾佳云、熊回香、肖兵：《虚拟学术社区中融合用户动态兴趣与社交关系的学者推荐研究》，《图书情报工作》2022年第11期。

术社区发现研究。王喜玮和王煦法在引入作者兴趣的同时，结合传统的机器学习思想，提出了一种对博客进行自动聚合并得到具有明确类别的博客圈的方法，可以应用于博客分类、博客推荐、热点趋向分析以及虚拟社区发掘等领域。①

4. 研究兴趣的演化分析

目前分析科研人员研究兴趣的方法大多从静态的角度考虑文献主题与作者之间的关系，如 AT、APT 和 AIT 模型等。② 作者—主题分布可以描述研究人员的研究兴趣，加上主题演化规律分析能够发现研究人员的研究兴趣根据时间变化的演化规律。③ 史庆伟等构建的作者主题演化模型（AToT），不仅可以分析科研人员与研究主题的关系，还可以揭示研究人员的研究兴趣随时间的变化规律，他们以 1740 篇 NIPS 会议论文集作为实验数据验证了该模型的有效性。④ 在探究科研人员研究兴趣演变特点时，关鹏和王曰芬基于生命周期理论和 AT 主题模型构建了作者研究兴趣演化分析框架，实证分析结果表明，研究主题的发展建立在关键作者的研究兴趣变动趋势与对应的主题演化趋向相同的基础之上。⑤

### （三）国内学术生涯主题的研究

1. 学者的学术画像

构造学者画像的数据包含以下几类：第一类是学者的科研成果数据，

---

① 王喜玮、王煦法：《一种利用作者兴趣构建博客圈的方法》，《小型微型计算机系统》2009 年第 12 期。

② 马慧芳、胡东林、刘宇航等：《融合作者合作强度与研究兴趣的合作者推荐》，《计算机工程与科学》2021 年第 10 期。

③ 孙赛美、林雪琴、彭博等：《一种基于信任度和研究兴趣的学者推荐方法》，《计算机与数字工程》2019 年第 3 期；胡志伟、裴雷：《基于自述研究兴趣相似性网络的机构潜在合作关系挖掘——以国内图书情报与档案管理教育机构为例》，《知识管理论坛》2022 年第 2 期。

④ 史庆伟、李艳妮、郭朋亮：《科技文献中作者研究兴趣动态发现》，《计算机应用》2013 年第 11 期。

⑤ 关鹏、王曰芬：《学科领域生命周期中作者研究兴趣演化分析》，《图书情报工作》2016 年第 19 期。

主要包括学术论文、专著、科研项目和专利等数据。科研成果数据主要存在于各大学术信息库例如 WoS、Scopus、中国知网等文献数据库中，包括发文、引文以及文献中所包含的关键词、合作者、工作单位等题录信息。第二类是学者的个人数据，主要包括姓名、学历、单位机构、职称等数据，此类数据主要来源于学者的个人主页、百度百科、维基百科与 Aminer 平台等在线网站与学术搜索引擎。第三类是学者的科研社交数据，即科研人员在使用一些学术社交网站时产生的发布、关注、转发以及互动评论等数据。目前国内外比较常见的学术社交平台有 ResearchGate、Academia、科学网、小木虫等。

学术画像目前已被应用于专家推荐、合作者推荐、学术资源推荐、学者评价等多个方面。研究兴趣是学者十分重要的属性特征之一，通过学者画像中的研究兴趣等标签，并结合相似度计算等，可实现相关领域专家与科研合作者的推荐。在领域专家推荐方面，胡承芳等提出了基于画像技术的澜湄水资源合作领域专家库系统的设计思路，通过构建基于时空属性的人才画像模型，实现了基于澜湄合作需求的人才智能推荐功能。[1] 为提高同行评审专家与所评审学术论文研究方向的匹配度，改进和完善现有同行评审方法，孙红梅等探讨了借助学者画像技术进行评审专家推荐，并指出论文引证标准化指数可以作为评审专家画像的定量化参数指标。[2] 盛怡瑾探讨了将用户画像技术应用到审稿人遴选中的必要性和可行性，并构建审稿人画像模型以解决当前编辑部所面临的"找不到"和"找不准"审稿人的问题。[3] 秦成磊和章成志在分析当前同行评估工作面临的问题时从科研文献数量增长、研究主题演化，以及潜在评审专家

---

[1] 胡承芳、李季、王春芳等：《基于画像技术的澜湄水资源合作领域专家库构建研究》，《长江技术经济》2021 年第 6 期。

[2] 孙红梅、刘荣、米然等：《学术与评审：学术论文评审的演变及专家画像定量化指标的构建》，《中国科技期刊研究》2021 年第 11 期。

[3] 盛怡瑾：《用户画像技术在学术期刊审稿人遴选中的应用》，《出版发行研究》2018 年第 8 期。

数量变化角度出发，从构建学术质量评估系统、精准刻画学者画像、定量分析学者在同行评议中贡献等方面，解决大数据环境下同行评议面临的问题。①

学者画像对推荐合作者同样适用。董文慧等以 LDA 主题模型、PageRank 算法、社会网络分析等为基础，并考虑学者偏好来开发科研合作者推荐模型，对学者的自然属性、兴趣属性、能力属性、社交属性四个维度进行深入识别和挖掘以精准刻画学者画像；经检验，该模型可以有效地向目标学者推荐高权威度、高相关度，且科研生产力和社交关系等多方面特征均高度匹配的潜在科研合作者，具有较好的应用价值。②

在文献资源推荐服务方面，李宇佳和王益成指出，采用用户动态画像的学术新媒体信息精准推荐模型可以将学术信息资源与用户准确对接，提升科研工作者客户忠诚度。③ 王仁武和张文慧基于用户的访问日志数据，挖掘图书馆学术用户画像的信息行为和研究兴趣，以便推荐合适的学术资源，证实了该方法有助于提高用户信息获取效率，提高图书馆学术资源推荐服务的质量。④ 在大数据时代背景下，向飒和杨媛媛在学术期刊知识服务中引入了用户画像技术，创建了学术刊物用户画像流程，基于用户画像提出学术刊物精准化知识服务策略。⑤

在学术社交平台的服务与营销方面，袁润和王琦提出用户画像理论可用于标记学术群体的行为特征，为精准挖掘用户、精准营销、提高用

---

① 秦成磊、章成志：《大数据环境下同行评议面临的问题与对策》，《情报理论与实践》2021 年第 4 期。

② 董文慧、熊回香、杜瑾等：《基于学者画像的科研合作者推荐研究》，《数据分析与知识发现》2022 年第 10 期。

③ 李宇佳、王益成：《基于用户动态画像的学术新媒体信息精准推荐模型研究》，《情报科学》2022 年第 1 期。

④ 王仁武、张文慧：《学术用户画像的行为与兴趣标签构建与应用》，《现代情报》2019 年第 9 期。

⑤ 向飒、杨媛媛：《基于用户画像的学术期刊精准化知识服务策略》，《科技与出版》2021 年第 2 期。

户体验提供依据，在建立用户概念模型时，基于博客的基本属性、积极性、权威性、博文影响力、兴趣偏好五个方面，通过实证研究表明用户画像模型对于管控和运作学术社交平台有着极高的理论意义和实践价值。① 张莉曼等提出了实现动态画像的方法并构建了整体框架模型，发现以小数据为基础建立社交类学术 App 用户动态画像能够准确地细化画像粒度，对数据驱动情境下社交类学术 App 平台提升精准服务水平有重要的参考价值。②

学者画像技术还被应用到科学评价领域。王东等构建了一种作者画像的刻画方法，目的在于综合科研人员多角度的数据，同时结合科研人员的行为特征和工作特点，根据人员属性和科研属性来描述科研人员各个方面的关键特征，能够帮助科技管理部门充分了解科研人员现状。③ 韩旭等以计算机领域为例提出了一种基于用户画像技术的学者能力指数计算及学者排名方法。④ 熊回香等将科研能力分为学术成果质量和学者学术影响力两部分，利用权重主题模型表示学者的科研能力。⑤

2. 学者的学术生涯特征及影响因素

在科学计量学尤其是针对学者科研表现所开展的相关研究中，学术生涯（Academic Careers）主题广受关注。2011 年在南非举办的第 13 届 ISSI 大会专门将学术生涯作为 17 个主题之一，2013 年在维也纳召开的 ISSI 大会也设立了专题讨论组。学者在学术生涯中能够呈现出一定的规律

---

① 袁润、王琦：《学术博客用户画像模型构建与实证——以科学网博客为例》，《图书情报工作》2019 年第 22 期。

② 张莉曼、张向先、吴雅威等：《基于小数据的社交类学术 App 用户动态画像模型构建研究》，《图书情报工作》2020 年第 5 期。

③ 王东、李青、张志刚等：《科研人员画像构建方法研究》，《情报学报》2022 年第 8 期。

④ 韩旭、李寒、张丽敏等：《基于学术行为的学者排名技术及实现》，《电脑知识与技术》2019 年第 26 期。

⑤ 熊回香、杨雪萍、蒋武轩等：《基于学术能力及合作关系网络的学者推荐研究》，《情报科学》2019 年第 5 期。

性特征，杰出学者的学术生涯尤其引人关注。① 欧桂燕等基于履历分析方法根据化学领域的国家杰出青年科学基金获得者的详细数据，以 SCI 合著论文为基础对比分析了杰青们的合作模式与合作角色在其学术职业生涯三个重要时间节点的演化规律。结果表明，学术高度越高，科研资源和学术关系网越多，杰青们与国内其他高校（机构）科研人员的合作则越强；同时，随着其学术经验及声望的提高，合作角色也会发生变化；科研合作影响力及其贡献度在整个学术职业生涯中慢慢增强，然后逐渐达到稳定状态。② 高志等基于面板数据分析方法探讨了诺贝尔生理学或医学奖获得者的合作规模、合作广度和合作角色三个方面在其学术职业生涯中的演变，以及这些特征与其学术水平之间的关联，发现一作合作的最佳时期是职业生涯的前 20 年，在学术生涯 30 年左右时到达非一作合作的最高期，并认为太大的合作规模与学术表现呈显著负相关。③

关于学术生涯的影响因素，学者也进行了一定的探索。高芳祎认为，个人背景因素、组织环境因素、社会关系因素等都会关系到科学家成长④，尤其是科学家的人口学特征（年龄、性别）以及社会学特征（婚否、流动性）更为重要。年龄与学术活力及它们之间的联系被学者广泛关注，例如，阎光才的研究表明，高校教师学术职业生涯展开轨迹的时间标尺是年龄，在分析学术人才成长全程的各种影响因素及其关系含义时能够以年龄为切入点；⑤ 吴晓东从诺贝尔生理学或医学奖入手，详细分析了获奖者在取得获奖成就时的年龄，进而划分出科学研发的最佳年龄

---

① 赵越、肖仙桃：《基于生命周期理论的科研人员学术生涯特征及影响因素分析》，《知识管理论坛》2017 年第 2 期。

② 欧桂燕、岳名亮、吴江等：《杰出青年科研人员学术职业生涯科研合作特征演变分析——以化学领域为例》，《情报学报》2021 年第 7 期。

③ 高志、张志强：《杰出科学家的科研合作与学术影响力的关系研究——基于诺贝尔自然科学奖获得者的面板数据分析》，《图书情报工作》2021 年第 20 期。

④ 高芳祎：《华人精英科学家成长过程特征及影响因素研究》，博士学位论文，华东师范大学，2015 年。

⑤ 阎光才：《年龄变化与学术职业生涯展开的轨迹》，《高等教育研究》2014 年第 2 期。

区和第二创造区。[1]

3. 学术生涯中的研究主题变化

在科研人员的职业生涯中，如何不断调整、选择乃至转移最佳研究主题是每个科研人员都非常关注的问题。针对这一问题，学界主要存在两种主张。一种主张变化，认为科研人员在其学术生涯中的研究兴趣是变化的，其研究主题的变化可能发生在学科内或不同学科之间，调研发现，美国的科研人员研究主题更换的频次为7—8年。[2] 另一种则主张不变，认为研究主题任意转移的行为是不恰当的，科研工作区别于简单重复劳动，需要极度专注、深入思考以及长时间的积累。[3]

学界广泛关注科研人员在学术生涯中是否应该根据实际需要转移研究主题的问题。张丽华等的研究结果表明，大部分科研人员的研究主题会发生一定程度的转移，两个学科科研人员的职业生涯学术论文相似度特征呈现出"中间高、两边低"的分布，在商业与经济学科领域，科研人员的研究主题发生转移的概率为39.5%，学术论文相似度不会影响其被引频次，而计算机科学与人工智能学科有45.6%的科研人员研究主题发生转移，学术论文相似度对其被引频次产生影响。[4]

陈立雪等人获取了自然科学、社会科学、艺术与人文科学的代表性学科数据，辨别出科研人员的职业巅峰，并根据职业巅峰来划分科研人员的学术生涯，采用自然语言处理中的 Top2Vec 主题建模方法识别研究主题，对科研人员在其学术生涯不同阶段所研究主题的相似度和主题转换概率进行分析。研究发现，总体上看，科研人员在职业顶峰之后，主题转换的情况会变得更加频繁；而精英学者在经历职业高峰之后其研究

---

[1] 吴晓东：《诺贝尔生理学或医学奖得主的创造峰值年龄研究》，《中国科学院院刊》2009年第6期。

[2] 戴世强：《吃着碗里的，看着锅里的——小议科研方向的转换》，《科技导报》2011年第19期。

[3] 王向朝：《现行科研评价体系促生"短平快"行为》，《人民日报》2016年5月10日第20版。

[4] 张丽华、张康宁、赵迎光等：《科研人员职业生涯学术论文相似度及其对被引频次的影响分析》，《情报学报》2022年第8期。

主题反而更加专一。① 从大量科技文献中识别潜在主题，进而揭示科技人员的研究兴趣及其演变规律，是信息服务向知识服务转型过程中必须攻克的核心难题之一。史庆伟等构建了作者主题演化模型，文献隐含主题由主题—词项的概率分布来描述，主题—词项的概率分布由文档中单词共现和文档时间戳来决定，学者研究兴趣随时间变化的规律可以根据主题演化规律来分析。②

4. 学者的学术成长与职业发展

段庆锋和汪雪锋的研究显示，科学人才的成长大约以5年为一个周期，实现学术生涯的跃迁。③ 张冰冰等从优势累积效应角度揭示了博士延期毕业对其学术生涯中生产力的影响，指出博士延期毕业意味着在学术生涯起点上的落后，而正常毕业者在生涯初期就获得了资源优先权，以及由此对成果的象征性和物质性奖励，延期毕业者则与之相反，这一奖惩机制将博士毕业时的微小差异放大，导致延期毕业者在其学术生涯发展中处于劣势，长期学术产出更低。④

蒋承指出，广义地说，任何一种职业选择都不是一次性的，而是一个动态的、发展的过程，也不是一个独立的决定，对于期望从事学术研究的人来说，"生涯决策"相对"职业决策"来说也许能够更准确地描述他们的职业选择问题。⑤ 王天玉回顾了黄淑娉教授的学术生涯，从中揭示了影响女性学者个人职业发展的因素及成长规律；家庭环境和社会环境是女性学者成长的重要前提，大学教育和高水平的教育机构是女性学者

---

① 陈立雪、滕广青、吕晶等：《科研人员职业高峰前后的研究主题转换特征识别》，《图书情报工作》2021年第16期。

② 史庆伟、乔晓东、徐硕等：《作者主题演化模型及其在研究兴趣演化分析中的应用》，《情报学报》2013年第9期。

③ 段庆锋、汪雪锋：《项目资助与科学人才成长——基于国家自然科学基金与973计划的回溯性关联分析》，《中国科技论坛》2011年第11期。

④ 张冰冰、姚聪莉、张雪儿：《"双一流"高校博士延期毕业有损其长期学术生产力吗？》，《研究生教育研究》2022年第5期。

⑤ 蒋承：《博士生学术职业期望的影响因素研究——一个动态视角》，《北京大学教育评论》2011年第3期。

成长的重要空间，对女性学者发展尤其重要的是坚守个人信念以及磨炼提升其自身的能力，造成女性学者发展障碍的是个人家庭与生活中的挫折，与女性学者之间的相互影响、合作与交流是女性学者发展的重要保障；在当前仍以男性为主导的社会性别制度下，杰出女性学者的个人发展与成长历程充满了机遇与挑战。[①]

刘崇俊和王超阐释了科学家在其成长过程中的普朗克效应、光环效应、回溯效应和棘轮效应：普朗克效应表明科学才俊获得认可并不在于作出贡献之际，而在于得到承认之日，其竞争对手死去之时。在获得承认之前，科学才俊一直是处于被孤立、嘲笑、打击的状态，严重影响了其科学才能的发挥；光环效应是指优势累积效应会在科学家跨入精英行列后表现得尤为显著，在引证和利用科研成果时，人们往往更倾向于引证精英科学家的成果，这些科学家最初作出的重要发现被频频引证；回溯效应是指在一位科学精英的杰出成绩得到认可后，人们可能会重新审视和评价其先前的工作；对于科学精英而言，地位获得的过程可以被称为是棘轮效应，即科学精英在他们自己的工作获得某种承认与地位后，就再也不会退回到原来的地位，棘轮效应表明科学家的流动是单向的，只能朝着更高的地位发展，这种效应在科学金字塔结构的越高层级表现得越突出。[②]

## 二　国外文献综述

国外学者分别围绕自引、研究兴趣、学术生涯等主题开展了一系列研究，并形成了大量相关研究成果。本书借助 Web of Science（WoS）平台检索并下载各个相关主题的文献，通过对外文文献的阅读、归纳和分

---

[①] 王天玉：《从黄淑娉教授的学术生涯看杰出女性学者的个人发展与成长规律》，《青海民族大学学报》（社会科学版）2020 年第 1 期。

[②] 刘崇俊、王超：《科学精英社会化中的优势累积》，《科学学研究》2008 年第 4 期。

析，对国外的研究现状进行梳理和综述。

### (一) 国外自引主题的研究

1. 自引指标的计量分析

自引是引文系统的有机组成部分，和其他的引文现象一样，自引可以借助一些数学工具和模型进行统计分析。① 学者在计算自引率指标时，提出了作者自引、期刊自引、国家自引、机构自引、学科自引、语种自引等不同类型自引的计算方法，并且对这些计算方法进行不断改进和完善。例如，针对作者自引率指标的计算，Herbertz 指出，在计算作者自引率指标时需考虑合著问题。② Aksnes 指出，只计算第一作者的自引情况可被称为狭义的自引，其指标值相对较低，当把合作者自引的情况都计算在内时自引率的指标值必然会增大。③ Schubert 等建议根据合著者数量多少和排名次序对各个作者赋予不同的权重，再计算自引率。④ 再如，针对语种自引率的计算问题，Yitzhaki 提出了相对语种自引指标 ROLP，该指标值越低，说明对于其他语种文献的利用程度越高。⑤ 考虑到 ROLP 指标的规模依赖性弊端，Egghe 等人又提出一种修正的计算方法，以便平衡不同语种文献发文量的巨大差异对自引率指标的影响。⑥

---

① Wolfgang, G., Bart, T., Balázs, S., "A Bibliometric Approach to the Role of Author Self-Citations in Scientific Communication", *Scientometrics*, Vol. 59, No. 1, 2004, pp. 63–77.

② Herbertz, H., "Does it Pay to Cooperate? A Bibliometric Case Study in Molecular Biology", *Scientometrics*, Vol. 33, No. 1, 1995, pp. 117–122.

③ Aksnes, D. W., "A macro Study of Self-citation", *Scientometrics*, Vol. 56, No. 2, 2003, pp. 235–246.

④ Schubert, A., Glänzel, W., Thijs, B., "The Weight of author Self-citations. A Fractional Approach to Self-citation Counting", *Scientometrics*, Vol. 67, No. 3, 2006, pp. 503–514.

⑤ Yitzhaki, M., "The 'Language Preference' in Sociology: Measures of Language Self-Citation, Relative Own-Language Preference Indicator, and Mutual Use of Languages", *Scientometrics*, Vol. 41, No. 1, 1998, pp. 243–254.

⑥ Egghe, L., Rousseau, R., Yitzhaki, M., "The 'Own-Language Preference': Measures of Relative Language Self-Citation", *Scientometrics*, Vol. 45, No. 2, 1999, pp. 217–232.

在提出和不断修正自引率指标计算方法的基础上，国外学者基于不同的样本文献对自引现象的普遍性进行了测度。MacRoberts 认为，自引在全部引文中所占比例为 10%—30%。① Earle 和 Vickery 计算了学科自引率，社会科学、自然科学、工程技术三类学科的自引率分别为 58%、70% 和 81%。② Snyder 和 Bonzi 的统计结果表明，全部引文中约有 9% 为自引，物理类学科、社会科学和人文类学科的自引率分别为 15%、6% 和 3%。③ Garfield 指出，若仅以第一作者计算，自引在全部引文中所占的比例至少 10%，若将全部合著者都计算在内，该比例会更大。④

早期的自引研究多是自引率指标的计量分析，计算不同学科的自被引率和自引证率指标，或者对不同学科的自引率进行比较以便明确自引程度的学科差异。上述统计数据表明，自引率因学科而异，因期刊而异，因统计时间、方法和样本量而异，在整个引文系统中常见的比例为 10%—40%。⑤ 因而可以证实，自引作为科学交流的重要部分在科学界非常普遍。而这一点也恰恰成为学界争论的焦点所在，有学者认为，自引率如此之高，必然会对引文评价指标产生显著影响，导致评价结果扭曲或者失真，所以在科学评价过程中应该剔除自引；另一部分学者则认为，自引在引文系统中所占比重如此之大，如果剔除自引显然会破坏引文体系的完整性，导致评价结果呈现出另一个极端的偏见和误导。

2. 科学评价视角下的自引研究

Bookstein 和 Yitzhaki 在一项针对国家自引率的研究中发现其对不同国

---

① Mac Roberts, M. H., Macroberts, B. R., "Problems of Citation Analysis: A Critical Review", *Journal of the American Society for Information Science*, Vol. 40, No. 5, 1989, pp. 342–349.

② Earle, P., Vickery, B., "Social Science Literature Use in the UK as Indicated by Citation", *Journal of Documentation*, Vol. 25, No. 2, 1969, pp. 123–141.

③ Snyder, H., Bonzi, S., "Patterns of Self-Citation across Disciplines (1980–1989)", *Journal of Information Science*, Vol. 24, No. 6, 1998, pp. 431–435.

④ Garfield, E., "Journal Citation Studies XVII: Journal Self-Citation Rates—There Is a Difference", *Essays of An Information Scientist*, Vol. 52, No. 2, 1974, pp. 192–194.

⑤ Thijs, B., GläNzel, W., "The Influence of Author Self-Citations on Bibliometric Meso-Indicators: The Case of European Universities", *Scientometrics*, Vol. 66, No. 1, 2006, pp. 71–80.

家科研评价的结果有显著影响;① Ladle 等人则提出应在科研成果国际影响力的评价中排除自引;② 或者不同国家的自引率可以由 Bakare 和 Lewison 提出的新指标"Country over Citation Ratio"（国家引用率）来描述。③ Shu 和 Larivière 发现，中国作者会大量引用国内同行所发表的国际论文，进而会造成一种论文国际影响力较大的错觉;④ Shehatta 和 Al-Rubaish 也发现，在衡量中国论文国际影响力时因中国国际论文的本国自引率远高于世界平均水平，故而需要适当调整衡量中国论文国际影响力的指标。⑤

关于在科学评价中是否应该剔除自引，争论的焦点在于自引是否能够反映影响力以及能够在多大程度上导致引文指标的扭曲，从而影响文献计量指标的有效性。⑥ Aksnes 指出，不当自引只是个别现象，虽有个案，但是对整体没有太大影响，而且考虑到自引在整个引文系统中所占的比重较大，剔除自引的做法可能会导致另一种形式的失真，同样无法客观地反映真实的科学影响力。⑦ Glänzel 等人的研究表明，若从国家层面分析，剔除自引对引文指标的影响不大。⑧ Carley 等认为，无论是在宏观

---

① Bookstein, A., Yitzhaki, M., "Own-Language Preference: A New Measure of Relative Language Self-Citation", *Scientometrics*, Vol. 46, No. 2, 1999, pp. 337–348.

② Ladle, R. J., Todd, P. A., Malhado, A. C. M., "Assessing Insularity in Global Science", *Scientometrics*, Vol. 93, No. 3, 2012, pp. 745–750.

③ Bakare, V., Lewison, G., "Country Over-Citation Ratios", *Scientometrics*, Vol. 113, No. 2, 2017, pp. 1199–1207.

④ Shu, F., Larivière, V., "Chinese-Language Articles Are Biased in Citations", *Journal of Informetrics*, Vol. 9, No. 3, 2015, pp. 526–528.

⑤ Shehatta, L., Al-Rubaish, A. M., "Impact of Country Self-Citations on Bibliometric Indicators and Ranking of Most Productive Countries", *Scientometrics*, Vol. 120, No. 2, 2019, pp. 775–791.

⑥ Glänzel, W., Thijs, B., "The Influence of Author Self-Citations on Bibliometric Macro Indicators", *Scientometrics*, Vol. 59, No. 3, 2004, pp. 281–310.

⑦ Aksnes, D. W., "A macro Study of Self-citation", *Scientometrics*, Vol. 56, No. 2, 2003, pp. 235–246.

⑧ Glänzel, W., Thijs, B., "Does Co-Authorship Inflate the Share of Self-Citations?", *Scientometrics*, Vol. 61, No. 3, 2004, pp. 395–404.

层面还是在微观层面，自引都会对引文评价结果产生显著影响。[1] Thijs 从中观层面统计认为，自引是一个严重的问题，作者赞成剔除自引的做法，至少也要认真考虑自引的负面作用，建议在计算引文指标时提供包含自引和剔除自引两种计算方法的结果进行比较，这样才能对科学交流的复杂性有更好的认识和理解。[2] Costas 认为，剔除自引的做法会大幅度降低年长科学家的被引频次，应该辩证地看待自引现象，自引虽有自我推荐和传播之功效，但整体而言，自引不会导致总被引频次和篇均被引频次增长，科学影响力的根本在于他引而非自引。[3]

3. 科学交流视角下的自引研究

在科学交流视角下，自引与他引一样，归根结底是学科交流的一种模式，只不过是知识交流与扩散的一种特殊模式。首先从起源来看，自引源于知识生产的继承性。Wojick 等人认为，科学出版物本身就是一个巨大的知识扩散系统，引文在研究者获取新知识的过程中发挥着积极的推动作用。[4] 尽管，个别作者和期刊确实会采用一些策略性的手段增加自引，但是并不能就此否认自引在考察科学交流方面的科学性和有效性。Liu 和 Rousseau 指出，引文反映了不同文献当中所包含的科学观念、方法等之间的互动，展示了科学演进的过程，自引同样反映了作者前后所开展的研究工作之间的关联性以及文献所包含知识和观点的互动与交流。[5]

国内外学者开展的大量统计分析结果表明，自引具有普遍性，鲜有

---

[1] Carley, S., Porter, L. A., Youtie, J., "Toward a More Precise Definition of Self-Citation", *Scientometrics*, Vol. 94, No. 2, 2013, pp. 777 – 780.

[2] Thijs, B., Glänzel, W., "The Influence of Author Self-Citations on Bibliometric Meso-Indicators: The Case of European Universities", *Scientometrics*, Vol. 66, No. 1, 2006, pp. 71 – 80.

[3] Costas, R., Leeuwen, V. T., Bordons, M., "Self-Citations at the Meso and Individual Levels: Effects of Different Calculation Methods", *Scientometrics*, Vol. 82, No. 3, 2010, pp. 517 – 537.

[4] Wojick, D. E., Warnick, W. L., Carroll, B. C., et al., "The Digital Road to Scientific Knowledge Diffusion", *D-Lib Magazine*, Vol. 12, No. 6, 2006, pp. 1082 – 9873.

[5] Liu, Y., Rousseau, R., "Interestingness and the Essence of Citation", *Journal of Documentation*, Vol. 69, No. 4, 2013, pp. 580 – 589.

学者从未引用过他自己之前所发表的作品。Mubin 等指出，自引是作者研究方向稳定性和研究成果连续性的标志，体现出当前研究对之前研究的延续与扩展。① 无论是期刊自引还是作者自引，在不考虑强制自引等非正常情况时，自引都是建立在知识生产的连续性和继承性基础之上的科学交流行为，和他引一样，自引反映了引用文献之间的知识关联性和内容相似性。从功能属性来看，自引展示了知识扩散的一般路径。自引是作者过去研究和现在研究的交流和对话，反映了作者的认知过程。Gálvez 训练了一个主题发现模型，并利用该模型分别测度了自引文献之间和他引文献之间的语义相似度，证实了自引文献的语义相似度明显大于他引文献，说明作者自引确实是出于知识的关联性而非其他原因。②

Rousseau 通过对自引频次和他引频次的年度分布曲线进行比较之后发现自引更具时效性。③ 作者在引用他自己的成果时不必等待漫长的出版周期，也不必从海量的文献中进行搜索、阅读和比较，而是直接从他自己最熟悉的知识库中选择（包括已经出版的文献和尚未出版的文献），甚至在文献正式出版之前就已经提前进入引文系统，因此，自引大大缩短了引文时滞。Huang 等以环境工程的文献为例，证实了作者更倾向于引用他自己近期发表的成果。④ 自引是科学交流的一种特殊模式，据此可以发掘作者自引的新功能。例如，Hellsten 等人指出，作者自引网络能够更好地发现作者新的研究主题。⑤ Lee 认为，作者自引网络能够成功识别作者

---

① Mubin, O., Arsalan, M., Mahmud, A., "Tracking the Follow-Up of Work in Progress Papers", *Scientometrics*, Vol. 114, No. 3, 2018, pp. 1159 – 1174.

② Gálvez, R. H., "Assessing Author Self-Citation as a Mechanism of Relevant Knowledge Diffusion", *Scientometrics*, Vol. 111, No. 3, 2017, pp. 1801 – 1812.

③ Rousseau, R., "Temporal Differences in Self-Citation Rates of Scientific Journals", *Scientometrics*, Vol. 44, No. 3, 2006, pp. 521 – 531.

④ Huang, M. H., Lin, C. W. Y., et al., "The Influence of Journal Self-Citations on Journal Impact Factor and Immediacy Index", *Online Information Review*, Vol. 36, No. 5, 2012, pp. 639 – 654.

⑤ Hellsten, I., Lambiotte, R., Scharnhorst, A., et al., "Self-Citations, Co-Authorships and Keywords: A New Approach to Scientists' Field Mobility?", *Scientometrics*, Vol. 72, No. 3, 2007, pp. 469 – 486.

的核心论文和领先成果。①

4. 自引动机及自引机理研究

之所以出现自引现象，Schreiber认为，可能是因为三个方面：一是在后来的论文中的确非常需要之前研究中的试验数据、理论模型及相关结论，为了避免重复论述而自引，当然，这种自引是建立在合理的基础之上的。二是由于每个人都最了解他自己先前的论文，在后续研究时引用自己先前的论文相对容易。该类自引其实是存在争议的，尤其当该类自引的数量较高时，则意味着该项研究的知识来源过于封闭。三是自引单纯是为了提高自己文章的被引次数，以便在以被引次数为基础的论文评价中取得更好的成绩，这是最不光彩的。② Schreiber基于相关统计结果曾指出，自引会对h指数产生较大影响，特别是在对h指数较低的青年学者进行科学评价时应当剔除自引。③

Huang等④认为，自引表明了作者对某一特定主题研究的连续性，在自引的引用动机和他引的引用动机之间几乎没有发现差异。在部分学者看来，自引往往带有一定的功利性，这种推断在Bonzi和Snyder的调研中获得了一定的证据支持，他们抽取51位来自美国纽约州立大学和锡拉丘兹大学的教员进行调研，要求教员提供文章的参考文献，并描述其引用动机，在关于自引和他引动机的比较中获得了两项主要发现：一是自引与他引在许多引用动机方面并没有显著的差异，在14类动机中有12类动机并没有显著性差异；31.1%的作者在自引时，会

---

① Lee, J. Y., "Exploring a Researcher's Personal Research History through Self-Citation Network and Citationidentity", *Journal of the Korean Society for Information Management*, Vol. 29, No. 1, 2012, pp. 157 – 174.

② Schreiber, M., "Self-Citation Corrections for the Hirsch Index", *Europhysics Letters*, Vol. 78, No. 3, 2007, p. 30002.

③ Schreiber, M., "The Influence of Self-Citation Corrections on Egghe's G-Index", *Scientometrics*, Vol. 76, No. 1, 2008, pp. 187 – 200.

④ Huang, M. H., Lin, C. W. Y., et al., "The Influence of Journal Self-Citations on Journal Impact Factor and Immediacy Index", *Online Information Review*, Vol. 36, No. 5, 2012, pp. 639 – 654.

考虑树立个人声誉；然而，在他引时，作者在此方面的动机比例十分低，仅有1.71%。[①] 因此，在学术评价中不宜对自引现象持有过度偏见。随着学者在某一领域研究的深入和成果积累，不可避免地会以他自己过去的研究为基础，尤其是当学者在某个领域有突出贡献时，自我引用是必不可少的。

5. 自引对评价指标的操纵问题

重点探讨作者自引是否会对以h指数为代表的学者个人影响力评价指标产生干扰，以及是否有人会利用自引来操纵个人影响力评价指标。就连h指数的缔造者Hirsch本人也承认自引确实可以增加作者的被引频次，尽管如此，由于h指数同时取决于发文量和被引量两方面，他认为，如果只改变被引量并不能对h指数产生显著影响。[②] 显然，Hirsch为h指数所做的辩护并不足以让人信服，学者相继对h指数及其衍生指数进行检验。Kelly等人的统计结果表明，剔除自引后h指数平均下降12%。[③] Brown计算了剔除自引前后的h指数，发现自引会显著影响h指数，所以他建议在h指数计算过程中删除自引。[④] Vîiu检验了h指数及其18种引申指数的鲁棒性，发现每种指数都面临不同程度被操纵的风险。[⑤] Huang和Lin的计量结果证实自引对于作者的h指数及其排名的影响微乎其微，所以并不建议剔除自引。[⑥]

---

① Bonzi, S., Snyder, H., "Motivations for Citation: A Comparison of Self-Citation and Citation to Others", *Scientometrics*, Vol. 21, No. 2, 2005, pp. 245–254.

② Hirsch, J., "An Index to Quantify An Individual's Scientific Research Output that Takes Into Account the Effect of Multiple Co-Authorship", *Scientometrics*, Vol. 85, No. 3, 2010, pp. 741–754.

③ Kelly, D. C., Jennions, D. M., "The H Index and Career Assessment by Numbers", *Trends in Ecology Evolution*, Vol. 21, No. 4, 2006, pp. 167–170.

④ Brown, C. J. R., "A Simple Method for Excluding Self-Citation from the H-Index: The B-Index", *Online Information Review*, Vol. 33, No. 6, 2009, pp. 1129–1136.

⑤ Vîiu, G., "A Theoretical Evaluation of Hirsch-Type Bibliometric Indicators Confronted with Extreme Self-Citation", *Journal of Informetrics*, Vol. 10, No. 2, 2016, pp. 552–566.

⑥ Huang, M. H., Lin, C. W. Y., "Probing the Effect of Author Self-Citations on H Index: A Case Study of Environmental Engineering", *Journal of Information Science*, Vol. 37, No. 5, 2011, pp. 453–461.

问题的关键不在于自引是否会影响 h 指数,而是在多大程度上影响 h 指数。① Bartneck 和 Kokkelmans 采用机器模拟手段虚构出两位作者,一位作者采用非正常手段蓄意增加自引,另一位作者采用随机策略,然后模拟其逐年发文和被引情况,结果显示,20 年后两位作者的 h 指数分别达到 19 和 15,说明策略性自引确实能显著提升 h 指数,据此,他们还提出能够识别策略性自引的 q 指数;他们建议提升 h 指数的最好方法是发表高质量的论文增加他引,其次是提升发文量,最后才是自引。此外,他们还指出策略性自引方案适合于发文量和被引量相对较低的作者,因为他们的 h 指数更敏感。② Gálvez 剔除自引后再计算 h 指数,发现学术年龄较长的学者 h 指数下降 20%,而年轻学者的 h 指数下降 40%。③ Huston 发现,年长作者相较于年轻作者自引频次和自引率更高,因为年长学者前期积累的成果较多,更易于自引。④ Fowler 和 Aksnes 指出,每增加 1 次自引一年后可以增加 1 次他引,五年后可以增加 3 次他引,十年后可以增加 3.65 次他引;或许有人会认为,当下自引的比重仅为 11%,不足为患,但是,如果考虑累积效应,十年以后总被引频次中将会有 40% 的引文间接来自自引。⑤

**(二)国外研究兴趣主题的研究**

早期国外学者对研究兴趣问题的研究,主要是围绕教师和学生研究兴趣培养问题,其中,面向医药卫生领域医生、教师、研究生等群体的研究最为常见。来自图书情报学,尤其是文献计量学领域的学者,则重

---

① Zhivotovsky, A. L., Krutovsky, V. K., "Self-Citation Can Inflate H-Index", *Scientometrics*, Vol. 77, No. 2, 2008, pp. 373 – 375.

② Bartneck, C., Kokkelmans, S., "Detecting H-Index Manipulation through Self-Citation Analysis", *Scientometrics*, Vol. 87, No. 1, 2011, pp. 85 – 98.

③ Gálvez, R. H., "Assessing Author Self-Citation as a Mechanism of Relevant Knowledge Diffusion", *Scientometrics*, Vol. 111, No. 3, 2017, pp. 1801 – 1812.

④ Huston, S. R., "Self-Citations in Archaeology: Age, Gender, Prestige, and the Self", *Journal of Archaeological Method and Theory*, Vol. 13, No. 1, 2006, pp. 1 – 18.

⑤ Fowler, J., Aksnes, D., "Does Self-Citation Pay?", *Scientometrics*, Vol. 72, No. 3, 2007, pp. 427 – 437.

点关注科研人员研究兴趣的识别以及利用研究兴趣进行各类推荐服务，关于研究兴趣识别和发掘的方法与技术的研究相对更为活跃，例如主题建模、机器学习、复杂网络分析等，当中不少研究者具有计算机科学与技术的专业背景，相关成果除发表在 Scientometrics、Journal of Informetrics 等计量学主流刊物以外，还较多地发表于计算机类刊物上。现将主要来自图书情报学领域的相关成果归为以下几类分别进行梳理和综述。

1. 学者的研究兴趣与职业生涯

学者的研究兴趣是其学术职业生涯中的重要组成部分，也是考察其学术职业生涯的重要方面。Popper 和 Fay 以他们之间长达43年的科研合作经历为例，探讨了影响科研合作的主要因素，首先是研究兴趣的重叠与互补，让他们总是从不同的角度思考和处理问题，从而带来更好的创新成果；其次是深厚而亲密的友谊，不只是两人之间的友谊，还包括两个家庭（配偶和子女）之间的友谊。[1] Clarage 专门对生物物理传奇人物 Don Caspar 的研究兴趣进行了梳理和分析，特别关注的是 Don Caspar 闻名已久的病毒结构生物学之外的科学研究活动及成果，借助这些鲜为人知、看似边缘的项目，使大家能够用文字和图像描绘这位多产而富有创造力的科学家，对他思想的探索将揭示他与历史上其他结构思想家和艺术家的密切联系，当中最著名的是17世纪天文学家开普勒。[2]

Xu 等人针对学术发明家（既有论文又有专利的科学家）这一群体的研究兴趣进行了计量分析，发现学术发明家的研究兴趣多样化水平反而更低，但他们在合作网络中所处的位置（网络中心性指标）与其研究兴趣的多样性显著相关。[3] Jaric 等人探讨了科学兴趣和社会兴趣之间的关联，通过对在线来源、社交媒体平台以及科学出版物等相关群体的分析，发现科学兴趣和社会兴趣之间存在高度相似性，但是两者

---

[1] Fay, R. R., Coombs, S., Popper, A. N., "The Career and Research Contributions of Richard R. Fay", *The Journal of the Acoustical Society of America*, Vol. 153, No. 2, 2023, pp. 761–772.

[2] Clarage, J., "The Fuzzy Image", *Journal of Structural Biology*, Vol. 200, No. 3, 2017, pp. 204–212.

[3] Xu, S., Li, L., An, X., "Do Academic Inventors Have Diverse Interests?", *Scientometrics*, Vol. 128, No. 2, 2023, pp. 1023–1053.

之间也有一定的差别，新的科学发现可能会成为新的社会兴趣的持续来源。①

Su等人通过对相关文献进行元分析以发掘男性学者与女性学者研究兴趣的差异性，发现男性更加关注于"物"，女性则更加关注于"人"，即男性学者更多地研究机器、机制等事物，而女性则更注重对人的情感进行研究。② 同样，围绕性别差异问题，König等以4234位产业和组织心理学家及其出版物为样本数据进行统计分析，以探测学者在学术产出水平（发文量）、学术影响力、学术生涯时长和研究兴趣等方面的性别差异。结果表明，尽管研究样本覆盖的主题领域非常广泛，但是并未发现这些心理学的学者在研究兴趣（研究话题的选择及其关注的研究主题）上存在明显的性别差异。③

2. 作者主题模型构建

针对科研人员的研究兴趣及其演化规律的调查和研究，可以根据海量科技文献所提供的信息，从中自动挖掘隐含主题，着眼于信息服务转向知识服务，这是亟须解决的重要问题之一。主题建模是学者研究兴趣识别和发掘的关键技术，也是研究兴趣这一领域最为活跃的研究问题。隐含狄利克雷分布（LDA）模型最为常见④，围绕该模型，学者又相继提出了作者主题模型（AT）⑤、作者兴趣主题模型（AIT）⑥、动态主题模

---

① Jaric, I., Correia, R. A., Roberts, D. L., et al., "On the Overlap between Scientific and Societal Taxonomic Attentions—Insights for Conservation", *Science of the Total Environment*, Vol. 648, 2019, pp. 772 - 778.

② Su, R., Tay, L., Liao, H. Y., et al., "Toward a Dimensional Model of Vocational Interests", *The Journal of Applied Psychology*, Vol. 104, No. 5, 2019, pp. 690 - 714.

③ König, C. J., Fell, C. B., Kellnhofer, L., et al., "Are There Gender Differences among Researchers from Industrial Organizational Psychology?", *Scientometrics*, Vol. 105, 2015, pp. 1931 - 1952.

④ Blei, D. M., *Probabilistic Models of Text and Images*, Berkeley: University of California Press, 2004.

⑤ Rosen-Zvi, M., Chemudugunta, C., Griffiths, T., et al., "Learning Author-Topic Models from Text Corpora", *ACM Transactions on Information Systems (Tois)*, Vol. 28, No. 1, 2010, pp. 1 - 38.

⑥ Kawamae, N., "Author Interest Topic Model", *Proceedings of the 33Rd International ACM SIGIR Conference on Research and Development in Information Retrieval*, 2010, pp. 887 - 888.

型（DTM）① 等。Jung 和 Yoon 提出了一种考虑到学术领域主题相关性的替代主题建模方法，引入了共同兴趣作者的概念，将其主题定义为团队成员的共同研究兴趣。②

社交网络的兴起使得用户在网络上的发文内容、传播信息以及社交关系等资源增多，这些信息从用户角度出发，包含了用户对其自身的兴趣认知。Weng 等人从社交软件当中提取文本内容，采用 LDA 算法挖掘主题分布，从而获取用户的兴趣特征。③ Macskassy 对用户微博平台的关键词进行挖掘，构建用户兴趣属性向量。④ Hung 等人通过用户自定义标签、用户收藏以及社交关系，构建用户兴趣模型。⑤ 此外，随着当下社交平台的多样性发展，用户兴趣挖掘研究从单一平台研究发展到多平台、跨平台关联分析，基于资源与基于用户的研究变得更加全面。Bruce 等人通过数据库等大数据信息，以用户为中心，从多平台、跨平台的多源数据中寻找用户的兴趣特征。⑥

3. 研究兴趣的识别

文献计量学中常借助关键词、引文等题录信息，运用主题建模、机器学习以及替代计量学等方法和技术，来识别研究兴趣和绘制知识领域图景。

Fan 等人提出了一种引文视角下的测度和分析方法，通过那些引用相

---

① Blei, D. M., Ng, A. Y., Jordan, M. I., "Latent Dirichlet Allocation", *Journal of Machine Learning Research*, No. 3, 2003, pp. 993 – 1022.

② Jung, S., Yoon, W. C., "An Alternative Topic Model Based on Common Interest Authors for Topic Evolution Analysis", *Journal of Informetrics*, Vol. 14, No. 3, 2020, p. 101040.

③ Weng, S. S., Hsu, H. W., "The Study of Predicting Social Topic Trends", *Advances in E-Business Engineering for Ubiquitous Computing*: *Proceedings of the 16th International Conference on E-Business Engineering (Icebe 2019)*, 2020, pp. 248 – 262.

④ Macskassy, S. A., "Leveraging Contextual Information to Explore Posting and Linking Behaviors of Bloggers", 2010 *International Conference on Advances in Social Networks Analysis and Mining*, 2010, pp. 64 – 71.

⑤ Hung, C., Chi, Y. L., Chen, T. Y., "An Attentive Self-Organizing Neural Model for Text Mining", *Expert Systems With Applications*, Vol. 36, No. 3, 2009, pp. 7064 – 7071.

⑥ Bruce, H. W., "A Cognitive View of the Situational Dynamism of User-Centered Relevance Estimation", *Journal of the American Society for Information Science*, Vol. 45, No. 3, 1994, pp. 142 – 148.

同的公开访问数据集的文章来映射和跟踪知识域，为了确定与数据集相关的主要研究兴趣，使用了共词网络模块化分析。该方法的新颖之处在于将基于共词方法所确定的研究主题与由主题建模而产生的研究主题并置，提供了一种补充网络模块化分析的新方法。① Zhu 等人提出了一种基于文献网络嵌入的合著预测方法，除学者的研究兴趣以外，还结合了论文、关键词、文献来源、机构等文献题录信息进行建模，通过机器学习方法识别和预测潜在的合作者，基于 AMiner 发布的一个真实数据集进行预测，证实了这一方法的有效性，其优势还表现为在统一框架下可定制组件。② 作者耦合是从文献耦合延伸而来的概念，作者耦合分析通常被用于测度作者之间研究兴趣的相似性，即两位作者拥有的相同参考文献越多，则其研究兴趣越是接近，Gazni 和 Didegah 通过对 18 个研究领域的实证研究证实，作者耦合强度与引文交换之间确实存在积极而显著的关联，在不同的研究领域，两者之间的关联强度存在差别。③

网络表示学习能够将节点转换为低维向量表示出来，近些年来，其应用越来越普遍。Zhang 等人提出了一种基于研究兴趣和元路径的网络表示学习算法，首先从作者发表的论文当中提取作者的研究兴趣，然后使用基于元路径的随机行走进行模拟实验，所获得的研究兴趣表示可以帮助解决作者在学术网络中的起步难问题。④ Kenekayoro 等人使用无监督机

---

① Fan, D., Lo, C. K. Y., Ching, V., et al., "Occupational Health and Safety Issues in Operations Management: A Systematic and Citation Network Analysis Review", *International Journal of Production Economics*, No. 158, 2014, pp. 334–344.

② Zhu, Y., Quan, L., Chen, P. Y., et al., "Predicting Coauthorship Using Bibliographic Network Embedding", *Journal of the Association for Information Science and Technology*, Vol. 74, No. 4, 2023, pp. 388–401.

③ Gazni, A., Didegah, F., "Investigating Different Types of Research Collaboration and Citation Impact: A Case Study of Harvard University's Publications", *Scientometrics*, Vol. 87, No. 2, 2011, pp. 251–265.

④ Zhang, W., Liang, Y., Dong, X., Representation Learning in Academic Network Based on Research Interest and Meta-path, Knowledge Science, Engineering and Management: 12th International Conference, KSEM 2019, Athens, Greece, August 28–30, 2019, Proceedings, Part II 12. Springer International Publishing, 2019, pp. 389–399.

器学习技术，通过部门研究小组主页中的共词现象来识别具有相似兴趣的计算机科学系小组；聚类结果很好地反映了部门间研究的相似性，至少在网上得到了反映，这种聚类方法可能有助于决策者确定未来具有类似研究兴趣的合作者或监测研究领域。[①] Arroyo-Machado 等人提出了一种新方法，借助替代计量学的数据和方法来识别社交媒体用户的研究兴趣，根据他们在社交媒体上分享的学术文献的研究主题进行聚类分析，这种方法能够识别出具有相似研究兴趣的用户，并依据研究兴趣的相似性进行学术社区划分和发现。[②]

4. 基于研究兴趣的合作者预测

研究人员研究兴趣的相似性是科研合作的基础和前提，基于这一基本假设，学者采用复杂网络分析、机器学习、本体等方法，预测合作关系，发掘潜在的合作者、合作关系和合作团队。

Kong 等提出了一个最佳合作者推荐模型（BCR），利用学者发表的文献信息，并将研究兴趣的主题分布、兴趣随时间的变化情况，以及研究人员在合作者网络中的影响力三个学术特征结合起来，在主题模型中设置时间函数以适应研究兴趣的动态变换，最后根据计算出的分数生成最佳合作者推荐列表。[③] Huang 等构建了一个动态网络，用于考察和展示学者的研究兴趣、科研行为和合著等的动态变化情况，在此基础之上进行合作者的推荐，取得了更好的合作者推荐效果，并以情报学为例验证了该方法的有效性。[④] Xi 等开发了一个合作者推荐方案，综合考虑学者的研

---

① Kenekayoro, P., Buckley, K., Thelwall, M., "Clustering Research Group Website Homepages", *Scientometrics*, No.102, 2015, pp.2023–2039.

② Arroyo-Machado, W., Torres-Salinas, D., Robinson-García, N., "Identifying and Characterizing Social Media Communities: A Socio-Semantic Network Approach to Altmetrics", *Scientometrics*, Vol.126, No.11, 2021, pp.9267–9289.

③ Kong, X., Jiang, H., Wang, W., et al., "Exploring Dynamic Research Interest and Academic Influence for Scientific Collaborator Recommendation", *Scientometrics*, Vol.113, 2017, pp.369–385.

④ Huang, L., Chen, X., Zhang, Y., et al., "Dynamic Network Analytics for Recommending Scientific Collaborators", *Scientometrics*, Vol.126, 2021, pp.8789–8814.

究兴趣相似性和合作网络的拓扑结构相似性，进行合作者推荐。①

Makarov 等人提出了基于网络嵌入的合作网络表示，使用链接预测（LP）模型构建一个推荐系统，用于搜索和推荐具有相似研究兴趣的合作者。② Chaiwanarom 和 Lursinsap 提出了一种新的基于时间动态协作的混合算法来推荐合适的协作者，除了考虑与社会接近、友谊和他人互补技能有关的三个基本因素外，还涉及了与研究兴趣、最新出版数据和研究人员资历有关的另外三个新因素，所获得的推荐结果显著优于其他方法。③ Kamsiang 和 Senivongse 提出基于本体的方法来识别研究人员之间的共同研究兴趣。④

5. 基于研究兴趣的推荐服务

利用研究兴趣除了可以发掘合作者和合作团队以外，还能够用于文献（检索）推荐、审稿人推荐等各类推荐服务当中，实现更为精准的供求双方的匹配。

随着数字科技文献快速增长，科研人员迫切需要个性化检索来满足他们的研究兴趣。经典的文章推荐系统不考虑用户的信息，它们为每个研究人员显示相同的结果。Bulut 等提出了一个基于用户研究兴趣的文章推荐系统，该系统考虑了研究人员的工作领域和以前出版的文章，这项工作重要的创新之一是使用 TF-IDF 和 Cosinus 相似性推荐文章，同时考虑

---

① Xi, X. W., Wei, J., Guo, Y., et al., "Academic Collaborations: A Recommender Framework Spanning Research Interests and Network Topology", *Scientometrics*, Vol. 127, No. 11, 2022, pp. 6787 – 6808.

② Makarov, I., Gerasimova, O., Sulimov, P., et al., "Dual Network Embedding for Representing Research Interests in the Link Prediction Problem on Co-Authorship Networks", *PeerJ Computer Science*, No. 5, 2019, pp. 341 – 345.

③ Chaiwanarom, P., Lursinsap, C., "Collaborator Recommendation in Interdisciplinary Computer Science Using Degrees of Collaborative Forces, Temporal Evolution of Research Interest, and Comparative Seniority Status", *Knowledge-Based Systems*, No. 75, 2015, pp. 161 – 172.

④ Kamsiang, N., Senivongse, T., "Identifying Common Research Interest through Matching of Ontological Research Profiles", *Proceedings of the World Congress on Engineering and Computer Science*, 2012, pp. 380 – 385.

用户过去的文章，与根据 f-Measure 标准的等效方法相比，该方法能够获得更好的推荐结果。① 区别于先前只根据简单关键词匹配的办法，Guan 和 Wang 通过合并标题、关键词、摘要和引文等元数据来增强科学文献的语义信息，为了强调推荐文献的质量，不仅计算用户的研究兴趣与文献之间的相似性，还考虑到所推荐文献的总引用次数。该推荐方法对用户感兴趣的研究领域能够进行快速准确的识别，从而极大地提高了用户文献检索的效率以及文献推荐的精确性。②

对于不同的推荐任务，研究人员的兴趣发现一直是一个比较活跃的领域。作者—主题模型（AT）利用了基于语义的词的内在结构，却忽略了时间因素，这导致了主题问题的可交换性，时间是在寻找动态研究兴趣时需要处理的重要因素。在现实世界的许多应用中，比如，为论文寻找审稿人和在社交标记系统中寻找标记者，需要考虑不同的时间段。Daud 提出了一种时间主题建模方法，称为时态作者主题（TAT），该方法同时对研究论文的文本、研究人员和时间进行建模，以便解决主题的可交换性问题，该方法能够发现不同时间段的主题的相关研究人员，并展示了他们的兴趣和关系如何在一段时期内发生变化，其应用效果优于 AT 模型，可以追踪研究主题的动态变化。③

6. 研究兴趣的动态演化

相关研究人员的推荐对于寻找潜在的研究合作者很重要，已有的几种方法根据研究人员的研究兴趣来衡量他们的相关性。之前的研究在计算主题向量时忽略了时间因素，而且最近关于信息推荐的研究表

---

① Bulut, B., Kaya, B., Alhajj, R., et al., "A Paper Recommendation System Based on User's Research Interests", 2018 *IEEE/ACM International Conference on Advances in Social Networks Analysis and Mining (ASONAM)*, 2018, pp. 911 – 915.

② Guan, P., Wang, Y., "Personalized Scientific Literature Recommendation Based on User's Research Interest", 2016 *12th International Conference on Natural Computation, Fuzzy Systems and Knowledge Discovery (ICNC-FSKD)*, IEEE, 2016, pp. 1273 – 1277.

③ Daud, A., "Using Time Topic Modeling for Semantics-Based Dynamic Research Interest Finding", *Knowledge-Based Systems*, No. 26, 2011, pp. 154 – 163.

明了建模用户偏好随时间变化的有效性。因此，Nishizawa 提出了一种新的研究者表示，它由年度主题向量组成，为了测量研究人员之间的相关性，使用动态时间扭曲来计算两个主题向量序列之间的相似性，通过一个实例验证和展示了样本研究人员的研究主题转换，并表明与传统方法相比，文章提出的方法可以有效地找到研究人员的研究兴趣随时间变化而发生的转换，并为其寻找在不同时间阶段的研究兴趣相似的研究人员。①

定量地了解科学家如何随着时间的推移选择和转移他们的研究重点是非常重要的，因为这会影响科学家的培训方式、科学的资助方式、知识的组织和发现方式，以及优秀人才的遴选和奖励方式。尽管围绕科学家研究主题选择的各种因素进行了一定研究，但学者对科研人员个人研究兴趣演变的宏观模式及机制的定量评估很少，有待后来者加以进一步探索。Jia 等对出版记录进行了大规模分析，发现研究兴趣变化遵循以指数分布为特征的可重复模式，据此，他们开发了一个随机行走模型，准确地再现经验观察结果，通过定量研究揭示了支配研究兴趣变化的宏观模式，证实科学研究和个人职业生涯具有高度的规律性。②

随着 Web 文档数量的不断增加，Web 文档通常具有发布年份等时间信息，因此，可以通过合并时间信息来捕获随时间变化的知识模式。Jeong 等人提出了一种新的主题模型—作者主题流（ATF）模型，其目标是捕捉作者研究兴趣随时间变化的时间模式。③ 为证实合作者对学者研究

---

① Nishizawa, H., Katsurai, M., Ohmukai, I., et al., "Measuring Researcher Relatedness with Changes in Their Research Interests", 2018 Asia-Pacific Signal and Information Processing Association Annual Summit and Conference (APSIPA ASC), IEEE, 2018, pp. 149–152.

② Jia, T., Wang, D. S., Szymanski, B. K., "How Innovators Choose Their Next Career Move", http://arxiv.org/abs/1709.03319, 2017.

③ Jeong, Y. S., Lee, S. H., Gweon, G., "Discovery of Research Interests of Authors over Time Using a Topic Model", 2016 International Conference on Big Data and Smart Computing (Big Comp), IEEE, 2016, pp. 24–31.

兴趣的影响，Purwitasari 等人对合作关系超过 15 年的合作者进行考察，提出一个面向随机参与者的二分（双模）作者主题网络模型，用于寻找科研合作的驱动因素，重点关注研究人员在兴趣变化中的行为特征，基于网络进化的证据，发现研究人员在发表文章和探索主题时有一致的合著行为倾向，形成合著者关系的选择和影响过程给研究人员带来了一定的社会压力，这种压力会加速其研究兴趣的变化。①

### （三）国外学术生涯主题的研究

#### 1. 学者的学术画像

随着大数据在生活中的广泛应用，人们在互联网上的各种行踪都会被详细地记录下来，用户画像就是在此背景下日益盛行，即从记录中挖掘和提取用户的关键特征，如关键行为、兴趣爱好等，以此来达到个性化推荐、精准营销等目的，极大地提高了商业效率。从根本上讲，用户画像（User Profile）是一套描述用户主要信息的框架，这些信息大体包括兴趣、特征、行为、偏好等用户关键特征。近年来，国内外越来越多的研究开始应用用户画像技术来刻画和评判科研人员的关键特征。Sateli 等设计出一套名为 ScholarLens 的科研人员画像的方法，运用自然语言处理（NLP）技术，从各类出版物中自动提取作者的研究方向、研究能力等信息，再以资源描述框架（RDF）为基础精准地描绘科研人员的关键特征，该方法在关键词搜索排名、审稿人推荐等方面加以应用。②

#### 2. 学者的学术生涯特征及影响因素

在科研生产力方面，Sabharwal 发现社会科学、数学和统计学领域的

---

① Purwitasari, D., Fatichah, C., Sumpeno, S., et al., "Identifying Collaboration Dynamics of Bipartite Author-Topic Networks with the Influences of Interest Changes", *Scientometrics*, Vol. 122, 2020, pp. 1407–1443.

② Sateli, B., Löffler, F., König-Ries, B., et al., "ScholarLens: Extracting Competences from Research Publications for the Automatic Generation of Semantic User Profiles", *PeerJ Computer Science*, No. 3, 2017, pp. 341–345.

科研人员的生产力随着职业年龄的增长而增长。① Sugimoto 等的研究发现，在晋升为副教授之前，科研人员的生产力一直快速增长，之后保持稳定。② Brogaard 等发现，在经济与金融领域获得终身教职至少 10 年的学者，其论文的质量和数量均在获得终身教职之时达到顶峰，之后逐步下降。③ 在学术影响力方面，Sugimoto 等的研究发现，学者的成果在晋升过程中获得最大的影响，然后，随着时间的推移而降低。④ Gingras 等发现科研人员的平均科学影响力从职业生涯开始到 50 岁左右都在稳步下降，然后再次上升，即科研人员的影响力随时间变化大致呈"U"形曲线。⑤ Sinatra 等发现，科学家职业生涯中影响最大的成果随机分布在其职业生涯中。⑥ 在合作能力方面，科研人员越来越倾向于与他人共同发表论文。在 JSTOR 数据库中，合著论文的数量从 1900 年的 6% 上升到 2011 年的超过 60%，而在 WoS 数据库中，合著论文的占比甚至高达 75%。⑦ Hu 等发现数学、计算机、化学与病毒学领域科研人员在 30 年的职业生涯中合作能力呈现出不断上升的趋势。⑧

---

① Sabharwal, M., "Comparing Research Productivity across Disciplines and Career Stages", *Journal of Comparative Policy Analysis: Research and Practice*, Vol. 15, No. 2, 2013, pp. 141–163.

② Sugimoto, C. R., Sugimoto, T. J., Tsou, A., et al., "Age Stratification and Cohort Effects in Scholarly Communication: A Study of Social Sciences", *Scientometrics*, Vol. 190, No. 2, 2016, pp. 997–1016.

③ Brogaard, J., Engelberg, J., Van Wesep, E., "Do Economists Swing for the Fences after Tenure?", *Journal of Economic Perspectives*, Vol. 32, No. 1, 2018, pp. 179–194.

④ Sugimoto, C. R., Sugimoto, T. J., Tsou, A., et al., "Age Stratification and Cohort Effects in Scholarly Communication: A Study of Social Sciences", *Scientometrics*, Vol. 190, No. 2, 2016, pp. 997–1016.

⑤ Gingras, Y., Larivière, V., Macaluso, B., et al., "The Effects of Aging on Researchers' Publication and Citation Patterns", *Plos One*, Vol. 3, No. 12, 2008, p. e4048.

⑥ Sinatra, R., Wang, D., Deville, P., et al., "Quantifying the Evolution of Individual Scientific Impact", *Science*, Vol. 354, No. 6312, 2016, p. aaf5239.

⑦ West, J. D., Jacquet, J., King, M. M., et al., "The Role of Gender in Scholarly Authorship", *Plos One*, Vol. 8, No. 7, 2013, pp. e66212.

⑧ Hu, Z., Chen, C., Liu, Z., "How Are Collaboration and Productivity Correlated at Various Career Stages of Scientists?", *Scientometrics*, Vol. 101, 2014, pp. 1553–1564.

学者在分析科学家的成长过程中发现了人才流动与科学家成长发展的重要关系，在各种影响流动的因素中，讨论较多的包括学历因素、地域因素、性别因素、家庭因素等；① 家庭、个人等外部因素对人才流动的影响力较大。② 此外，师承效应也显著影响着人才成长，名师、名校、名专业、名学历四方面是学术精英群体师承效应的基础，已有越来越多的学者开始关注亲缘性影响因素的问题。③

3. 学术生涯中的研究主题变化

具有前瞻性的主题可能会促使高影响力研究成果的产生，这不仅可以提高科学家的声誉，也可以给整个领域创造研究机会。鉴于研究主题对科研人员个体学术生涯以及对学科和创新政策的影响，学者采取定量方法来理解科学家们在整个学术生涯中其研究主题是如何变化的。④ Jia 等使用"海边漫步"模型来解释科学家研究兴趣的演化。⑤

研究主题的变化是否会对学者的学术生涯及其科研表现产生影响？针对该问题学界进行了一些有益探索，获得的结论却不尽相同。一类观点认为，研究主题的变化是积极而有益的。Yu 等发现科研人员的论文被引频次可以通过研究主题的转移来提高，科研人员的研究

---

① Schreiber, M., "A Case Study of the Hirsch Index for 26 Non-Prominent Physicists", *Annalen Der Physik*, Vol. 519, No. 9, 2007, pp. 640 – 652; Zuckerman, H., Cole, J. R., "Women in American Science", *Minerva*, Vol. 3, No. 1, 1975, pp. 82 – 102.

② Morgan, A. C., Way, S. F., Hoefer, M. J. D., et al., "The Unequal Impact of Parenthood in Academia", *Science Advances*, Vol. 7, No. 9, 2021, p. eabd1996; Morgenroth, T., "The Who, When, and Why of the Glass Cliff Phenomenon: A Meta-Analysis of Appointments to Precarious Leadership Positions", *Psychological Bulletin*, Vol. 146, No. 9, 2020, pp. 797 – 829.

③ Way, S. F., Morgan, A. C., Larremore, D. B., et al., "Productivity, Prominence, and the Effects of Academic Environment", *Proceedings of the National Academy of Sciences*, Vol. 116, No. 22, 2019, pp. 10729 – 10733.

④ Sinatra, R., Deville, P., Szell, M., et al., "A Century of Physics", *Nature Physics*, Vol. 11, No. 10, 2015, pp. 791 – 796.

⑤ Jia, T., Wang, D., Szymanski, K. B., "Quantifying Patterns of Research-Interest Evolution", *Nature Human Behaviour*, Vol. 1, No. 4, 2017, pp. 14569 – 14574.

主题改变越大越有可能有高质量的作品。① Pramanik 等发现在研究主题发生转移之后，作者发表的论文数量和质量都更高。② Azoulay 等发现探索新的主题、研究自由度较高的科研人员比从事任务既定、较短审查周期、可交付成果不可变的科研人员更易于作出较高影响力的成果。③ Foster 等认为高风险的研究更有可能产生高影响力，获得更大的认可。④ 也有一些研究持有不同观点。Amjad 等发现持续研究同一主题的科研人员会产生更大的影响力，获得更多的关注。⑤ Zeng 等的研究表明科学家的研究主题分布很窄，研究主题的转移概率越高，篇均被引频次越低。⑥

若要了解学术界的制度变革如何影响科学的整体潜力，就需要更好地量化职业生涯如何随着时间的推移而演变。由于知识溢出、累积优势、竞争和协作是学术职业的显著特征，因此就业关系以及分配认可和分配资金的程序都应考虑到这些因素。Petersen 等通过分析来自物理学界的 200 名顶尖科学家和 100 名助理教授的纵向职业数据，研究了给定科学家的年产量。我们对个人生产力动态的实证分析表明，竞争队列中排名靠前的个人的回报不断增加，生产增长的分布呈现出一个非常对称的尖峰"帐篷形"。Petersen 等引入了一个比例增长模型，该模型再现了这两个观察结果，并进一步解释了职业寿命和科学成就的显著右偏分布；使用这

---

① Yu, D., Shi, S., "Researching the Development of Atanassov Intuitionistic Fuzzy Set: Using a Citation Network Analysis", *Applied Soft Computing*, No. 32, 2015, pp. 189 – 198.

② Pramanik, S., Gora, S. T., Sundaram, R., et al., "On the Migration of Researchers across Scientific Domains", *Proceedings of the International AAAI Conference on Web and Social Media*, No. 13, 2019, pp. 381 – 392.

③ Azoulay, P., Graff, Zivin J. S., Manso, G., "Incentives and Creativity: Evidence from the Academic Life Sciences", *The Rand Journal of Economics*, Vol. 42, No. 3, 2011, pp. 527 – 554.

④ Foster, J. G., Rzhetsky, A., Evans, J. A., "Tradition and Innovation in Scientists' Research Strategies", *American Sociological Review*, Vol. 80, No. 5, 2015, pp. 875 – 908.

⑤ Amjad, T., Daud, A., Song, M., "Measuring the Impact of Topic Drift in Scholarly Networks", *Companion Proceedings of the Web Conference*, 2018, pp. 373 – 378.

⑥ Zeng, A., Shen, Z., Zhou, J., et al., "Increasing Trend of Scientists to Switch between Topics", *Nature Communications*, Vol. 10, No. 1, 2019, pp. 1 – 11.

个理论模型发现，短期合同会放大竞争和不确定性的影响，致使职业生涯更容易提前终止，这不一定是因为缺乏个人天赋和毅力，而是因为随机产生的负面冲击；科学生产力的波动与科学家的合作半径和团队效率有关。①

4. 学者的学术成长与职业发展

Sinatra 等人在 *Science* 杂志上发文首次提到了"研商"的概念，科学家在整个职业生涯中依赖于两个方面——研商和运气，他们认为，相较于科学家的学术积累和不断努力，"研商"的影响所占比重更高。② Kyvik 等认为，在学者进入特定职业阶段以后，学术表现（如取得新发现）对学者边际效用的影响越来越小，他就会选择其他工作，如参与、指导他人研究以求得包括学术声誉在内的更多收益。③

Hellsten 等基于自引网络、合作者以及关键词信息，利用最优化方法挖掘了学者的研究领域。④ Hylandy 认为，在大部分的引文分析成果中，自引要么被看作无关干扰，要么被认为是作者的利己主义。⑤ 很多学者对于自引现象持否定态度，如在期刊评价、论文评价等过程中会通过排除自引来计算评价对象的被引频次或者其他文献计量指标。Glänzel 等还发现，自引的时间往往要短于引用他人成果的时间。⑥ Cronint 和 Shaw 研究

---

① Petersen, A. M., Riccaboni, M., Stanley, H. E., et al., "Persistence and Uncertainty in the Academic Career", *Proceedings of the National Academy of Sciences*, Vol. 109, No. 14, 2012, pp. 5213 – 5218.

② Sinatra, R., Wang, D., Deville, P., et al., "Quantifying the Evolution of Individual Scientific Impact", *Science*, Vol. 354, No. 6312, 2016, p. aaf5239.

③ Kyvik, S., "Age and Scientific Productivity: Differences between Fields of Learning", *Higher Education*, Vol. 19, No. 1, 1990, pp. 37 – 55.

④ Hellsten, I., Lambiotte, R., Scharnhorst, A., et al., "Self-Citations, Co-Authorships and Keywords: A New Approach to Scientists' Field Mobility?", *Scientometrics*, Vol. 72, No. 3, 2007, pp. 469 – 486.

⑤ Hyland, K., "Humble Servants of the Discipline? Self-Mention in Research Articles", *English for Specific Purposes*, Vol. 20, No. 3, 2001, pp. 207 – 226.

⑥ Glänzel, W., Bart, T., Balázs, S., "A Bibliometric Approach to the Role of Author Self-Citations in Scientific Communication", *Scientometrics*, Vol. 59, No. 1, 2004, pp. 63 – 77.

发现，当作者的研究转向一些新的领域时，他们的引用行为会发生变化，其中一项表现为自引频次的增加。① 正如 Hellsten 所言，作者自引与引用他人成果相比，尽管引用的原因可能相同，但它有一种不同的认知和社会功能，相比较而言，自引网络能够更加细致地刻画作者研究主题之间的相互关系及其研究主题的变化。②

## 三 研究述评

国内外学者围绕自引、研究兴趣、学术生涯等主题开展了一系列研究，形成了大量相关研究成果，为本书奠定了坚实的基础，也提供了有益的参考借鉴以及理论和方法支撑。现就上述三个主题的研究状况作如下述评。

### （一）自引主题的研究述评

作者自引和期刊自引是自引研究中备受关注的两种形式，此外还有国家自引、语种自引和学科自引等多种形式。学者通过对自引率指标的计算可知，自引率指标存在着一定的学科差异，但整体而言自引非常普遍，在以引文作为主要表征的科学交流体系中占据着重要的比重。自引是一种不容被忽视的科学交流现象。以往围绕自引主题所开展的研究主要是从科学评价角度展开的，探讨自引的评价功能，揭示自引现象对于影响因子、h 指数等引文指标的影响。学者对自引的态度褒贬不一，总的来说负面的质疑和争议多于正面的肯定。许多人质疑自引能否正向表征学术影响力，是否会对引文指标及其所代表的评价结果产生干扰，是否

---

① Cronin, B., Shaw, D., "Identity-Creators and Image-Makers: Using Citation Analysis and Thick Description to Put Authors in Their Place", *Scientometrics*, Vol. 54, No. 1, 2002, pp. 31–49.

② Hellsten, I., Lambiotte, R., Scharnhorst, A., et al., "Self-Citations, Co-Authorships and Keywords: A New Approach to Scientists' Field Mobility?", *Scientometrics*, Vol. 72, No. 3, 2007, pp. 469–486.

会被人加以利用去操纵引文指标,是否导致了引文指标的膨胀和失真,是否应该从引文指标的计算过程中予以剔除。科学评价视角之下的自引研究成为引文主题下的研究主流,研究者主要来自期刊编辑、图书情报、科学学与科技管理等领域。

在对自引的科学评价功能的过度关注中,自引与生俱来的科学交流功能却被淹没了,从这一角度来看,学界对于自引的认识和了解还比较有限。事实上,自引作为一种特殊的引文形式,它在科学交流体系中发挥着怎样的功能?自引相较于他引而言是否承担着特殊的科学交流功能?自引动机是否不同于他引动机?自引如何表征科学研究的传承?能否借助自引来揭示科学的传承与发展脉络?等等,这些问题都亟待进一步探索和实践。在自引研究主题之下,一些学者考察自引的科学交流功能,证实了自引是内容驱动型的引用行为,本质上是由于研究主题和内容的相关性而产生的。还有学者尝试构建自引网络来展示研究主题的发展演化。目前此类研究数量很少,只是初步的探索和尝试,但是却为本书提供了重要的启发和借鉴,在一定程度上证实了本书的必要性和科学性。深入探讨自引的科学交流功能,进一步了解学者的自引动机,揭示自引的科学交流规律,拓展自引的研究视野及应用领域,并且将自引置于时间轴之上追踪其动态演化情况,这些都代表着当前自引主题的研究趋势和方向,对这些问题的持续研究是对自引主题的极大拓展、深化、丰富和完善。

### (二) 研究兴趣主题的研究述评

兴趣问题长期受到心理学、教育学和管理学的关注。这些学科对研究兴趣的研究,主要在于如何激发和提升老师和学生的研究兴趣,如何以兴趣为引导提升老师和学生的学习效果和研究能力。图书情报学、科学学与科技管理等学科领域围绕研究兴趣所开展的研究,主要以科研人员为对象,尤其是杰出学者,探讨如何识别和表征学者的研究兴趣,如何针对学者的研究兴趣提供更为精准的推荐服务,主要目的在于改进和提升科技情报服务水平，而非提升学者的研究效率和产出水平，也未能对学者的成长成才及职业生涯发展提供参考和建议。如此来看，图书情报领域的学者对研究兴趣的研究角度略显狭窄，着重探讨研究兴趣识别的方法和技术，学者侧重于技术角度的研究，而忽视了与研究兴趣相关的更多维的话题，特别是从科研管理角度出发探讨学者的研究兴趣问题所带来的管理启示与决策依据，若能从这一角度展开研究将会极大地拓展研究兴趣这一主题的研究视野和应用范围。

来自图书情报学和计量学领域的学者在研究兴趣识别和发掘方面所取得的研究成果，尤其是提出的各种识别方法与工具，为本书在研究过程中识别学者的研究兴趣提供了重要的理论、方法和工具支撑。尽管如此，围绕该主题所开展的研究目前仍存在一些问题和不足：一是未能将研究兴趣问题置于学者的学术生涯这一更宏大的场域之中进行研究，在这一问题上还需要借鉴教育学、心理学等学科的知识和理念，更多地关注研究兴趣对学者的研究效率、职业发展等的影响，落脚点也应该更多地向科研管理方向倾斜，例如，如何从研究兴趣角度出发激发、引导和提升学者的科研产出及影响力，推动学者的个人成长和职业发展；二是对学者研究兴趣的动态演化规律的关注度不够，大量研究仍主要从静态角度出发来识别学者的研究兴趣。若将研究兴趣置于学者的学术生涯场域中进行研究，则必然需要从动态角度考察学者的研究兴趣，揭示其在较为漫长的学术生涯历程中学者的研究兴趣的演化与迁移问题，并且考察学者研究兴趣的演化与迁移对学者学术生涯的影响。

### (三) 学术生涯主题的研究述评

学术生涯覆盖了学者科研活动的全部，换言之，将学者数十年间的研究活动及其科研产出嵌入学术生涯场域之中，此时学者所开展的科研活动是连续的，个人的学术成果亦具有连续性。关于学术生涯的研究最常见的是对某位杰出或知名学者生平的梳理和归纳，以类似传记的形式简要概括该学者的学术人生，包括评述其代表性成果和成就，有时也会涉及学者研究工作的变化与转换。这类研究通过追溯或追忆某位著名学者的光辉一生，主要目的在于致敬、纪念、缅怀和歌颂，我们或许也能在他身上看到一些优秀的品质和成功的经验，但并非像科学计量学那样，以定量方式客观地分析和展示学者的研究行为，以便揭示其规律性特征，并为他人提供参考借鉴。

科学计量学领域对学术生涯的研究，大多是以杰出科学家，例如诺贝尔奖获得者为对象，通过对其科研成果的计量分析，揭示科研产出规律以及人才成长规律。相关研究统计了杰出学者的产出量、影响力、学术巅峰、生命周期，以及学术巅峰前后研究主题、生产力和影响力的变化等，这些结论和发现也确实为本书提供了极其有益的参照。但是，这些研究绝大多数都不是聚焦研究兴趣问题，更没有从自引这一全新的视角出发去考察学者的学术生涯，这就为本书留下了充足的创新空间。在学者的学术生涯中，研究兴趣如何演化和迁移，为何会发生迁移，以及迁移对学术生涯的影响等，这些问题仍有待进一步探索。与此同时，自引将为这一探索提供全新的视角和方法。

综上所述，上述三个主题在研究中都取得了很多积极有益的成果和发现，但是仍存在一些问题和不足，能够将三个主题结合起来进行研究的情况比较少见。自引、研究兴趣、学术生涯三者仍作为三个相对独立的研究主题存在，当其各自作为一个独立的主题时，已有的研究是比较充分和成熟的，但是它们彼此之间的关联性却未能引起充分重视。整体而言，从自引视角出发，借助自引网络来识别和考察学者研究兴趣的演化与迁移，进而揭示学者学术生涯中成长和发展的规律性特征，目前仍属于一个新兴的研究领域，亟待从理论、方法和实证等多个方面进行探索和发掘。鉴于此，本书将从自引这一全新的视角出发追本溯源、寻踪觅迹，对学者的研究兴趣演化路径与迁移规律进行定量分析和动态探测，揭示科学发展规律和创新人才成长规律，服务科研管理决策、指导青年学者成长。由此而获得的结论和发现，对于完善创新人才培养机制、健全科技管理体制和政策体系来说，具有一定的理论价值和现实意义。

第三章

# 理 论 基 础

每个学者都有其自己的研究兴趣,这些兴趣可以很容易地从重点研究者的简历中获得,但是这些简历可能不会定期更新,而且许多简历无法通过公开渠道获得,相比较而言,学者公开发表的科研成果为考察他们的研究兴趣提供了重要线索和数据支撑。本书主要关注学者研究兴趣的演化与迁移问题。除研究兴趣以外,还涉及自引及自引分析、学术生涯等相关概念,本章将重点对这几个核心概念进行解释和界定。与此同时,引文分析理论、知识生态理论、生涯建构理论、生命周期理论等分别从不同的方面提供了本书所需的理论依据和支撑,本章也将对几个相关理论进行阐释说明。

## 一 基本概念

### (一) 自引

科学文献的引用和被引用是科学发展规律的表现,体现了科学研究工作的继承性和连续性,也体现了科学的统一性原则。当学者开展学术研究时,无论其身处哪个学科领域,无论其采用何种研究方法,都需要借鉴和继承前人的成果以进行创新。牛顿说过,我站在巨人的肩膀上所以才能看得更远。因此,在撰写论文过程中,学者不仅会引用其他学者的相关文献和著作,还可能会对他自己前期的研究成果加以进一步延伸和拓展,因而会引用他自己先前所积累的相关文献与著作。自引是指施引文献和被引文献具有相同作者的情况，也可以称为是作者自引，即作者在其后续的研究成果中借鉴他自己以前的研究成果。该定义也可以引申至其他层级的引文关联，例如，施引文献和被引文献来自同一种期刊（期刊自引）、同一学科（学科自引）、同一语言（语种自引）、同一机构（机构自引）、同一国家（国家自引），等等。其中，作者自引与期刊自引两种自引形式最受关注。[①] 可见，自引是科学交流中较为常见的现象，也是引文系统和引文分析的重要组成部分。

作者自引是指作者在新的研究论文、书籍或其他学术著作的参考文献中包含了他对其自己发表的其他论文或研究的引用[②]，作者自引只是众多自引形式当中的一种，只不过是其中一种更为常见和重要的自引形式。一般来说，作者自引可以分为以下四种类型：一是直接自引，即作者在新发表的文献中直接引用他自己以前发表的文献；二是间接自引，即作者在新发表的文献中间接引用他自己以前发表的文献，如通过他人的文献或综述等；三是合作自引，即作者在与其他合作者共同发表的文献中引用了他们之前合作或各自发表的文献；四是交叉自引，作者和其他共同研究者在各自不同的文献中相互引用了对方的文献。与作者自引相关的因素包括文献出版后经过的时间、学科、性别、作者生产力、期刊载文量、合著情况、被引数等。

作者自引是学术交流和评价中不可避免的现象，它对于科学交流和知识扩散的意义和影响在于：一方面，作者自引可以展示作者的研究背景、思路、进展、主张及论点等，体现作者的学术贡献和创新性，促进相关领域的知识传播和发展；另一方面，作者自引也可以提高作者的学术影响力和声望，增加作者的被引频次和 h 指数，提升作者的学术评价和竞争力。作者在引用他自己的研究成果时，应避免出现以下学术不端

---

① 温芳芳：《自引研究综述：科学评价与科学交流中的质疑、求证与创新》，《图书情报工作》2019 年第 21 期。

② 李昕雨、雷佳琪、步一：《我国图书情报学作者自引行为研究初探》，《图书情报工作》2022 年第 20 期。

或失信行为：过度自引，即作者在新发表的文献中过多地或不必要地引用他自己以前发表的文献，造成重复或冗余；无关自引，即作者在新发表的文献中引用与主题或内容无关或关联性不强的他自己以前发表的文献，造成偏离或混淆；隐蔽自引，即作者在新发表的文献中故意隐瞒或模糊参考文献中与原始文献相同的作者身份或来源，造成误导或欺骗。而应当遵循以下原则：合理自引，即作者在新发表的文献中适当地或必要地引用与主题或内容相关或关联性强的他自己以前发表的文献，体现连贯性或延续性；规范自引，即作者在最新的研究成果中按照准则在合理的范围内正确规范地进行引用，能够对他自己表示尊重，也能够表明他自己遵守了学术道德规范。总的来说，在进行学术成果的撰写和发表时，作者应该通过遵循自引的规范和准则去保证他自己的学术质量和学术道德。

期刊自引是指某一期刊所刊登的论文引用该期刊之前已发表文章的情况，通常能够表明期刊知识的继承性与稳定性[①]，在加快知识扩散速度与捕捉新知识等方面较之他引具有更为显著的优势[②]。学科自引在这里指在某一学科领域内发表的论文引用它自己学科内已有的研究成果和文章等，可以反映这一学科独有的学术性和学术吸收能力，在一定程度上也可以反映不同学科之间学术交流的影响。如果某个学科的自引率比较低，那么就能说明这个学科吸收其他学科研究成果的能力比较强，学科独立性会稍弱一点，反之，结果相反。语种自引说的是在某一语种范围内发表的论文引用该语种已发表的科研成果。此外还有机构自引及国家自引的说法。

在论文发表之后，它所包含的参考文献是固定的，而所获得的被引频次却处于动态的累积中，因此，Lawani 建议从历时与共时两个角度加

---

① 韩瑞珍、吴烨、杨思洛：《学术期刊自引率与自被引率指标的改进与结合分析》，《中国科技期刊研究》2023 年第 4 期。

② 温芳芳：《期刊自引的知识扩散速度研究——基于自引与他引的引用延时比较》，《情报杂志》2020 年第 4 期。

以考察，将自引分为历时自引（diachronous）与共时自引（synchronous）两种，并分别采用自被引率（self-cited rate）与自引证率（self-citing rate）两个指标来测度。① 历时自引是指在不同年份发表的文献中，作者或作者所在的机构、期刊、国家等引用了他自己的其他文献。而共时自引是指在同一年份发表的文献中，作者或作者所在的机构、期刊、国家等引用了他自己的其他文献。自被引率是指自引引文占全部被引频次的比例，自引证率是指自引引文占全部参考文献的比例。作者自被引率的计算方法是该作者的自引引文除以他获得的总被引频次。同理，作者自引证率的计算方法是指某一作者发表的文章中自引参考文献除以全部参考文献。美国科学信息研究所（Institute for Scientific Information，ISI）提出的针对期刊自被引率和期刊自引证率的定义方法与上述方法类似。

自引允许作者参考他们早期的研究结果、方法或与当前研究相关的理论，可以帮助作者为新的研究提供基础，承认以前的工作，并证明作者的想法或研究的进展。它还能让读者追踪作者的工作在一段时间内的发展和演变。而在他引的过程中可能会存在没有阅读原始文献却"转引"或者对他人学术成果并不了解却"仓促引用"的情况，这种引文实际质量很低并且对知识扩散无甚用处，因此自引相较于他引可能准确度更高[2]，并且在知识扩散中的时效性亦更优。[3] 总体来说，合理自引有以下几个方面的作用：体现作者研究成果的连贯性和研究方向的稳定性，展示作者在某一领域的研究深度和广度；增加作者的学术影响力和知名度，提高作者的 h 指数和论文的被引频次；为读者了解该作者的研究背景和前沿动态提供了更多参考。但是自引确实相比较于他引更容易受到人为

---

① Lawani, S. M., "On the Heterogeneity and Classification of Author Self-Citations", *Journal of the American Society for Information Science*, Vol. 33, No. 5, 1982, pp. 281–284.

② Zhou, L., Amadi, U., Zhang, D., "Is Self-Citation Biased? An Investigation Via the Lens of Citation Polarity, Density, and Location", *Information Systems Frontiers*, Vol. 22, 2020, pp. 77–90.

③ Shan, T. A., Gul, S., Gaur, R. C., "Authors Self-Citation Behavior in the Field of Library and Information Science", *Aslib Journal of Information Management*, Vol. 67, No. 4, 2015, pp. 458–468.

操控，不当自引也会导致以下几个方面的问题：自引可能影响论文的客观性和公正性，造成学术评价的失真和偏差；自引可能被滥用或者操纵，为了提高个人或机构的排名或影响因子而进行不必要或不合理的自引；自引可能还会降低论文的学术水平和质量，反映作者缺乏对他人研究的关注和引用。[①] Garfield曾言自引本无所谓好坏[②]，关键在于如何对待与利用它。实际上，自引是一把双刃剑，需要合理使用和规范管理。过度自引或不必要的自引可被视为自我推销或者试图人为地提高他自己的被引频次。自引应当与新工作相关且必要，并应与合理数量的外部引文相平衡，以提供更广泛的背景，并以外部证据支持主张。自引率过高或过低都不利于学术交流和发展。

**（二）研究兴趣**

兴趣是一种心理现象，深刻地影响着人们的认知和实践。而研究兴趣指的是研究人员关注并热衷于研究的特定领域或主题。研究兴趣作为学者的研究视角、研究问题、研究方向、专业背景之间的纽带，有助于他们确定和选择研究范围、研究项目、研究主题及合作伙伴。学者的研究兴趣通常都是其研究学习心得的集中体现，有时也表现为其自身研究方向的拓展，还能够在一定程度上反映不同学科背景的研究者对他们所在研究领域的热点问题的关注度、敏感度。研究兴趣可以是广泛的，也可以是狭窄的，主要取决于研究人员的专业知识及其工作的具体领域或学科。研究兴趣是区分研究人员的重要特征，每位研究人员的研究兴趣各不相同，无法找到两位研究人员具有完全相同的研究兴趣。而目前的研究兴趣识别方法大致会围绕着词汇、主题、网络三个层次而展开。[③] 在

---

① Hyland, K., Jiang, F., "Changing Patterns of Self-Citation: Cumulative Inquiry or Self-Promotion?", *Text & Talk*, Vol. 38, No. 3, 2018, pp. 365–387.

② Garfield, E., "Journal Citation Studies XVII: Journal Self-Citation Rates—There Is a Difference", *Essays of An Information Scientist*, Vol. 52, No. 2, 1974, pp. 192–194.

③ 石湘、刘萍：《学者研究兴趣识别综述》，《数据分析与知识发现》2022年第4期。

学者的学术简介中，例如在网站、专业简介或出版物中，除了专业领域以外，通常还会提到研究兴趣。通过分享他们的研究兴趣，学者可以吸引有类似兴趣或专长的合作者。学术社交网络 Research Gate 推广了一个新的综合指标——研究兴趣，但有学者认为，该指标至少存在缺乏透明度和冗余这两大问题，这削弱了其作为替代性指标的效用。①

研究主题指的是研究人员在其更广泛的研究兴趣中所关注的具体课题或研究领域，代表了研究人员关注的具体问题或现象，并试图通过研究来获得对该问题或现象更深入的理解。与研究兴趣相比，研究主题的范围较窄。研究兴趣比较笼统，包括较为广泛的含义，而研究主题则比较具体，重点突出。研究人员通常根据他们的专业知识、兴趣以及他们在研究领域中发现的差距或空白来选择研究主题。具有前瞻性的研究主题有可能促使颠覆性成果的产生，这不仅有助于提升科研人员的声誉和影响力，而且能够给整个学科领域创造研究机会。② 研究主题可能会受到各种因素的影响，诸如新出现的趋势、社会需求、理论框架、技术进步，或解决具体研究差距的愿望。学者可以研究与特定研究主题相关的发现，发表在不同的平台上，以供其他学者研究探讨、共同推进该知识领域的发展。值得注意的是，随着研究人员经验的积累并加深对某一主题的理解，或为了应对本领域的新趋势和挑战，或根据新的兴趣领域转移研究重点，其研究主题都可能会随之产生变化。由于知识的发展是流动的、连续的，有时也是多学科交叉的，研究人员所研究主题的变化能够反映知识传递和信息收集的不断变化。③ 鉴于研究主题对研究人员个体的职业生涯以及对所在学科发展和国家创新政策的影响，迫切地需要采用定量分析方法来理解研究人员的研究主

---

① Copiello, S., "Research Interest: Another Undisclosed (and Redundant) Algorithm by Researchgate", *Scientometrics*, Vol. 120, No. 1, 2019, pp. 351–360.
② 陈立雪、滕广青、吕晶等：《科研人员职业高峰前后的研究主题转换特征识别》，《图书情报工作》2021 年第 16 期。
③ Ruan, W., Hou, H., Hu, Z., "Detecting Dynamics of Hot Topics with Alluvial Diagrams: A Timeline Visualization", *Journal of Data and Information Science*, Vol. 2, No. 3, 2017, pp. 37–48.

题在其整个职业生涯中是怎样发展变化的。

研究方向指的是指导研究人员工作的总体路径或方向，代表了研究人员旨在通过其研究实现的更广泛的视角或目标。研究方向起着为具体的研究课题、方法以及实现的途径提供框架大纲的作用。研究方向可能会受到若干因素的影响，包括研究人员的专业知识、兴趣、长期目标、可用资源以及他们所在领域或学科的需求或机会。研究方向体现的是相关研究人员的总体意愿、目标以及战略选择。社会需求、技术进步、理论框架或在某一特定领域作出重大贡献的愿望，都可能会决定学者的研究方向。随着时间的推移，研究人员获得新的见解，收到反馈，与他人合作，或取得意想不到的研究结果，其研究方向往往会发生转变。研究人员根据现实情况来完善或调整他们的研究方向，而明确的研究方向有助于他们集中精力，并对时间和资源的分配作出明智的决定，向合作者、资助者以及学术界传达其研究目标和愿望。在研究过程中，研究方向是一个重要的方面，不仅因为它提供一种方向来指导研究人员的决策，也因为它能协助推动某一特定领域的知识理论进步。伴随着科技进步和网络发展，科技论文的数量出现爆炸式增长，为了向学者提供更为精准的文献推荐服务，已有很多研究基于科研人员的研究兴趣和方向构建科技论文推荐模型，从不同的角度为其推荐可能感兴趣的文献。①

研究兴趣反映学者内在的心理特征和研究动机，研究兴趣具有内隐性，除非对学者本人进行直接的访谈，通常难以通过其他手段直接进行计量和分析。研究方向是学者由其所从事研究工作的主题、视角、内容、方法、范式等形成的一个较为集中的研究框架，可通过学者承担的研究项目以及所发表的学术成果加以呈现，所以文献计量学中常借助于学者所发表的论文主题来识别和考察学者的研究方向。鉴于此，本书将研究方向视为学者研究兴趣的外化表现，通过对学者所发表的论文进行主题

---

① 王妍：《基于学者研究方向的科技论文推荐方法研究》，硕士学位论文，西安理工大学，2022年。

分析来识别其研究方向，再借助研究方向来间接地表征学者的研究兴趣。

研究兴趣演化是指研究人员在其学术生涯中对不同话题或领域的关注程度和内容随时间推移而变化和发展的过程，其维度主要包含以下几类：兴趣强度，指研究人员对某一话题或领域的关注程度，通常用发文数量、引用数量、影响力等指标来衡量；兴趣状态，指研究人员在某一话题或领域中所处的阶段或角色，通常采用成熟度、主导率、领导力等指标来刻画；兴趣内容，指研究人员所关注的话题或领域的具体范围和特征，通常用特征词、关键词、主题词等方式来描述；兴趣路径，指研究人员在不同话题或者领域之间的转换和迁移，通常用相似度、距离、方向等方式来度量。

研究兴趣迁移是指研究人员在其学术生涯中从一个话题或领域转移到另一个话题或领域的自然而动态的过程，涉及研究人员有兴趣通过其研究探索的主题、议题或问题的转变。研究兴趣迁移可以反映研究人员的智力成长、知识结构、适应能力、创新能力、学术影响力以及面对不断变化的知识和研究机会的反应能力，也可以揭示出科学知识的发展趋势和规律。研究人员往往需要获得新的技能、知识或合作，以便从一个研究领域过渡到另一个领域，不断完善和塑造研究路径，推动其所在学科领域的发展和进步。

用于探索研究兴趣演化和迁移的方法主要分为以下几种：一是基于文本分析的方法，利用主题模型、共词分析、文本聚类等技术，从文献数据中提取研究人员的兴趣主题，并分析其随时间的变化和转移；二是基于社交网络分析的方法，利用学者的学术网络、合著网络、引文网络、科研社交网站等数据，分析研究人员的社交关系对其兴趣演化的影响，以及兴趣演化对其社交关系的反馈；三是基于模型建模的方法，利用数学模型、物理模型、机器学习模型等工具，对研究人员的兴趣演化过程进行建模和预测，探索其内在的机制和动力。

### (三)学术生涯

学术生涯一直是科学计量学的重要话题,曾数次在国际科学计量学与信息计量学(ISSI)大会上被作为主题之一进行专题讨论。学术生涯通常遵循一个轨迹,展示出不同阶段的进展,如研究生、博士后研究员、助理教授、副教授和正教授。在学术生涯中的晋升往往涉及在教学中表现出卓越的能力,开展高质量的科学研究,并对其所在领域作出较大贡献。虽然学术生涯能够带来智力上的回报,提供专业成长的机会,但也伴随着挑战,包括职称晋升、教学和科研平衡、研究经费竞争、发表权的争夺等。值得注意的是,不同学科、机构和国家研究人员的学术生涯可能有所不同,对成功的期望和标准也不同。已有研究采用科学计量学方法,从学术扩散、学术影响、学术主题、学术产出四个维度构建研究人员学术生涯的量化分析体系,再现其学术生涯的发展轨迹。[①]

学术职业主要指在大学、学院、研究所等高等教育机构从事工作,通常涉及教学、科研及其他学术活动等内容。具体来说,一是教学,负责为本科生和研究生设计和提供所在专业领域的课程,例如,准备讲座、引导讨论、评估学生作业以及为学生提供指导。二是科研,从事学术研究、开展研究项目、在会议上发言,并为各自领域的知识进步作出贡献。三是科研项目,通过申请资助为其研究项目获得资金支持。通过向资助机构或基金会撰写提案,概述其研究目标、方法和预期成果,申请对其工作的财政支持。四是发表文章,在同行评议的学术期刊、书籍或其他学术出版物上发表研究成果。这种知识传播使其他研究人员能够以他们的工作为基础,并为推动科学事业进步作出贡献。五是服务和管理,在其所在机构中担任行政职务,如系主任、项目主任或委员会成员。为机

---

[①] 狄冬梅、潘奎龙、孙危:《科学计量视域下学者学术生涯解析研究》,《情报科学》2019年第8期。

构管理作出贡献,参加学术委员会,并在他们的学科或专业协会中从事服务活动。而在研究人员的学术生涯中,怎样不断选择、调整乃至转移到最佳的研究主题上是每一位研究人员都十分关心的问题。随着学术职业的活跃,就业市场持续发生变化,最明显的就是教授终身制的改变,研究人员所面临的竞争日益激烈,其学术职业道路也变得愈加难以预测。①

职业成长指的是随着时间的推移,一个人在当前组织中的职业发展和进步过程。② 它包括获得新的技能,积累经验,承担更大的责任,并取得更高的职业成功和满意度。职业成长的关键因素包括:一是技能发展,职业成长通常需要获得与个人领域或期望的职业道路相关的新知识和技能,而这是通过后天的努力可以做到的,例如,通过接受正规的教育、完整的培训计划、专业的发展机会以及在职学习的方式。二是升迁,职业发展经常涉及在一个组织中的升迁,包括晋升到更高的职位、担任领导角色或在团队中承担更大的责任等。三是扩大工作范围,随着个人职业生涯的发展,他们往往会承担更复杂和更具挑战性的项目或任务。四是增加自主权和决策权,职业发展往往涉及在其自身的角色中获得更多的自主权和决策权,即拥有作出独立选择和团队运营的权力。五是职业认可和奖励,职业发展往往伴随着对个人学术贡献的认可和奖励,即获得赞誉、奖励、奖金、加薪或其他形式的认可。六是社会网络和专业关系,建立一个强大的社会网络,培养与同事、导师和行业领域专业人士的关系,可以促进职业发展。职业成长是一个主观和个性化的概念,因为每个人都可能有不同的目标和对成功的定义。有些人可能会优先考虑在某一特定组织内获得纵向发展,而另一些人则可能重视横向调动、职业过渡或创业。总的来说,职业成长是一个连续的过程,是一个通过不

---

① Boothby, C., Milojevi, S., "An Exploratory Full-Text Analysis of Science Careers in a Changing Academic Job Market", *Scientometrics*, Vol. 126, No. 5, 2021, pp. 1 – 17.

② Weng, Q., Mcelroy, C. J., "Organizational Career Growth, Affective Occupational Commitment and Turnover Intentions", *Journal of Vocational Behavior*, Vol. 80, No. 2, 2012, pp. 256 – 265.

断学习、不断发展进步、不断向个人职业目标迈进的过程。

学术轨迹通常是指科学研究在时间序列上的演变轨迹和发展路径。[①] 回顾和梳理某一期刊、学派、学科、研究主题、重要理论的学术轨迹，有助于把握未来研究态势，并展示科学研究的发展历程。[②] 而对研究人员的学术成果展开内容挖掘与统计分析，了解其研究主题、评价其研究水平、凸显其研究贡献是绘制学术轨迹的重要方面。学者的学术轨迹包括他的教育经历、学术研究、教学工作、机构职位、专业认可情况等诸多要素。学术轨迹对每位研究人员来说都是独一无二的，它可能会受到各种因素的影响，如研究兴趣、合作网络、科研成果、资助机会、个人目标等。它是一个随时间发展而演变的动态过程，反映了研究人员的成就、贡献和经验。绘制研究人员的学术轨迹不能仅仅反映其研究的某个侧面，而是需展现出其研究全貌；不能仅简单地做统计分析，而是需深层次地挖掘其科研成果的主题与内容演化；不能仅仅静态描述其发表的文献数量或研究主题，而是需细致地描绘其科学研究的动态演化过程。学者学术轨迹的可视化分析常以时间发展为主要脉络，从内容、研究线索、研究主题、研究结论等不同的方面展开描述，有助于发掘其研究工作的关键节点、把握其研究的来龙去脉、了解其研究的全部面貌，可用于学者评价、学术画像以及代表作遴选等各项活动。

职业变迁可以被定义为个人在职业发展中从事的职业或领域发生重大改变的过程，这种改变一般来说是由于个人或者外部的因素引起的，可能是兴趣的改变、目标的改变、硬件基础获得进步等。职业变迁的主要方面包括：一是过渡到一个新的领域，职业变迁需要获得与新领域相关的新知识、技能或从业资格，并适应新的行业领域的具体要求。二是

---

[①] 谢珍、马建霞、胡文静：《多维度个人学术轨迹绘制与分析》，《数据分析与知识发现》2023年第2期。

[②] 吴志祥、苏新宁：《国际顶级学术期刊〈Nature〉的发展轨迹及启示》，《图书与情报》2015年第1期；李培挺：《中国管理哲学30年：学术轨迹、焦点透视与逻辑理路》，《哈尔滨师范大学社会科学学报》2011年第1期。

评估技能和兴趣，在进行职业转换之前，个人通常会评估他们现有的技能、优势和兴趣，这种自我评估有助于确定可以应用于新领域的可转移技能及可能需要的额外培训。三是探索，职业转换者通常会进行研究和摸索，以了解他们可以选择的潜在职业，主要途径包括网络信息、访谈、工作实习或接受进一步深造，从而获得对新领域的深入了解并作出明智的决定。四是技能发展和再培训，根据所期望的职业变迁，个人需要获得新的技能或更新现有技能。五是建立一个新的职业社交网络，职业变迁需要在新的领域与新的关联主体建立联系和网络，从而使得个人能够获得机会，向行业内的专业人士学习，并在新的职业背景下扩大他自己的专业知识和社交圈。六是适应新的工作环境，转换职业往往意味着要适应新的工作环境和组织文化，与同事和主管建立新的关系，了解新领域的动态。职业变迁可以由各种因素促成，包括个人成就感、对新挑战的渴望、就业市场趋势或个人情况的变化等。个人需要仔细规划和研究，并乐于接受新的学习经验。成功的职业变迁需要将个人的价值观、工作技能及兴趣与所选择领域的机会和要求相结合。

## 二　相关理论

### （一）引文分析理论

引用与被引用是科学文献的一个基本属性，引文分析的一个重要依据也是文献间的互引关系。规范化的科学论文的一个重要特点就是在参考文献列表之下依序列出文章中所引用文献的著录事项。正文和参考文献之间，施引文献和被引文献之间的逻辑关系就是最基本的引文分析的背景和基石。

引文分析理论就是指对学术文献之间的引用和被引用关系进行分析，以揭示其数量特征和内在规律的一种信息计量研究方法和理论框架。该理论的前提是，引文可以作为学术文献之间的影响、重要性及相互联系的指示指标。布拉德福定律和洛特卡定律为引文分析理论奠定了知识基础。[①] 引文分析理论的起源可以追溯到19世纪末，当时一些图书馆学家和文献学家开始注意到文献之间的引用关系，并尝试利用引用数据进行文献分类和检索。20世纪中期，随着科学技术的发展和信息量的增长，引文分析理论得到了快速的发展和广泛的应用。1955年，美国情报学家尤金·加菲尔德首次提出将文献中的参考文献作为研究对象，利用引证来评价被引文献的学术影响力的思想，即一篇科技文献的被引频次与其学术影响力呈正相关关系。加菲尔德创立了科学引文索引SCI，并提出了影响因子等重要概念和指标，为引文分析提供了实用的工具，为引文分析理论奠定了坚实的基础。1956年，普赖斯等人发表著作《科学论文的网络》，从科学史和科学哲学的角度，探讨了引文分析理论的社会学、心理学和认知学意义，从而为引文分析理论提供了学理解释。斯莫尔在此基础之上发展了引文分析理论的方法技术，主要从数学和统计学的角度展开分析，丰富了学科层面的结论，为引文分析理论的发展提供了有效的工具手段。

自从引文分析理论创立以来，根据引文分析的内容和对象的不同，其研究大致可以分为以下两种类型：一是基于题录信息的引文分析；二是基于全文信息的引文分析。[②] 基于题录信息的引文分析是将参考文献的著录信息作为分析载体的一种传统引文分析模式，包括引文网络分析和引文指标的描述性统计分析等，一方面应用于探索文献情报的规律，揭示科学发展特征；另一方面也常常用于评价文献、期刊、科研人员、学术机构等。基于全文信息的引文分析则是深入施引文献的正文内容来探查引用动机、引用行为以及引用功能，主要包括引用内容文本分析与引用位置分析等。以往大多数的引文分析研究倾向于以参考文献的题录信

---

① 侯剑华：《基于引文出版年光谱的引文分析理论历史根源探测》，《情报学报》2017年第2期。

② 刘盛博、丁堃、张春博：《引文分析的新阶段：从引文著录分析到引用内容分析》，《图书情报知识》2015年第3期。

息为对象开展分析。然而，引用内容分析相较于计量指标分析更具优势，在诸多应用实践中展现出新的发展态势，有助于推动科技评价往"质评"的方向发展。[①] 随着自然语言处理技术与研究数据等条件的成熟，引文分析的理论与实践也逐步进入了引用内容分析的新阶段。

　　引文分析作为传播和交流科学知识的重要方式，引文分析理论及方法在科学评价、科学计量、科技管理等领域的应用非常普遍，也相对比较成熟，包括评价期刊的影响力和作者的学术水平、揭示学科的知识结构和发展趋势、构建各类知识图谱和学者画像等。大规模引文数据库的建立为实现学术追踪、引文索引提供了有力支撑和数据保障。步入大数据时代，引文分析表现出新的发展趋势，逐渐由题录数据转变为全文本数据，网络环境背景下的引文分析变为研究重点，Altmetrics、网络计量学等应运而生。除此之外，大量与引文分析相关的研究运用了自然语言处理、文本挖掘、可视化等新兴技术，引文分析也随着引文分析工具、引文数据库以及互联网技术的发展而得到更加广泛的应用和更深入的推进。总体而言，随着互联网和大数据技术的兴起和发展，引文分析面临着新的机遇和挑战。一方面，计算机和互联网的发展为引文分析提供了多源异构的数据源和更快速便捷的数据获取方式，也为引文分析理论提供了更为广阔的应用领域和更为丰富的应用形式；另一方面，网络环境的快速变化既给引文分析带来了新的问题和挑战，例如数据质量、数据标准、数据安全、数据隐私等，也给引文分析带来了新的命题和机遇，例如网络计量、社会网络分析、知识图谱、大数据分析、人工智能等。因此，引文分析理论需要不断地创新和完善，以适应时代的变化和需求。需要注意的是，虽然目前已有的引文分析理论为学术界提供了宝贵的参考，但它不能反映研究质量或学术影响的全部，它只是我们了解科学传播和知识交流状态的众多方案当中的一种，只是从部分维度展示了科学

---

① 王露、乐小虹：《科技论文引用内容分析研究进展》，《数据分析与知识发现》2022 年第 4 期。

传播和知识交流的某些特征与规律。

### (二) 知识生态理论

知识生态理论是一门交叉学科，它将生态学的思想与知识管理结合起来，主要研究内容包括知识的创造、整合、共享，同时包括这些知识的使用关系、工具和方法。英国著名生态学家阿瑟·乔治·坦斯勒爵士（Sir Arthur George Tansley）于1935年提出的生态学理论，近年来引起更多学者的关注，并逐步应用到生态之外的文化和经济等多个领域。知识生态是把生态学的特征与概念引入知识管理领域所产生的概念，为探索知识系统的关系结构、运行机制及发展演化问题提供了全新的研究框架与视角。

在知识经济时代背景下，社会经济发展对知识的依赖性增强，更多地以知识的生产、创造、传递应用为基础，知识生态理论随之出现。互联网是推动知识生态的强大动力。知识生态理论与知识创造理论和知识管理理论不同，它重视人、知识和环境三者的交互作用，不仅关注到了知识创造所处的环境，还将信任、协同和情景这些新概念融合起来。知识生态理论是对知识管理理论的延伸和拓展，也是促进组织学习和创新的重要途径。知识生态理论强调的是知识、知识技术、知识主体及知识环境四者之间的协调发展，从系统论视角出发来阐述知识、技术、主体、环境之间的交互关系。[1] 在构建生态文明的社会进程中，需要更加关注环境与发展的互动关系，从而构建起有利于知识生产和创新的良好生态环境。

20世纪90年代，一些学者开始尝试用生态学的思想去解决知识生产和管理领域中的问题，试图从一个更宏观、动态、复杂的角度来理解和

---

[1] Jarvenpaa, S., Staples, D., "The Use of Collaborative Electronic Media for Information Sharing: An Exploratory Study of Determinants", *Journal of Strategic Information Systems*, Vol. 9, No. 2, 2000, pp. 129 – 154.

解决与知识相关的问题，成为知识生态理论研究的开端。George Pór 提出了知识生态系统的概念，认为知识生态系统由信息、灵感、洞察力、人和组织能力组成，通过知识和价值网络构成联盟。他指出，关于环境（包括工具和社会实践）的知识是非常重要的，因为人们通过环境来增加知识。[1] 知识生态的主要研究与实践领域就是支持和设计自组织的知识生态系统。因此，知识生态系统就是由知识、知识载体、知识环境等要素组成的一个动态的、自组织的、自适应的、自调节的系统，是知识流动和创新的场所和载体。在知识生态系统中，没有时空的限制与约束，各种灵感、火花、思想、信息相互滋养、彼此交错，其目的就在于调动和发展集体智慧。知识生态系统主要关注其构成要素、与环境的交互作用以及知识流动等问题，从宏观、中观、微观等不同层次探讨良好有序的发展问题。知识生态系统由相互连接的数据库、知识资源及专家学者等组成，关键要素包括知识引擎、核心技术、绩效行为等。知识生态系统模型就是用生态学的方法和技术来描述和分析知识生态系统的结构、功能、过程以及演化，例如，知识食物链、知识循环、知识突变等。

George Pór 从三个维度对知识生态系统进行了解读：第一，以双焦点为第一维度，知识生态系统是一个知识库、交流网络；第二，以三元网络为第二维度，该系统是一个典型的三元网络，三元分别是指技术网络、知识网络及人际网络；第三，以复杂适应系统为第三维度，该系统是由人类组成的复杂适应系统。知识生态系统所具备的各种作用和价值包括知识创造、知识传播、知识积累、知识服务等。知识生态系统的管理就是针对知识生态系统的特点和规律，采取相应策略和措施，以提高知识生态系统的效率和效果，如知识激励、知识评估、知识保护等。[2]

知识生态系统的机制主要包括：（1）动力学机制，使知识系统维持平

---

[1] Pór, G., Molloy, J., "Nurturing Systemic Wisdom through Knowledge Ecology", *The Systems Thinker*, Vol. 11, No. 8, 2000, pp. 1–5.

[2] Pór, G., Molloy, J., "Nurturing Systemic Wisdom through Knowledge Ecology", *The Systems Thinker*, Vol. 11, No. 8, 2000, pp. 1–5.

衡并动态演进的机制,即能够让知识生态系统维持平衡并动态演进的能力。在该机制中,维持平衡的能力是比较重要的,该能力是指在一定时期内生态系统的知识输入和输出量维持相对的平衡,并且流入和流出的速度也在合理范围之内。动态演进的能力指的是通过生态系统中个体之间的协作与竞争来促进该系统不断进化的能力。

(2) 稳态机制,稳态机制是多方位、多层次的,并且这种稳态能够保证系统的自我延续、修复和调节,包含了自组织机制、冗余调节、层次作用、群落竞合等机制。①

(3) 协同机制,通过知识主体和知识生态环境两者间的协同与竞争,形成规律性的机制,最大化地完成知识利用、创新、共享及转化。② 主要包括激励协同机制、知识主体协同机制、领导协同机制、内部环境协同机制、战略协同机制等。

(4) 运行机制,在知识生态系统中,知识创新主体、科研院所、高等院校是智力源,高科技企业是直接行为主体,而政府机构是推动者和环境营造者。线性机制是指通过确定创新主体的目标,实现在共同利益上达成一致;非线性机制是指通过增强创新主体之间的合作交流,挖掘潜在的共同利益;生态机制是指通过创建一个良好的生态环境,从而培育创新主体间的共同利益。

(5) 进化机制,知识生态系统的演化发展是知识主体之间、知识主体和环境之间的交互结果,会随着系统内部的活动而变得复杂、壮大。知识生态系统同样有生命周期,也会经历诞生、成长、成熟、衰退的周期发展。进化机制包含了竞合进化机制、文化选择机制、平衡进化机制、协同进化机制等。

(6) 知识共享机制,指的是知识生态系统实现共享知识的方式和途径,

---

① 谢守美:《企业知识生态系统的稳态机制研究》,《图书情报工作》2010 年第 16 期。
② 黄丽华:《企业知识生态系统内生与外生协同机制研究》,《郑州航空工业管理学院学报》2014 年第 4 期。

政府支持和知识需求能够促进共享机制的形成，但是知识环境、知识用户、知识内容等因素会在一定程度上阻碍共享机制的运行。通过构建业务支撑体、条件保障体、利益共同体及和谐关系体，能够催生出与知识生态系统相适应的知识共享机制体系。

(7) 知识交流机制，知识交流包括知识主体之间、知识主体和环境之间、知识主体和知识生态系统外部之间的交流，这些交流能够保证知识的有效流动，为知识创造和共享提供必要的前提条件。

我们可以借鉴生物学的无性繁殖来理解自引现象，将自引比作某一知识基因的主动遗传，子代亲代的遗传物质相同。通常随着对某一科学问题的探索不断走向深入，自引率会从一个很高的水平慢慢降低。因为随着知识主体的主观能动性和知识生态系统的开放性，也就是知识内外部环境的变化，原始基因也有可能发生突变，后期繁衍能力会降低，就造成了自引率降低的现象。由于现行的科学影响力评价体系比较注重学者的发文量与被引量，受这一知识外部环境的影响，为了稳定或提升自身的生态位次，作为知识内部环境的学者的态度，就有可能受到功利私心的驱使而过度引用他自己以前的文献。过度自引是不被鼓励和提倡的，根本经不起实践的检验。

### (三) 生涯建构理论

生涯建构理论（Career Construction Theory）是由美国职业心理学家马可·L. 萨维科斯（Mark L. Savickas）提出的一个心理学框架，给人们理解和解释职业发展和职业行为提供了一个思路，并提供了一个视角，使得个人可以通过这个视角来理解他们的职业并作出选择和决定。关注个体如何通过自我解释和人际互动来构建自我职业生涯行为方向意义的理论。从哲学的视角来看，该理论由个体构建主义、社会构建主义和后现代主义构成。其中，生涯建构理论认为，个人通过自我概念的形成、适应不断变化的环境，以及对他自己的经历进行意义建构的过程来建构他自己的职业，强调个人在塑造职业道路方面的积极作用，而不是单纯被动地受到外部因素的影响。在职业成熟度理论和职业配型理论的基础之上,生涯建构理论进一步指出个体应该综合考虑其自身的过往经验、当前感受以及未来抱负来作出职业选择。简单来说,个体围绕职业生涯这个主题展开的主观建构过程就是职业生涯发展。

生涯建构理论是在西方职业心理学的发展脉络中逐渐形成和完善的,它继承了前人的理论成果,也反思了前人的理论局限,以适应当代社会经济的变化。20世纪80年代末到21世纪初,萨维科斯正式提出了生涯建构理论的基本框架和概念,他提出以动态的视角去研究个体职业发展的实质,就能很清晰地看出这个过程其实就是追求主观自我和客观世界的动态平衡,也强调个体通过四种方式来构建自我和生涯,即经验反思、运用语言、故事讲述、身份塑造,并提出了生涯适应力和生涯建构咨询等核心概念。从21世纪初至今,萨维科斯不断地完善和修订生涯建构理论,同时也有越来越多的学者对该理论进行了批判和拓展,如从多元文化、性别平等、社会正义等角度对该理论进行了审视和应用,并开展了一系列实证研究和干预研究,以检验该理论的有效性和适用性。

职业人格、人生主题、生涯适应力共同构成了生涯建构理论。职业人格(Vocational Personality)涉及与个体生涯有关的兴趣、需求、能力、信念、技能、价值观及自我认知等,这些会影响到个人的职业选择和对其自身的理解。[①] 每个人个体职业人格的发展和成熟都会受到许多外部环境的影响,比如家庭、学校以及社会的影响。生涯建构理论倾向于将兴趣等特质视为个人的适应策略,而非现实状态。人生主题(Life Theme)不仅仅关注职业行为产生的原因,还强调工作人生的主观内涵,所以能够反映个人的核心价值,在塑造职业选择和进行职业规划时发挥着作用。生涯建构理论强调人际过程,认为个体通过赋予职业行为以方向和意义来建构职业生涯。生涯适应力(Career Adaptability)是指个人拥有的应对不断变化的工作环

---

① Holland, J. L., "Making Vocational Choices: A Theory of Vocational Personalities and Work Environments", *Psychological Assessment Resources*, No. 5, 1997, pp. 174–176.

境、驾驭过渡、主动塑造他自己的职业道路的能力和心理资源，也是应对生涯转折与生涯任务的一种心理建构，涉及灵活、开放的学习，并愿意探索新的机会。[①] 生涯建构理论在生涯适应力上强调了态度、信念、能力三点，个体能够运用这三点来形成应对行为和解决策略。生涯适应力是指在面对职业生涯变动时个体表现出的能力和态度，可以从生涯自信、生涯好奇、生涯控制和生涯关注四个方面来理解。生涯自信给个体构建未来以力量，生涯好奇给予个体构建未来以探索力量，生涯控制给予个体选择未来的权利，生涯关注协助个体构建未来。因此，具有职业生涯适应力的个体通常拥有以下四个特点：具有较为强烈的自我实现的信心、具有探索性和好奇心、具有较强的掌控力、关心职业的未来发展前景。

  职业生涯建构的过程就是个体如何通过反思经验、使用语言、形成故事和塑造身份来建构自我和生涯，以及如何通过三种不同的自我层面来指导职业行为和发展。这个过程包括个人通过作出选择、设定目标、整合自我概念、生活主题和外部机会来积极构建他自己的职业生涯。它强调职业发展的持续性，要求个人需要随着环境的变化而不断反思、调整及重构他自己的职业生涯。生涯建构理论在职业咨询领域颇具影响力，对支持个人的职业探索、决策以及适应具有实际意义。它鼓励个人对其职业发展采取积极反思的方法，帮助他们在工作生活中找到意义和满足。职业咨询是通往各种可能性的一条积极道路，是一种发展性干预。生涯建构咨询的模型就是一种基于叙事方法和社会建构主义的生涯干预方式，旨在帮助个体理解他自己的生涯故事、探索他自己的生涯主题、制定他自己的生涯目标和计划，并实现他自己的生涯满意和幸福。在原有的职业发展理论基础上，生涯建构理论对其加以深化，也是在终身职业生涯理论和职业人格理论成熟之后产生的一个由量变到质变的过程，其衍生出的生涯建构咨询开辟了一种新兴的生涯叙事研究模式。以

---

① Savickas, M. L., "The Theory and Practice of Career Construction", *Career Development and Counseling: Putting Theory and Research to Work*, No. 1, 2005, pp. 42–70.

生涯适应力为主题的生涯建构模型给研究个人职业发展提供了新的研究方向。

生涯建构理论认为，个人职业发展的本质是追求主观自我与其所处的外在客观世界互相适应的动态建构过程，而不同的人所建构的内容与结果往往各不相同。[①] 生涯建构理论为个人提供了怎样进行工作和选择职业的思路，能够帮助人们理解整个生命周期的个体职业行为。它是一种适应后现代社会和全球化经济的新兴理论，也是促进个体学习和创新的重要途径。该理论是一种不断发展和变化的理论，也是一种具有较强开放性和包容性的理论，广泛通过不同的视角和方法来丰富和完善该理论，以更好地服务于个体和社会。

**（四）生命周期理论**

生命周期理论（Life-cycle Approach）是1966年由卡曼（A. K. Karman）提出的，他把事物发展的过程划分成初创期、发展期、成熟期、衰退期。生命周期理论讲述了事物从产生到消亡的过程，并揭示了这个过程中的一般规律。此外还提出新事物的产生往往会伴随着旧事物的消亡这一重要的论断。对于个人而言，生命周期多被划分为婴儿期、少年期、成年期、老年期，其中每个阶段都有不同的发展任务和社会期望。产品的生命周期是指生产期、形成期、发展期、衰退期。生命周期理论在提出后就广受关注，并被应用于各行各业：最初是传统的产品生命周期和企业生命周期，后来，随着学者的不断推广和拓展，生命周期理论开始被应用于其他领域，例如城市生命周期和网络信息生命周期等。生命周期理论起源于生物学，在引入情报学领域以后被应用于科学数据或信息的衰变规律研究，并逐步演化成一种重要的研究范式——将研究对象产生到消亡的整个过程划分成一个个前后相继的阶段来研究。目前，生命

---

① 关翩翩、李敏：《生涯建构理论：内涵、框架与应用》，《心理科学进展》2015年第12期。

周期理论在数据质量管理①、技术预测方法②、产业演化路径③、高校科学数据研究④、跨学科知识生长点识别⑤等诸多方面都有着广泛的应用。

同样，科研人员的学术生涯也遵循着生命周期的"初创期—发展期—成熟期—衰退期"的发展规律。学术生命周期指的是科研人员从开始从事学术研究直到退出的整个过程，科研人员的学术生命周期是一个连续的、长期的知识创造过程。在初创期，科研人员往往摇摆性较强，尚未全身心地投入科学研究中来，也没有明确而具体的研究主题，思想相对于其他阶段的科研人员来说还不够成熟，在生活环境和科研单位的选择方面也不够稳定。在步入发展期以后，科研人员开始逐步产生成绩，拥有了较为稳定的科研产出，也开始获得科研项目，科研事业呈现出积极向上的发展态势。处于该阶段的科研人员已经通过了职业道德、研究方法、理论知识等诸多方面的训练，其科研工作也不再局限于科学研究方面，而开始在教书育人等方面开展工作。从事实践类科学研究的科研人员会在这一阶段注重理论与实践的相互交替和互为转化。处于发展期的科研人员也会开始重视学术合作，因为科学研究不仅需要科研人员个人的钻研攻关，也需要跨学科、跨机构、跨国别的科研合作来催生更优秀的科研产出和学术成果。学术生涯成熟期被认为是科研人员的一生中理解力与记忆力都非常好的时期，即最佳年龄区或黄金年龄。成熟期也被认为是科研人员学术产出的黄金年龄段，科研人员在这一阶段往往会达到科研产出的高峰期或取得重大的科技创新成果。经过前面三个阶段

---

① 夏义堃、管茜：《基于生命周期的生命科学数据质量控制体系研究》，《图书与情报》2021年第3期。

② 张洋、林宇航、侯剑华：《基于融合数据和生命周期的技术预测方法：以病毒核酸检测技术为例》，《情报学报》2021年第5期。

③ 瞿羽扬、周立军、杨静、许丹：《基于技术标准生命周期的移动通信产业演化路径》，《情报杂志》2021年第5期。

④ 陈欣、詹建军、叶春森等：《基于高校科学数据生命周期的社会科学数据特征研究》，《情报科学》2021年第2期。

⑤ 荣国阳、李长玲、范晴晴等：《基于生命周期理论的跨学科知识生长点识别——以引文分析领域为例》，《情报理论与实践》2022年第6期。

的发展，来到衰退期的科研人员在学术经验和知识积累等方面都达到了一定的高度，但相较于其他三个阶段的科研人员而言，可能会面临着知识老化、思维僵化等问题，从而影响创造力。当然，也有部分科研人员在衰退期仍然处于科研一线并在学术产出方面保持上升态势，更多的人会将科研精力转移到人才培养和团队建设方面，其科研成果形式也趋于多样化，除了发表学术论文以外，还包括参加学术会议、出版专著以及指导硕博士生等诸多不同形式的科研成果。当然，衰退期意味着个体从事科研工作的精力、能量、创新创造力等的衰减，而非学者职业的衰退，很多学者在此阶段所带领的团队表现出更强的科研生产力、创造力和影响力。最终，有很多学者因为退休等原因而退出学术生涯，也有部分学者的学术生涯会持续至生命终结之时。

生命周期理论认为，外部因素比如社会因素对个人发展和行为产生着重要的影响，而这些因素主要通过长期因素和阶段性因素两种形式对其产生影响。长期因素包括性别、研商、家庭背景、出生地域等，这些单一因素通常从学术生命周期的初始阶段就开始对科研人员的学术表现产生影响，甚至会持续影响整个学术生涯。然而，学术生命周期的影响因素不仅包括在同一时期共同起作用的多个因素，而且不同时期的主导因素也各不相同。因此，需要对影响因素进行分阶段讨论。首先，在初创期内，学历、学科、学校的差异会对学术表现产生客观影响，例如，在名校学习的学生能够获得更加优越的学术资源，利用地域优势、人脉资源、文化氛围、学科平台、研究设施等资源，有利于在学术生涯起步阶段就获得更多的科研成果。除此以外，师承关系也被认为是学术表现的影响因素之一，科研中的师承关系表现为在以科研院所和高等院校为代表的科学研究机构中形成的师生关系，在科学研究过程中科学家和研究助手之间的关系等。[①] 指导老师对于学者学术生涯的影响主要体现在科研课题的确定、研究方向的选择以及在科

---

① 仇鹏飞、孙建军、闵超：《科学研究中的师承关系评述与思考》，《图书与情报》2018年第5期。

研过程中的具体指导等诸多方面,可以帮助学生在科研道路上少走弯路。其次,在发展期和成熟期内,婚姻情况、机遇、行政任职等因素会对科研人员的学术生涯产生客观影响。[①] 机遇在很多时候比努力和选择更为关键。对于科研人员来说,科研基金的获得、重大项目的承担、学术成就的褒奖、职称的晋升以及来自国家政策体制的优势等,都可以被视为学术生涯中的机遇。承担重大项目、获得科研基金均能够给研究者提供资金支持以及锻炼机会。学术成就褒奖和专业职称晋升能够为科研人员带来荣誉和鼓励,除此之外,还提供了更多的学术资源。国家政策体制的优势能够激发科研人员的主动性和创造力,良好的科研环境为科研人员的成长提供了一片沃土。此外,杰出科学家的行政任职被认为对于需要创新精神的科学研究而言是弊大于利的。最后,在衰退期内,人才培养、科研合作以及科研成果多样化等诸多因素都会对科研人员的学术生涯产生客观的影响。对于处于衰退期的科研人员,其科研产出一方面多以合著的方式出现,其合著对象包括指导的学生和同行等;另一方面,其产出形式多呈现出多种类型,例如学术会议、学术报告以及专著等。

  学术生命周期是时间标尺,能够帮助理解科研人员在学术生涯不同阶段的特征。在科研人才的成长和培养已经被纳入体制化和专业化轨道的今天,科研人员的学术表现和生理年龄之间的关联性愈加紧密。对于科研人员而言,生命周期理论能够为他们的学术生涯规划提供一定的参考,帮助他们量化学术表现并找到其自身定位。对于科研机构乃至国家而言,生命周期理论能够用来辅助探索人才成长规律,为学术制度与政策制定提供依据,并为相关科技政策的制定和修订提出人才引进、培养、识别以及科研投入等方面的意见与建议。充分利用科研人员学术生命周期规律,在关键阶段和相应领域对重点人才进行培养和资助,能够更有效地推动我国科技人才的成长成才和科技创新事业的发展。

---

① 方勇、邵振权、冯勇:《国家杰出青年科学基金项目负责人成长特征研究——基于学术生命周期理论与数据分析》,《中国高校科技》2021年第7期。

# 第四章

# 自引的知识交流特征

引文的知识交流属性同样适用于自引,尽管自引的形式明显不同于他引,但是仍然保留着知识交流之属性。以往关于自引的研究过于关注其科学评价功能,而忽视了对于自引知识交流功能的深层次剖析和解读,也未能从自引的知识交流功能中发掘出自引不同于他引的特殊规律与功效。事实上,自引的知识交流功能属性亟待深入发掘,尤其是自引在知识交流过程中不同于他引的特殊属性特征有待进一步探索,基于此可开发出自引新的属性特征与应用价值,不仅能够为本书奠定理论基础,也能够拓展自引研究的视野和深度,吸引学者更多地关注自引的知识交流功能,使大家能够正视自引存在的必然性与合理性,而不是片面地否认和质疑自引的价值。

对于自引知识交流属性特征的分析,本章将主要通过自引与他引的横向比较来实现。自引和他引是两种不同的引用形式,就本质而言,两者皆承担着知识交流之功能,但在知识交流的过程中,两者可能会存在一定的差异。本书关注的是作者自引,本章将通过自引与他引的比较,着重考察两种引文形式在知识交流过程中所表现出的差异性特征。以图书情报学学科为例,从CSSCI数据库获取发文及引文数据,主要从语义相似度、引文位置和引用时滞三个方面进行比较,基于自引与他引的差异化表现,来刻画自引在知识交流过程中的形象和地位,以便进一步证实自引在揭示知识交流规律时的特殊性和不可替代性,及其相较于他引的优势、特色与独特价值。

# 第四章 自引的知识交流特征

## 一 数据与方法

对于自引和他引的比较，将主要借助文献计量学的方法，通过对自引和他引数据的计量分析，定量揭示两者之间的差异性特征。

### （一）样本数据

本章以图书情报学为例，该学科的学者对引文的认识和了解程度整体优于其他学科，引文规范度更高，提供的引文数据质量更好。此外，该学科也是本书的负责人及团队最为熟悉的学科领域，所拥有的学科专业背景便于对计量结果进行解读。将图书情报学CSSCI期刊作为数据来源，将这些期刊所刊载的论文及其文后所附的参考文献作为样本数据，时间限定为最近十年，因为2023年的数据收录并不完整，所以时间区间设定为2013—2022年这十年间。数据获取、清洗和处理的主要步骤如下：

第一步获取CSSCI期刊名单。因CSSCI期刊目录定期更新，不同时期收录的期刊数量及种类会有所变化，所以，我们首先从南京大学中国社会科学评价研究中心的官网下载各年度CSSCI期刊目录，本书的数据来源仅限于CSSCI源期刊，不含扩展版中收录的期刊。筛选出2013—2022年这十年间所有被CSSCI收录的图书情报学期刊，共计17种。图书情报学的CSSCI源刊目录十年间基本保持稳定，当中仅个别期刊有新进或退出现象，我们将其剔除，最后确认的17种期刊在这十年间一直被CSSCI收录。此外，在此需要说明的是，17种样本期刊当中只有1种期刊在2017年出现了更名现象，即《现代图书情报技术》刊物更名为《数据分析与知识发现》，新名称沿用至今。我们对更名前后的新旧名称进行了统一和规范化处理，统称为《数据分析与知识发现》。

第二步下载文献题录信息。在CSSCI数据库中选择刊名为检索项，以17种期刊的刊名为检索词进行精确检索，时间设置为2013—2022年。检出文献32741篇，下载这些文献的题录信息（含参考文献）。从中剔除编辑部通知、声明、选题指南、卷首语、序、书评、人物介绍等非研究性文章，保留学术论文 31649 篇。经核查，其中 30909 篇包含参考文献列表，可以提供有效引文数据。经统计，这些论文共包含参考文献 683392 篇。本书以这 30909 篇包含引文信息的学术论文作为原始文献（施引文献）数据集，再以它们文后所附的 683392 篇参考文献作为被引文献数据集。本章随后所开展的实证研究均以这两个数据集为基础进行计算分析。

第三步数据清洗及整理。基于原始文献数据集和参考文献数据集，建立施引文献和被引文献之间的引用映射关系。因外文参考文献的标注格式较为杂乱，不易于甄别自引与他引，且不便于直接计算语义相似度，所以，我们将外文参考文献直接从参考文献数据集中删除，只保留中文参考文献进行随后的计算和分析。施引文献的基本题录信息包含题目、作者、发表年份、期刊来源等；被引文献同样包含了题目、作者、发表年份、期刊来源等信息。施引文献与被引文献之间表现为一对多的引用映射关系，例如，某 1 篇施引文献包含 30 条参考文献，则可建立起 30 个文献引用关系对。利用施引文献数据集和被引文献数据集共提取出 405317 个文献引用关系对。

第四步识别自引与他引。按照自引定义可知，作者自引是指作者在当前研究中引用他自己之前所发表的成果，在论文中表现为施引作者和被引作者相同的情况。在本书中，因从 CSSCI 引文数据库所下载的参考文献信息仅显示第一作者的名称，所以本书判断某篇文章是否含有自引，仅以被引文献的第一作者是否在施引文献的作者列表当中为准，无论施引文献所包含的作者数量和排名如何，只要有一个作者相同，则可视为作者自引。除根据上述步骤和原则识别出的自引关系对外，其他引用关系对一律视为他引。统计结果显示，本章的样本集合中共有自引关系对 16083 个，占比为 3.97%，剩余 96.03% 的引用关系为他引。

## （二）研究方法

在识别出自引和他引关系对以后，本书将分别从语义相似性、引文位置以及引用时滞三个方面对自引和他引进行比较,计算方法及过程如下。

1. 语义相似度的计算

语义相似度旨在衡量施引文献和被引文献在研究主题上的相似或关联程度,本书根据施引文献和被引文献数据集所提供的信息,主要借助施引文献和被引文献的题目进行语义相似度计算。所以,本书所谓的语义相似度是指施引文献与被引文献的题目相似度,相似度通过计算代表文本信息及其表征意义的向量余弦值得到,取值范围在0—1,两个题目的语义相似度越高,所计算出的相似度指标的数值越接近于1,表明施引文献和被引文献的研究主题越是接近;相反,指标值越接近于0,表明语义相似度越小,施引文献和被引文献之间研究主题的相似性或关联性越弱。

计算语义相似度的第一步是通过获取文本向量,使用的是Sentence-Bert模型中的UER训练模型。Sentence-Bert是Reimers等在2019年提出的用于计算句子向量的开源模型,该模型基于孪生网络框架,对Bert输出句子向量进行平均池化,并以两个句向量u、v和|u-v|拼接起来作为语义特征,极大地改善了以往语义检索时间过长的弊端,且在句子相似度计算、文本聚类等非监督任务上取得了优异的表现。[1] 然而,发布者所发布模型的训练数据集为英文数据,为适应本书计算中文数据的相似度需要,故选用由腾讯云实验室在Sentence-Bert模型上所训练的中文模型UER获取文本向量。UER模型采用了大规模相似或者不相似的中文数据进行预训练模型,能够较好地表征中文数据的文本信息,并输出一个高维词向量。[2]

---

[1] Reimers, N., Gurevych, L., "Sentence-Bert: Sentence Embeddings Using Siamese Bert-Networks", 2019 *Conference on Empirical Methods in Natural Language Processing and the 9th Intenational Joint Coference on Natural Language Processing*, Hong Kong, 2019, pp. 3982 – 3992.

[2] Zhao, Z., Chen, H., Zhang, J., et al., "Uer: An Open-Source Toolkit for Pre-Training Models", 2019 *Conference on Empirical Methods in Natural Language Processing and the 9Th International Joint Conference on Natural Language Processing*, Hong Kong, 2019, pp. 241 – 246.

假设 $a$ 和 $b$ 分别为句子 A 和句子 B 的多维向量表示,即 $a = [a_1, a_2, a_3, \cdots, a_n]$,$b = [b_1, b_2, b_3, \cdots, b_n]$,则句子 A 和 B 的语义相似度计算公式如下:

$$\cos(a,b) = \frac{a \cdot b}{||a|| \, ||b||} = \frac{\sum_{i=1}^{n} a_i \times b_i}{\sqrt{\sum_{i=1}^{n} (a_i)^2} \times \sqrt{\sum_{i=1}^{n} (b_i)^2}} \quad (\text{式} 4-1)$$

2. 引文位置的计算

因数据库下载权限的限制,无法获取全部施引文献的全文信息,所以不能在正文当中精准定位每条引文的分布位置。所幸本书选取的17种样本期刊的参考文献列表均按照引文在正文中出现的先后顺序依次排列,据此可对每条引文的相对位置进行定位。

本书基于现有数据集所能提供的引文信息,计算自引的相对位置,即每条自引的参考文献在引文列表中所占的相对位次,计算方法为每条自引文献的被引次序占总被引文献数量的百分比,计算公式为:

$$\text{自引相对位置} = \frac{\text{自引文章被引次序}}{\text{总参考文献数量}} \quad (\text{式} 4-2)$$

由计算公式可知,自引相对位置实际上是自引文献出现的位次在整个参考文献列表中所占的位次百分比。例如,某篇施引文献的参考文献列表共有20篇,当中的第4个和第16个参考文献为自引,则这两篇参考文献的自引相对位置指标值分别为0.2和0.8。通过相对位置指标,本书意在揭示自引在施引文献正文当中的分布位置及排序,进而通过位置前后顺序来考察自引对施引文献的支撑度和重要性。

3. 引文时滞的计算

引文时滞是指施引文献与被引文献之间的时间差,用于表征引用速度,即以引文为载体的知识交流与传播的速度,单位为年,计算公式为:

$$\text{引文时滞} = \text{施引文献的发表年份} - \text{被引文献的发表年份} \quad (\text{式} 4-3)$$

参考文献已按照引文性质分为自引和他引两类,本书分别计算自引和他引文献的引文时滞,通过比较来考察自引较之他引的引文速度如何,借此验证自引在知识交流过程中是否更为及时、有效。

## 二 自引与他引知识交流特征的计量

本章的实证研究主要是对语义相似度、引文位置和引用时滞三个指标的计算、比较和分析,其中,通过语义相似度的比较,探究自引的施引文献与被引文献之间的语义相似度是否大于他引文献;通过引文位置的比较,考察自引和他引在施引文献中的位置分布特征,旨在探究自引是否出现在更为关键的地方,对施引文献的支撑作用是否更强;通过引文时滞的比较,考察自引和他引的知识交流速度的差别,探究自引较之他引是否更为及时和高效,更有助于加快知识交流与传播。

### (一)语义相似度的计量

1. 自引与他引的语义相似度整体分布状况

本书基于施引文献与被引文献的标题,计算了全部引文关系对的语义相似度,并将其分类为自引和他引两类,分别统计了各个样本数据集语义相似度的最大值、最小值、平均值、中值和标准差等基础指标,计算结果汇总整理以后如表4-1所示。此外,依据自引和他引的语义相似度指标值,绘制出两组数据的箱形图(如图4-1所示)。借助表4-1和图4-1,可以对自引与他引的语义相似度进行横向比较,直观地展现两者之间的差异性分布特征。

表4-1　　　　自引与他引语义相似度指标的描述性统计

|  | 样本数量 | 最大值 | 最小值 | 平均值 | 中值 | 标准差 |
| --- | --- | --- | --- | --- | --- | --- |
| 全部 | 405317 | 1 | 0.0001 | 0.5380 | 0.5490 | 0.1638 |
| 自引 | 16083 | 1 | 0.0125 | 0.5987 | 0.6084 | 0.1610 |
| 他引 | 389234 | 1 | 0.0001 | 0.5355 | 0.5467 | 0.1635 |

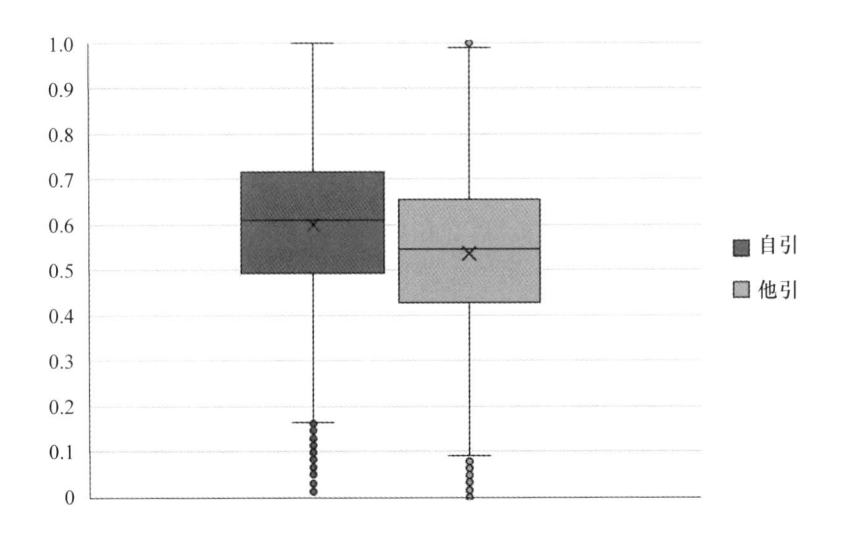

图 4-1　自引与他引语义相似度数据分布

由表 4-1 中的数据可知，自引文献共形成了 16083 个引用关系对，当中语义相似度的最大值、最小值、平均值和中值分别为 1、0.0125、0.5987 和 0.6084，当语义相似度为 1 时表明施引文献和被引文献的题目相同；他引文献共形成 389324 个引用关系对，当中语义相似度的最大值、最小值、平均值和中值分别为 1、0.0001、0.5355 和 0.5467；样本数据集合中全部引用关系对共计 405317 个，当中语义相似度的最大值、最小值、平均值和中值分别为 1、0.0001、0.5380 和 0.5490。各个引用关系对的语义相似度数值存在一定的差别，自引文献的语义相似度指标值分布在 0.0125—1，标准差为 0.1610；他引文献的语义相似度指标值分布在 0.0001—1，标准差为 0.1635。各个引用关系对的语义相似度强弱不等。通过自引与他引相关数值的横向比较可知，自引关系对的语义相似度的最小值、平均值和中值均明显大于他引关系对的语义相似度。

由图 4-1 的数据分布状态可知，自引关系对的语义相似度数值整体大于他引关系对，无论是中值还是上下四分位值都存在显著差别，自引的上下四分位值为 0.7148 和 0.4940，他引的语义相似度指标值的上下四分位值分别为 0.6545 和 0.4283，由此可见，从自引和他引两组数据的分布情况来看，自引关系对的语义相似度明显高于他引。就单个引用关系对来说，自引文献的语义相似度未必一定大于他引文献，自引文献之间可能存在弱语义相似度，他引文献之间也可能存在强语义相似度。但是从数据整体分布状况来看，尤其是从平均值、中值、上下四分位数等几类统计结果来看，自引文献的语义相似度整体而言确实显著高于他引文献的语义相似度。

2. 自引与他引语义相似度的组间差异比较

为进一步证实自引与他引两组数据的差异，本书将语义相似度指标值导入 SPSS 软件进行组间差异检验。以引用形式是自引或他引作为分类变量，各组数据的值设定自引为 1，他引为 0，每个引用关系对的语义相似度指标值为被检验变量，根据被检验变量的数据特征，我们选择了 Mann-Whitney 检验（简称 M-W 检验），该方法不要求被检验变量符合正态分布。SPSS 软件导出的 M-W 检验结果如表 4-2 所示。

自引关系对的语义相似度指标的秩平均值明显小于他引，Mann-Whitney U 检验的结果表明，显著性水平（即 P 值）为 0.000，故而拒绝原假设，即两组数据间的差异有统计学意义（P<0.05）。通过组间差异进一步证实，自引和他引两种形式的引文关系对的语义相似度存在组间差异，其差异性在统计学意义上是显著的，由秩平均值的比较也再次证实了自引的语义相似度明显大于他引的语义相似度。

表 4-2　自引与他引语义相似度数据的组间差异检验结果

| | N | 秩平均值 | Mann-Whitney U | Wilcoxon W | Z | 渐进显著性（双尾） |
|---|---|---|---|---|---|---|
| 自引 | 16083 | 244627.82 | 2455040701 | 7.821E+10 | -45.419 | 0.000 |
| 他引 | 389234 | 200924.86 | | | | |

3. 自引与他引语义相似度的历时比较

分年度计算全部引用关系对，以及自引和他引关系对的语义相似度的年度平均值，汇总整理以后如表4-3所示，第四行的差值为自引语义相似度数值减去他引语义相似度数值。为展示其差异及其历时变化情况，依据表4-3数据绘制曲线图（如图4-2所示）。历时统计分析的年度划分以施引文献的发表时间为准。

表4-3　　　　　　　　自引与他引语义相似度的历时比较

|  | 2013 | 2014 | 2015 | 2016 | 2017 | 2018 | 2019 | 2020 | 2021 | 2022 |
|---|---|---|---|---|---|---|---|---|---|---|
| 全部 | 0.5386 | 0.5410 | 0.5405 | 0.5405 | 0.5394 | 0.5435 | 0.5368 | 0.5324 | 0.5321 | 0.5381 |
| 自引 | 0.6054 | 0.6079 | 0.5906 | 0.6056 | 0.6076 | 0.6069 | 0.5920 | 0.5842 | 0.5926 | 0.5980 |
| 他引 | 0.5357 | 0.5382 | 0.5384 | 0.5378 | 0.5366 | 0.5406 | 0.5345 | 0.5304 | 0.5299 | 0.5357 |
| 差值 | 0.0697 | 0.0697 | 0.0522 | 0.0678 | 0.0710 | 0.0663 | 0.0575 | 0.0538 | 0.0627 | 0.0623 |

综合表4-3数据和图4-2曲线可知，自引关系对的语义相似度指标值明显大于他引，差值在0.0522—0.0710，也就是说，自引的语义相似度指标值比他引的语义相似度指标值高出10%—13%，自引的语义相似度也明显大于全部引用关系对的平均值，而且在2013—2022年十年间皆是如此。从历时变化情况来看，各年度的语义相似度指标值有所波动，十年间并未呈现出上升或者下降的趋势，整体而言保持着基本稳定，自引文献的语义相似度年度平均值常年维持在0.6左右，而他引文献的语义相似度年度平均值则常年维持在0.5左右，两者之间的差异并没有表现出上升或者下降的变化趋势。

综上所述，通过上述三个维度的比较，证实了自引文献的语义相似度明显大于他引文献的语义相似度，也就是说，自引的施引文献与被引文献的标题更相似，研究主题的相似度和关联性更强。尽管他引文献之间的语义相似度也有强有弱，但强度整体上不及自引文献。在一定程度上说明，自引的出现更多地受到研究主题的相似性驱动，学者从他们自己以往所发表的成果当中获取的知识与他们自己当前研究的相似性更高、相关性更强，这也直接证实了自引更能表征科学研究的继承性与连贯性。

第四章 自引的知识交流特征

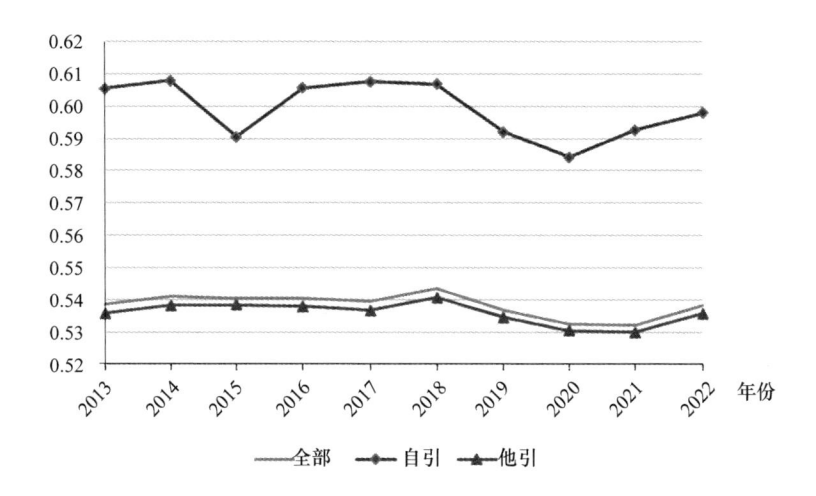

图 4-2 自引与他引语义相似度的历时曲线

## (二) 引文位置的计量

本书借助于相对位置指标来衡量自引在施引文献中的分布位置，据此考察自引所承载的知识要素对于施引文献的支撑力度，自引的相对位置显示出各个自引文献在参考文献列表中的排序，数值的大小展示了各个自引在施引文献内容当中出现的先后次序。计算出各个自引文献在相应施引文献的参考文献列表当中位次百分比。

1. 自引相对位置指标值的整体分布情况

为考察其数据分布规律，首先将全部 16083 个自引文献的相对位置指标值进行降序排列，绘制散点分布图（如图 4-3 所示），横坐标代表各个数据的序号，而纵坐标代表各个自引文献的相对位置指标值。

引文位置作为引用工作的结构元素，包括几个必要的组成成分：引言、文献综述、研究方法、结论和讨论，部分论文还包含专门的结语部分。这几个组成部分在正文当中出现的顺序是相对固定的，在不同部分出现的引文自然也会有先后顺序之分。因此，可借助于各个引文在参考文献列表中出现的相对位置来推断其在正文当中出现的顺序和位置。例如，引言部分出现的引文的相对位置指标值接近于 0，而在结论和讨论当中出现的引文的相对位置数值较大，更接近于 1，在论文内容当中一般应在靠近篇末位置出现。根据这一假设，我们结合图 4-3、图 4-4 和图 4-5 所展示的数据信息，探讨自引在施引文献中的位置分布规律。

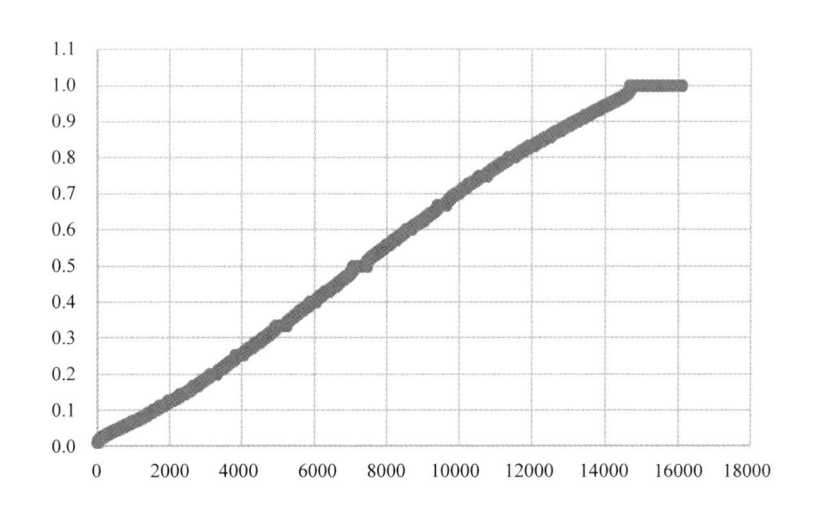

**图 4-3 自引文献的相对位置指标值分布散点图**

图 4-3 是各个自引文献的相对位置指标值的散点分布图，这些数值分布在 0.0125—1 区间内，数值分布区间比较大，也就是说，从篇首至篇末，自引可以出现在施引文献的各个位置。从散点分布状态可知，自引文献的相对位置分布比较均匀，只在接近 1 的数值区间内出现了一个轻微的集聚现象，在其余各个数值区间内都未呈现出集中分布的状态。也就是说，自引在施引文献篇末位置出现的频次略高一些，而在施引文献的其他部分的分布是比较均衡的。

2. 自引相对位置指标值的分区间分布情况

为进一步考察自引相对位置指标的分布规律，我们分别将每隔 0.01（1%）和 0.05（5%）作为一个区间，统计样本集合中 16083 个自引文献的相对位置指标值在各个分段数值区间的分布情况（如图 4-4 和图 4-5 所示）。横坐标代表相对位置指标的数值区间，而左右两侧的纵坐标分别代表相对位置指标值分布在该区间的自引文献的数量及其在全部自引文献中所占的比重。

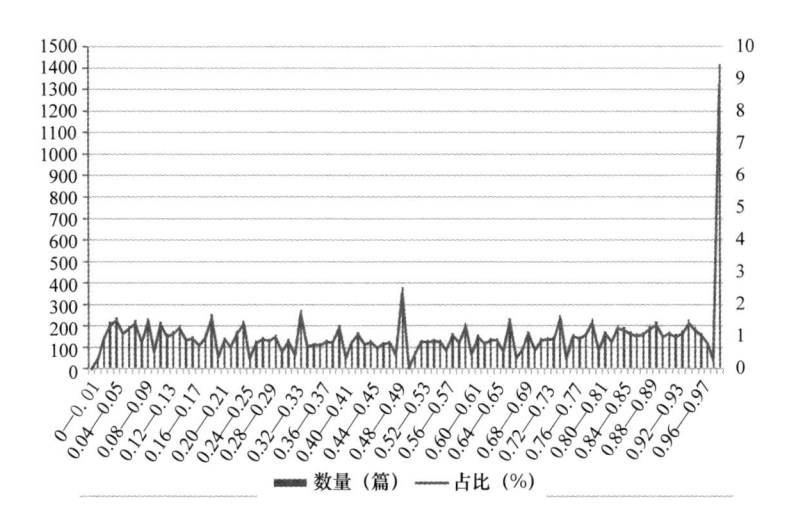

图 4-4 自引文献的相对位置指标值分区间统计（1%区间）

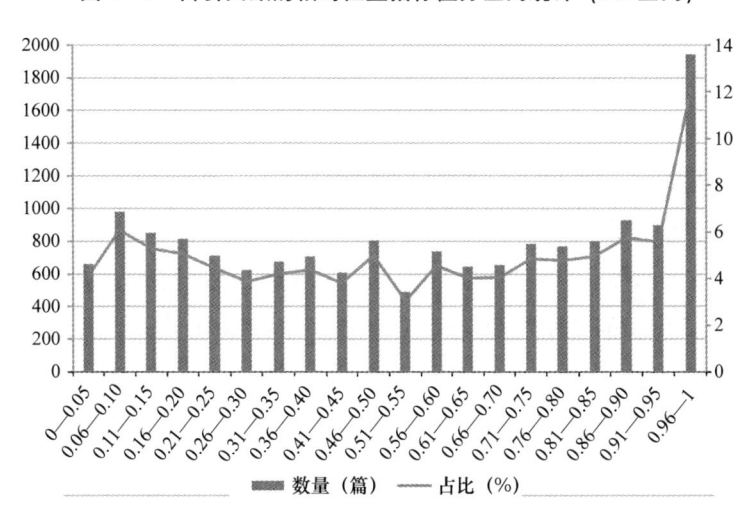

图 4-5 自引文献的相对位置指标值分区间统计（5%区间）

综合以上三个图的内容可知，在引文列表的最后一个百分位（即数据区间 0.99—1），自引文献的数量及其占比呈现出一个明显的高峰，样本集中 8.8% 的自引文献都出现在参考文献列表的最末端位置，根据参考文献排序推断，这些自引大致出现在结论与讨论部分或者结束语部分。此外，在曲线的最前端，准确来说相对位置指标值分布在 0—0.02 这一区间的自引数量极少，换言之，在论文写作过程中开篇即自引的情况比较少见。除了上述两处稍显极端的情况以外，自引在施引文献中的位置分布相对比较均匀，没有发现自引明显集中于某个位置区间的现象。由此可见，自引在施引文献当中的出现位置是比较随机的，在施引文献的写作过程中，开篇之处自引概率较低，篇末自引概率最高，除了篇首和篇末这两处以外，其他各处，包括文献综述、研究方法、研究结果等，都会引用作者之前发表的文献，自引所承载的知识要素相对均匀地分布在施引文献各处，也就是说，从知识交流功能来看，自引对施引文献各处的支撑作用是较为均衡的，没有呈现出明显的聚集现象。

以往关于引文位置的研究成果表明，引文在施引文献中出现的位置，反映了引文对施引文献产生作用的不同，其对于施引文献的重要程度也是不一样的。有学者指出，引言部分的引文通常用于为新研究奠定基础，方法部分中的引文则用于支持方法设计，讨论中出现的引文是将作者自己的发现与被引文献的结论联系起来，并为任何可能的不同之处提供替代解释。[①] 根据本书针对自引相对位置指标的统计分析可知，自引当中有接近 10% 出现在施引文献的篇末位置，即结论与讨论部分，这部分出现的引文主要是为了将当前研究的发现与结论与作者在之前发表的被引文献的结论建立联系或者比较，以作者自己先前的研究工作及其结论与发现为参照，以便印证当前研究结果的可靠性，或者说明当前研究结论与前期研究成果所获得的结论的异同。从

---

① 尹莉、邓红梅：《自引的新评价——引用极性、引用位置和引用密度的视角》，《情报杂志》2019 年第 9 期。

引用目的来看，在篇末位置出现较多的自引，从不同引用位置的引用目的分析，可以在一定程度上证实自引的一项极为重要的功能是，作者通过自引建立起当前研究与作者自己前期研究成果的关联性，彰显出作者研究工作的继承性、研究内容的连贯性、研究主题的强相关性和研究方向的一致性。

3. 自引相对位置指标值的历时分布情况

为考察自引相对位置指标值的历时变化情况，我们分别计算了各年度自引相对位置指标值的最大值、最小值、平均值、中值和标准差，计算结果汇总整理后如表4-4所示。历时统计分析的年度划分以施引文献的发表时间为准。为直观展示自引相对位置指标值在2013—2020年十年间的变化趋势，我们依据各年度的指标值绘制了箱形图，以便展示各年度自引相对位置指标值的分布状况（如图4-6所示）。此外，我们还专门选取各年度的平均值和中值两个指标绘制曲线图（如图4-7所示）。

表4-4　　　　自引相对位置年度指标值的描述性统计结果

|  | 2013 | 2014 | 2015 | 2016 | 2017 | 2018 | 2019 | 2020 | 2021 | 2022 |
|---|---|---|---|---|---|---|---|---|---|---|
| 最大值 | 1.0000 | 1.0000 | 1.0000 | 1.0000 | 1.0000 | 1.0000 | 1.0000 | 1.0000 | 1.0000 | 1.0000 |
| 最小值 | 0.0161 | 0.0100 | 0.0161 | 0.0175 | 0.0175 | 0.0132 | 0.0119 | 0.0106 | 0.0094 | 0.0111 |
| 平均值 | 0.5521 | 0.5554 | 0.5625 | 0.5599 | 0.5463 | 0.5514 | 0.5446 | 0.5349 | 0.5255 | 0.5318 |
| 中值 | 0.5556 | 0.5769 | 0.5714 | 0.5833 | 0.5588 | 0.5833 | 0.5594 | 0.5385 | 0.5294 | 0.5313 |
| 标准差 | 0.3097 | 0.3242 | 0.3162 | 0.3133 | 0.3134 | 0.3104 | 0.3159 | 0.3178 | 0.3180 | 0.3098 |

由图4-6可知，各年度自引相对位置指标值的分布状态比较接近，各年度的指标值都分布在比较大的数值区间内，当结合平均值、中值和上下四分位数来衡量时就会发现，各年度相应数值有所波动，但整体而言，2018年以后自引的相对位置指标值有所下降，包括平均值、中值、

最小值和上下四分位数，都呈现出明显的下降趋势。这一变化说明自引在施引文献当中出现的次序和位置有所前移。

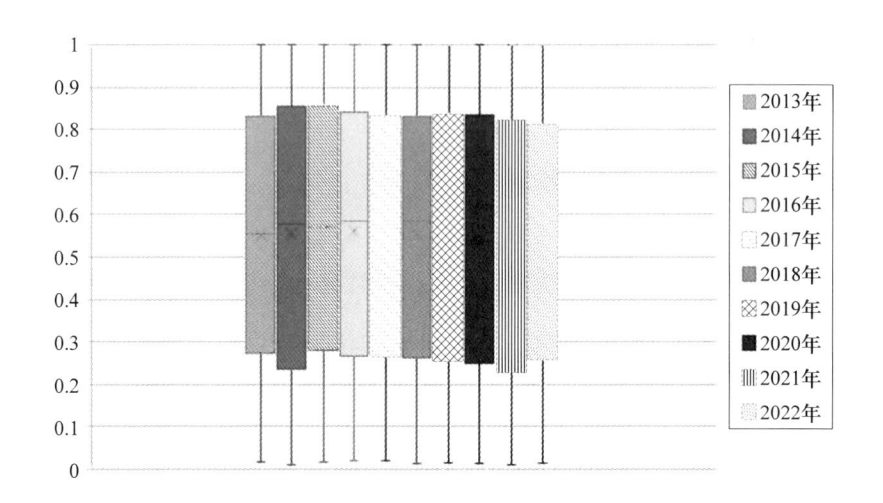

图 4-6　各年度自引相对位置指标值分布

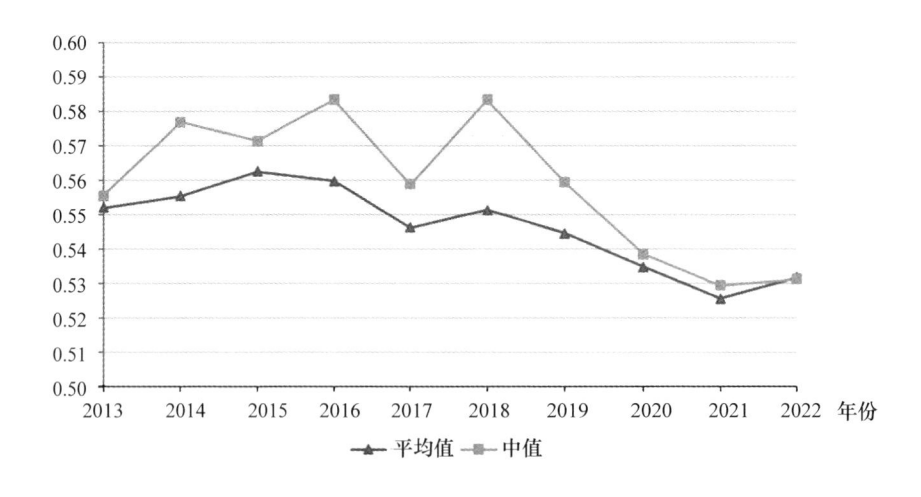

图 4-7　自引相对位置指标年度平均值和中值的历时变化

引文位置作为引用工作的结构元素通常包括引言、相关工作、方法、讨论和结论。引言部分的引文一般用于为新研究奠定基础；方法部分的引文则多用于支持方法设计；讨论中出现的引文是将作者自己的发现与被引文献的结论联系起来，并为其任何可能的不同之处提供替代解释。[①] 以往关于引文位置的相关研究（并未区分自引与他引）已经证明不同位置的引用对文献的影响力存在不同的作用，据此，我们判定自引的不同位置也会影响被引文献的影响力，自引也遵循引文不同位置模式对影响力的作用规律。

综上所述，自引在施引文献当中出现的相对位置分布较为均匀，相比较而言，自引文献在施引文献的篇末位置出现的概率稍大于其他位置。从历时角度来分析，各个年度自引的相对位置的分布状态保持基本稳定，整体而言，相对位置的年度指标值略有降低，表明自引出现顺序略微上移。由学术论文的内容结构和组成要素可知，论文的开篇多为铺陈当前研究之背景、阐释当前研究之意义，作者在该部分一般更加会倾向于引用政策文件或者权威学者之观点，大概率不会引用他自己的前期成果，所以，自引在开篇之处出现的概率最低。除了篇首和篇末以外，自引在论文各处的分布是相对均匀的，没有再出现在某处高度聚集的现象。这说明自引在知识交流过程中具有多元化的功能属性，它承载着各种类型的知识单元和知识要素，对施引文献的各部分内容发挥着全方位的支撑作用，从这一角度来看自引与他引并没有明显区别，既可以出现在文献综述部分，以展示当前研究主题的研究动态和相关成果；也可以出现在研究方法部分，以支持当前研究的方法设计，或者为当前研究提供方法依据和工具支持；还可以出现在研究结论和讨论部分，为当前研究提炼结论、阐释观点、剖析原因等提供参照、佐证和比较。

---

① 尹莉、邓红梅：《自引的新评价——引用极性、引用位置和引用密度的视角》，《情报杂志》2019年第9期。

### (三) 引用时滞的计量

在样本数据集合中计算各个引用关系对的引用时滞，即被引文献与施引文献之间的时间差（单位为年），在计算过程中发现部分被引文献的发表时间缺失，无法计算引用时滞，将这部分参考文献剔除，仅保留施引文献和被引文献的发表时间均为完整有效的引用关系对进行计算，共计有 354589 个，其中，自引关系对有 14977 个，他引关系对有 339612 个。分别对上述三组引用关系对的引用时滞指标值的分布情况进行共时和历时两个维度的展示和分析，重点通过自引与他引的横向比较来验证，自引在实际的知识交流过程中是否较之他引更具及时性。

1. 自引与他引的引用时滞的整体比较

分别计算自引与他引以及全部引用关系对的引用时滞的最大值、最小值、平均值、中值、标准差等基础数值，计算结果汇总整理后如表 4-5 所示。与此同时，为展示自引与他引的引用时滞指标值的整体分布状况，我们还绘制了两组数据分布的箱形图（如图 4-8 所示）。借助表 4-5 和图 4-8，可以对自引与他引的引用时滞指标进行横向比较，直观展现两者之间的差异性分布特征。

表 4-5　　　　　自引与他引引用时滞指标的描述性统计

| | 样本数量 | 最大值 | 最小值 | 平均值 | 中值 | 标准差 |
| --- | --- | --- | --- | --- | --- | --- |
| 全部 | 354589 | 139 | 0 | 6.1772 | 3 | 10.8794 |
| 自引 | 14977 | 88 | 0 | 3.1841 | 2 | 3.6378 |
| 他引 | 339613 | 139 | 0 | 6.3092 | 3 | 11.0718 |

由图 4-8 和表 4-5 中的数据以及数据分布状态可知，自引的引用时滞确实较之他引更短，自引和他引的引用时滞平均值分别为 3.1841 年和 6.3092 年，两者相差多达 3.1251 年；自引和他引的引用时滞中值分别为 2 年和 3 年，两者相差 1 年。自引与他引的引用时滞最小值均为 0，但最

大值相差比较大，自引的最大引用时滞受限于作者的学术年龄，因作者的学术生涯是有限的，他引的最大引用时滞却不受此影响，作者完全可以引用百余年前他人所发表的文献，但这只是少数，大部分的引用都发生在数年之内，历时数十年乃至百年的情况极为罕见。从数据整体分布状态来看，包括对上下四分位的比较进一步确认了自引的引用时滞明显短于他引。

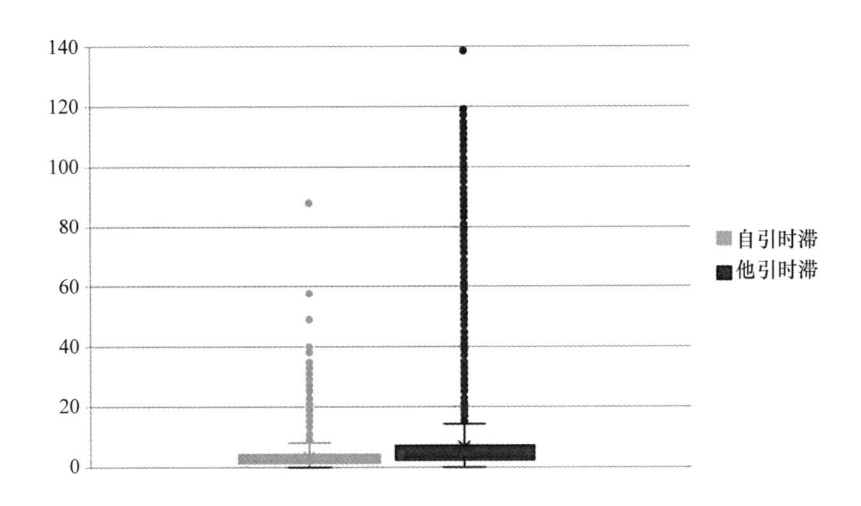

**图 4-8　自引与他引的引用时滞数据分布**

### 2. 自引与他引的引用时滞分布规律

引用时滞以年为单位，我们分别统计自引和他引文献的引用时滞在 0 年、1 年、2 年以及最大值 139 年等各个时滞上的文献数量，并计算这一数量在自引和他引总量中所占的比重，据此绘制自引和他引的引用时滞数据分布曲线（如图 4-9 所示），横坐标代表引用时滞的具体数值，纵坐标代表引用时滞为该数值的引文数量占比。为了更清晰地展示曲线顶端的信息，我们专门截取了引用时滞值为 0—20 年的这部分曲线予以放大展示。此外，我们还计算了各个引用时滞上的引文数量占比的累计值，并绘制出相应的曲线（如图 4-10 所示），横坐标同样是引用时滞的具体数值，纵坐标代表引用时滞为该数值的引文数量占比的累计值。

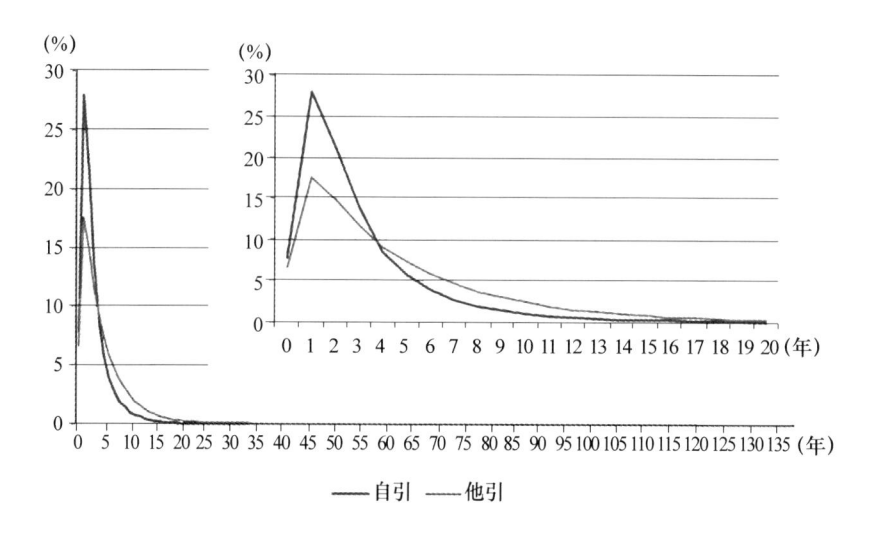

图4-9　自引与他引引用时滞的数据分布曲线Ⅰ

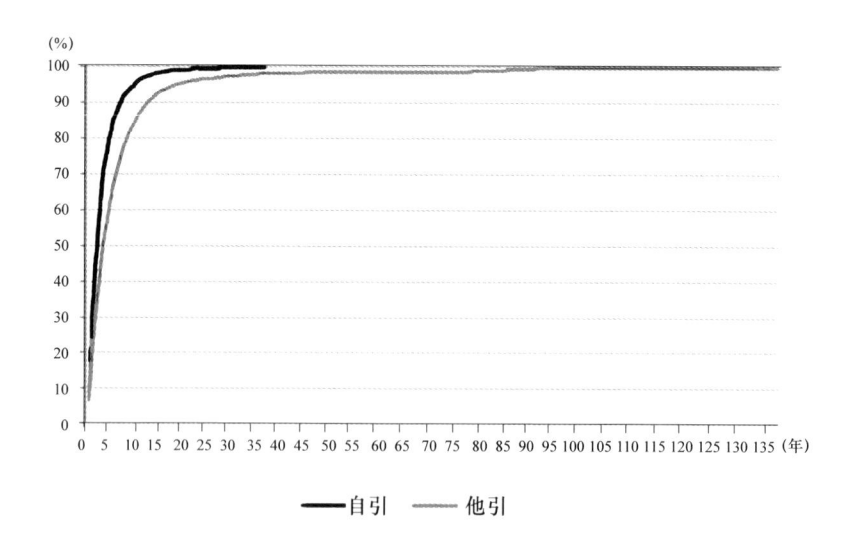

图4-10　自引与他引引用时滞的数据分布曲线Ⅱ

由图 4-9 可以获得以下几个主要研究发现：(1) 他引的引用时滞数值分布区间远远大于自引，他引的引用时滞可超过百年，而自引的引用时滞最大值也不可能逾百年，这一点与前文我们所获得的结论是一致的，自引的引用时滞受制于学者自身的年龄，无论是生理年龄还是学术年龄皆是有限的，这必然限定了自引的引用时滞最大值不会太长。

(2) 自引的引用时滞分布更为集中，总的来说，自引和他引的引用时滞曲线都呈现出集中与离散的分布规律，99%的自引和95%的他引的引用时滞都集中分布在20年以内，也就是说，引用时滞超过20年的自引和他引文献只有不足1%和5%，只有个别的自引时滞能超过30年，他引时滞的分布区间更大一些，但也只有少数作者会引用长达数十年前的文献，引用时滞超过百年的情况更是罕见。

(3) 自引与他引曲线的峰值都出现在引用时滞为1年时，但两条曲线的峰值大小存在较大差异，多达28.04%的自引引用时滞为1，即被引文献在发表1年以后被作者自引，其次是2年和3年，分别有21.15%和13.92%的自引的引用时滞为2年和3年；引用时滞为1年、2年和3年的他引文献数量占比分别为17.60%、14.73%和11.67%，这三个数值均明显低于自引的相应数值。

(4) 自引的引用时滞明显短于他引的引用时滞，当引文时滞在3年以内（含3年）时，自引曲线在纵坐标轴上的分布位置明显高于他引曲线，说明在此区间内自引文献的比例明显大于相应引文时滞的他引文献比例。但当引文时滞大于3年时，自引曲线在纵坐标轴上的位置开始低于他引曲线，说明在此区间内自引文献的比例明显小于相应引文时滞的他引文献比例，两条曲线的分布及变化特征再次证实，自引的引用时滞整体小于他引。

图 4-10 直观地呈现出引用时滞指标值的集中与离散分布规律，无论是自引还是他引，皆是如此，并且相比较而言，自引的集中度更高。结合相关数据可知，大约有 7.84% 的自引为即时（当年）引用，也就是引用时滞为 0 年，他引文献中有 6.57% 为即时引用；自引和他引的高峰均

出现在引用时滞为 1 年时；57.03% 的自引时滞在 2 年（含）以内，他引的这一比例为 38.9%；自引和他引中分别有 70.95% 和 50.57% 的引用时滞在 3 年（含）以内；96.10% 的自引引用时滞在 10 年（含）以内，而他引的这一比例仅为 86.77%；在超过 20% 时，自引的累计比例已接近 100%，而他引的累计比例只有 95%；自引曲线的尾巴相对较短，而他引曲线的尾巴很长，在引用时滞为 35 年时自引已经几近终点，他引曲线的长尾却一直延伸至百年以后。由两条曲线的分布状态来看，自引曲线在坐标轴上更偏左，而他引曲线则整体偏右，说明自引的引用时滞比他引更短，且自引的引用时滞指标值集中程度更高，更多地集中于较短的引用时滞范围内。

**3. 自引与他引引用时滞的组间差异检验**

将自引与他引的引用时滞数据导入 SPSS 进行组间差异比较，分类变量中自引为 1，他引为 0，引用时滞指标值为被检验变量，因引用时滞数据不符合正态分布，所以选择 Mann-Whitney 检验（简称 M-W 检验），该方法不要求被检验变量符合正态分布。SPSS 软件导出的 M-W 检验结果如表 4 - 6 所示。

自引的引用时滞指标的秩平均值明显小于他引，Mann-Whitney U 检验的结果表明，显著性水平（即 P 值）为 0.000，故而拒绝原假设，即两组数据差异有统计学意义（P < 0.05）。通过组间差异进一步证实了自引和他引的引用时滞指标值存在着组间差异，其差异性在统计学意义上是显著的，由秩平均值也再次证实了自引的引用时滞明显短于他引的引用时滞。

表 4 - 6　　自引与他引引用时滞指标的组间差异检验结果

|  | N | 秩平均值 | Mann-Whitney U | Wilcoxon W | Z | 渐进显著性（双尾） |
| --- | --- | --- | --- | --- | --- | --- |
| 自引 | 14977 | 135488.61 | 1917050198 | 2029212951 | -51.400 | 0.000 |
| 他引 | 339612 | 179138.68 | | | | |

4. 自引与他引引用时滞的历时变化

分年度计算全部引用关系对,以及自引和他引关系对的引用时滞年度平均值,汇总整理以后如表4-7所示,表4-7中的差值指标为自引引用时滞指标值减去他引引用时滞指标值。历时统计分析的年度划分以施引文献的发表时间为准。为展示其差异及其历时变化情况,依据表4-7中数据绘制自引和他引引用时滞年度平均值曲线(如图4-11所示)。

表4-7　　　　　　　　自引与他引引用时滞的历时比较

|  | 2013 | 2014 | 2015 | 2016 | 2017 | 2018 | 2019 | 2020 | 2021 | 2022 |
|---|---|---|---|---|---|---|---|---|---|---|
| 全部 | 5.5401 | 6.1188 | 5.8172 | 6.0012 | 6.1263 | 6.4292 | 6.8022 | 6.6314 | 6.2351 | 5.8394 |
| 自引 | 2.9119 | 2.8490 | 2.8811 | 3.1364 | 2.9558 | 3.0567 | 3.4024 | 3.5623 | 3.3295 | 3.4943 |
| 他引 | 5.6642 | 6.2680 | 5.9525 | 6.1251 | 6.2632 | 6.5934 | 6.9553 | 6.7600 | 6.3521 | 5.9388 |
| 差值 | -2.7523 | -3.4190 | -3.0714 | -2.9887 | -3.3074 | -3.5367 | -3.5528 | -3.1978 | -3.0226 | -2.4445 |

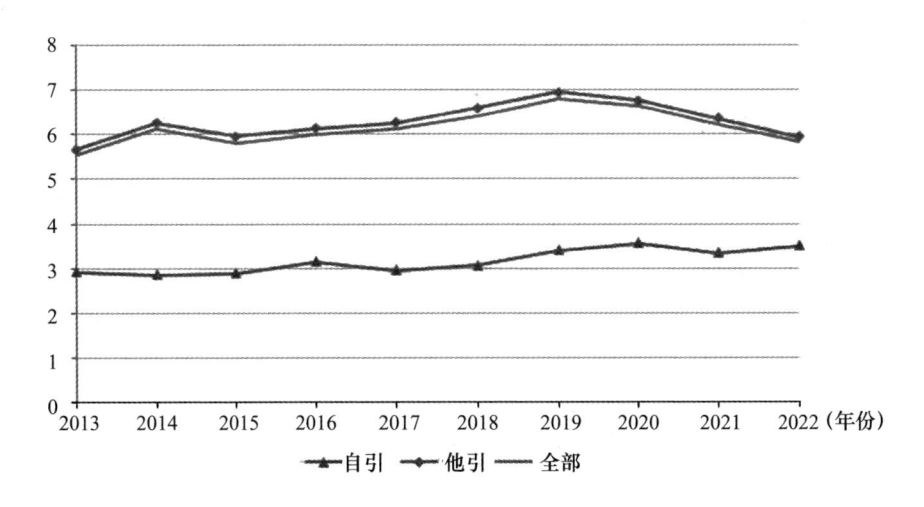

图4-11　自引与他引引用时滞的历时变化曲线

结合图4-11和表4-7当中的信息可知,各个年度自引的引用时滞平均值都明显低于他引的引用时滞平均值，两者之间的差值约为 3 年，再次证实了在知识交流过程中自引的速度明显快于他引的速度，且各个年度皆是如此。从各条曲线的历时变化情况来看，他引的曲线与全部引用的曲线高度接近，这是因为他引在全部引用关系中所占比重最大导致的。2013—2019 年，他引曲线略有上扬，他引的引用时滞年度平均值由 2013 年的 5.6642 增至 2019 年的 6.9553，6 年间增长了 1.29 年，增幅为 22.79%，说明在这一时间窗口内，他引的引用时滞整体有所延长，也就是说他引的引用速度整体上呈下降趋势；而 2019 年以后，他引曲线呈显著下降趋势，由 2019 年的 6.9553 降至 2022 年的 5.9388，3 年间下降了 1.02 年，降幅为 14.61%。自引的曲线前半段保持基本稳定，2013—2017 年，自引的引用时滞保持在 3 年左右，而在 2017 年以后呈现出一定的增长态势，增幅约为半年，在一定程度上说明自引的速度有所下降。

由自引和他引两条曲线的变化趋势比较可知，近年来，他引的引用时滞在降低，而自引的引用时滞在上升，尽管两者之间的差值仍很大，但是从变化趋势上看，自引在引用速度及其所承载的知识的时效性和及时性方面，相较于他引的优势正在弱化。这一变化可能来自文献出版速度的加快。自引之所以更具及时性，是因为作者获取他自己的文献更直接便捷，甚至在正式发表之前即可获取和使用，而他引则需要文献在进入正式的科学交流系统之后才能被他人获取和使用。但是近年来，出版手段不断升级革新，预印本、网络传播等方式加快了文献传播的速度，这就使得他引的引用时滞整体下降，由此导致他引与自引在引用时滞上的差别有所弱化。

## 三　主要结论与讨论

### （一）主要结论

1. 自引的语义相似度高于他引。本书计算了施引文献标题和被引文献标题的语义相似度，并针对自引和他引的语义相似度指标，分别从数据分布规律、组间差异检验、历时变化规律等几个维度进行比较，发现无论是平均值、中值、上下四分位数、最小值，还是数据的分布状况，自引的语义相似度指标值均大于他引，且各年度皆是如此，在十年时间窗口内两者之间的差值一直保持稳定。也就是说，自引的语义相似度大于他引这一情况一直如此。这些研究发现从共时和历时两个角度都证实自引的语义相似度确实明显高于他引。从自引所承担的知识交流与扩散的功能来分析，自引的语义相似度更高，这个研究发现在一定程度上说明，学者在引用他自己的已有成果时，更多地受"内容驱动"，引用他自己之前发表的文献，确与当前的研究以及当前文献的研究主题和内容相关度较高。根据已有的研究结果发现，学者在引用文献的过程中，并不会受被引频次以及是否为他自己的研究成果的影响，更多关注的是文献的主题和内容，出于对他自身研究主题和研究方向连续性和相关性的考虑，合理自引便于读者掌握学者的研究进展及其学术动态，通过"溯源追踪"，清晰地把握学者的研究脉络，也为学者的相关成果起到了知识扩散的作用。[①]

2. 自引的相对位置分布比较均衡。本书借助自引的相对位置指标，来考察自引在施引文献内容当中出现的先后次序和位置。发现自引在施引文献末尾部分出现的频率相对更为集中一些，说明作者引用他自己之前发表的文献，更多的是为当前的研究结论和发现提供佐证或比较，这也从另一个角度说明，自引主要是因为施引文献与被引文献在研究主题和研究内容上的关联性而产生的，自引在很大程度上是受"内容驱动"的，而非其他的原因。由自引的相对位置指标值可知，自引在篇首位置出现的概率相对较低一些，作者在当前论文写作时开篇即自引的情况比较少见。除了篇首和篇尾两处的位置分布稍有异常以外，自引在施引文献其他各部分内容中出现的概率是比较均匀的，说明自引在施引文献各处内容中都会出现，自引能够提供施引文献所需的各种知识元素，自引

---

① 刘桂琴:《基于作者自引的知识扩散分析》,《情报杂志》2018年第7期。

对施引文献各部分内容的支撑是全方位的。在对自引的相对位置指标进行历时分析时发现，近五年来自引相对位置指标值呈现出一定的下降趋势，说明自引在施引文献中出现的次序和位置有所前移。借助自引相对位置的计量分析，我们认为自引与他引在承担知识交流的功能属性方面具有一致性，所承载的知识单元和知识要素，以及对施引文献产生的支撑作用也是全方位多元化的。

3. 自引的引用时滞更短。本书对自引和他引的引用时滞指标值进行多个维度的比较，全面证实了自引的引用时滞明显短于他引的引用时滞，两者之间的平均值差值约为3年。自引和他引的引用高峰都出现在论文发表1年以后，但是相比较而言，自引的引用时滞数据分布较之他引更为集中。组间差异检验结果也进一步确认了自引与他引的引用时滞存在统计学意义上的显著差异。历时分析的结果表明，在十年时间窗口内各个时期自引的引用时滞都要明显短于他引，但从平均值曲线的变化趋势来看，两者之间的差异似有弱化的倾向。自引与他引引用时滞指标的比较，表明自引在知识交流和扩散的过程中具有更强的时效性，能够给施引文献提供更新鲜及时的知识素材。自引的知识交流速度更快，换言之，作者在引用他自己前期所发表的成果时更为及时和迅速。事实上，作者在引用他自己的成果时，文献的可获得性更强，因作者对他自己前期已发表成果的主题和内容更为熟悉，在当前研究过程中如有需要，便可轻松地从他自己的知识库中寻求支撑，信息搜寻的成本往往更低；而在引用他人文献时，必然会有一个信息搜寻、阅读、比较和取舍的过程，最后才会决定施以引用，由此导致他引的引用时滞更长，知识传播的速度更慢。由此可见，若从知识交流的速度角度来衡量，自引的速度优势显著大于自引。

综上所述，自引的主题性引用高于他引，反映出自引引文与施引文献之间有更强的主题相关性；自引在论文各处都有分布，相比较而言，篇首出现的概率较低，在篇末位置出现的概率较高，整体而言，其位置分布比较均衡，未呈现出明显的集聚分布现象，说明自引能够为论文提供多元化的知识支撑；自引的引用时滞明显短于他引，说明自引更具时效性，知识交流速度更快。由此可见，自引如他引一样，确实发挥着积极有效的知识交流功能，而且自引在主题相关性、传播时效性、引文有效性等方面具有他引无可比拟的优势和特色。

早在20世纪90年代，崔红曾对我国科研人员的自引现象进行统计分析，结果表明，自引的主题性引用高于他引，尊重性引用低于他引，反映出自引引文与著文（施引文献）间有更强的主题相关性；与他引相比，自引引文的位置分布更集中于方法和材料部分及结论部分，讨论部分自引比例相对他引为少；统计结果表明，自引引文的主题相关性、引文的有效性均高于他引引文[①]。本书以不同时期不同学科的样本数据在对自引与他引的比较分析当中，所获得的部分统计结果与之相一致，例如，自引的主题相关性更强，自引的分布位置相对集中于结论部分等。除此之外，本书还发现了自引的时效性更强。可见，不同时期以不同文献及引文数据作为样本实施的统计分析，都直接证实了自引在知识交流中的积极功效。据此进一步证实了本书的基本观点之一，自引不仅不应该被排除在科学交流体系之外，其知识交流的积极功效和特殊价值应当受到重视，也应该被深入全面地开发和利用。

**（二）相关启示**

1. 自引与他引的知识交流功能是相似的。无论自引还是他引，皆是源于知识交流之目的。只不过在知识交流的形式和结果上，自引实现了作者对他自己前期所创造的知识的继承与传播，而他引则是作者对他人所创造的知识的利用与扩散。从施引文献与被引文献的语义相似度角度分析，自引的语义相似度较之他引更高，表明在自引时施引文献与被引文献的主题和内容关联性更强。自引较为频繁地出现在结论和讨论的位置，进一步证实了自引对施引文献有着更强的支撑作用，出现在结论和

---

① 崔红：《我国科技人员自引现象分析》，《情报理论与实践》1998年第3期。

讨论位置的引用可被解读为，自引是将作者自己的发现与被引文献的结论联系起来，并为任何可能的不同之处提供替代性解释。由此可见，自引的产生从根本上说是受内容驱动的，作者在当前研究中引用他自己之前所发表的文献，主要是因为当前研究与之前的研究存在着主题或内容上的一致性，是出于科学研究的继承性和连续性的客观需求，作者以自引形式实现了对其自身前期研究成果的知识交流与传承。无论如何，自引切切实实地发挥了知识交流之功能，为施引文献提供了所需的知识元素，并和他引一样会在施引文献正文当中的不同位置出现，可以对施引文献的各部分内容提供全方位多元化的支撑。

2. 自引在某些方面具有他引无可比拟的优越性。本书多方证实了自引的语义相似度更高，引用时滞更短，表明自引相较于他引来说，与施引文献的主题关联性更强，知识传播的速度更快，能够为作者当前的研究提供更直接有效、更及时便利的知识支持。由此也说明，自引较之他引在知识交流过程中更具优势。加之自引所具备的语义相似性优势，从知识传承与演化角度分析表明自引较之他引更能体现出学者研究工作的继承性特征，也更适合用于表征科学研究的继承性与连贯性。这在一定程度上证实从自引角度考察学者的研究兴趣演化与迁移以及学者职业生涯中研究主题的发展与变迁，是完全科学有效的，从而为本书提供了直接的理论支撑与现实依据。此外，自引所具备的速度优势，使得作者的研究成果能够通过自引的形式以更快的速度传播出去，加快了知识交流与扩散的速度，也增加了作者自己研究成果的可见度，便于被其他学者看到和使用。无论这种传播是否从科学评价角度为自引作者带来了更大的福利，但就自引加快了知识交流与传播速度这一客观事实而言，自引所发挥的功效是必要的、积极的，自引的优势也是显而易见的。尤其是自引在表征作者研究主题的继承性方面所发挥的特殊功效，是他引所不具备的，这也意味着自引分析在某些方面具有他引分析无可比拟的优势和特色，从自引角度开展的计量分析能够极大地丰富和拓展引文分析的理论和方法体系。

3. 自引的知识交流属性应该被正视和重视。引文的第一功能属性是科学交流，而科学评价则是在科学交流基础之上延伸出来的功能属性。但是后期大家对于引文的科学评价功能属性的关注度却远超其他，对于自引来说更是如此。纵观国内外关于自引主题的研究成果可以发现，学者对自引的科学评价功能表现出了极大的质疑和担忧，质疑自引是否能够有效表征学术影响力，担忧自引对引文评价指标的干扰与破坏，甚至还有学者提议将自引从引文评价指标的计算中予以剔除，总之，对自引的负面态度甚于正面肯定。在此背景下，自引与生俱来的知识交流功能属性，反而淹没于对其科学评价功能的关注和争议中，未能引起学者的正面关注和深入系统的研究。本书围绕自引的语义相似度、引文位置、引用时滞的计量分析，尤其是对自引与他引的直接比较，充分证实了自引在知识交流过程中发挥着积极的功效，自引的产生是受内容驱动的，还发现了自引在某些方面的优势，自引文献之间的主题关联性更强、引用时滞更短。这些研究结论和发现有助于澄清大家对于自引的偏见和误解，吸引学者更多地关注自引的知识交流属性，进一步发掘自引在表征知识交流现象、揭示知识交流规律、展示知识演化轨迹以及捕捉科学研究的传承脉络等方面的积极功效。

本章通过自引与他引的多维度比较，揭示了自引的知识交流属性及其呈现出的规律和特征，进一步明确自引分析在揭示知识结构时的可行性、科学性与特殊性。事实上，关于自引争论的根本原因在于大家关注的角度不同。若从科学评价的严谨性角度来考察，自引确实存在着人为放大引文指标而导致评价结果失真的风险；若从科学交流的完整性角度来考虑，自引是一个不容忽视的科学交流现象。关于自引的是非之争取决于研究者的立场和视角，以往研究大多关注前者而忽视后者。事实上，引文是一种特殊的现象，作为科学交流的一种有效机制，肩负着学术传承、知识扩散的重要职责。无论其在科学评价方面的作用是正向还是负向，都不会影响自引在考察科学交流、知识扩散等方面所发挥的积极功效。在科学交流的过程中，自引和他引各有侧重，具有互补的功效。科学是一个由作者、文献、期刊等多元化的学术主体和客体编织而成的巨大网络，每个主体和客体都能够用来分析与其他主体和客体之间的关联性，自引在考察知识扩散方面所具有的功效值得深入探究和开发利用。

在文献计量学中引文分析是揭示知识结构的主要手段，包括直接引证、引文耦合、共被引、互引等在内的多种引文分析方法，被广泛地应用于考察知识结构的静态特征及其演变规律，但是这些研究大多并未区分自引与他引，就其本质而言，引文分析的主流思想与原理仍主要建立在他引分析的基础之上。事实上，自引分析提供了一种新的视角和思路，从自引角度切入开展相关的计量分析有望获得全新的结论和发现。如前文所述，已有研究已经证实自引文献的语义相似度大于他引文献、自引较之他引更具准确性和时效性，这些观点为我们发掘自引的文献计量新功能，拓展其在揭示知识结构、表征学术关系等方面的应用作出了有益的铺垫。未来该研究主题将利用自引脉络追踪作者的学术轨迹，考察作者学术生涯变迁、揭示学科知识结构及其演化规律、预测正在孕育的新兴主题[①]。本书基于学者研究兴趣的演化与迁移及其学术生涯发展变迁问题所开展的研究，就是对自引分析的一次积极探索。

---

① 温芳芳：《自引研究综述：科学评价与科学交流中的质疑、求证与创新》，《图书情报工作》2019年第21期。

# 第五章

# 自引表征学术轨迹的机理

本书提出从自引视角出发考察学者学术生涯中的研究轨迹,基于自引网络展示学者研究兴趣演化路径与迁移规律的新思路,这是对自引知识交流功能属性的一次新的探索与尝试,其背后的机理值得深入思考和挖掘。在第四章对自引与他引知识交流功能的比较分析中,我们看到了自引与他引一样承担着知识交流与扩散的功能,但是自引在主题关联度、引用速度等方面又有着难以比拟的优势和特色,从而从自引的功能属性上证实了自引作为一种特殊的知识交流形式,在考察科学研究工作的继承性与连贯性方面所具备的积极功效。在此基础之上,还需对学者的自引动机及行为进行深度访谈与分析,通过对自引动机的深层次揭示,才能进一步理解学者的自引行为,才能厘清以自引追踪学者研究轨迹的内在机理,为后续开展的实证研究提供理论依据,并为阐释实证研究的结果带来学理支撑。

## 一 基于扎根理论的学者自引动机及行为

动机是人类行为的直接原因,自引动机,即学者因何而施以自引,是理解和把握自引规律的关键所在。曾有学者参照引用动机进行罗列和归纳,虽有助于我们认识和了解自引,但是对于自引而言不具有针对性,不能完全反映自引的特殊性;来自图书情报学、科学计量学、编辑出版学等相关学科领域的学者针对自引开展的研究,以计量分析为主,虽然能在一定程度上展示学者自引行为的一些规律性特征，但是鲜有触及自引的深层次动机的。"动机"隶属于心理学的范畴，它不仅激发和维持着有机体的行动，也是趋势行动向实现某一目标的内驱力或心理倾向，揭示了某种心理现象、心理状态或心理过程产生的原因。心理特征最难以认识和把握，动机因具有心理特征而具有极强的隐蔽性、多变性和不确定性，仅凭经验判断或量化研究无法揭示自引的深层次动机和行为特征，因而需要借助质性研究，从学者身上捕捉自引动机，进而以自引剖析追踪学者研究轨迹，以及考察学者研究兴趣演化与变迁的内在机理。

### （一）理论基础

国内外围绕科研动机和引用动机开展过不少研究，但是针对自引动机的研究并不多见，曾有学者提出了一些自引动机，包括合理的自引动机和不当的自引动机，但整体而言，关于自引动机的研究极少，学界对于自引动机的关注度不高，对其认识和了解的程度也比较有限。社会心理学认为，理解人类行为可以从动机和理性行为两个视角出发。动机理论认为，动机是诱发、活跃、推动并指导行为指向目标的内在驱动力，它对主体的行为和态度产生着直接影响。Korman 等人认为，人类社会行为的发生和结果是由个体的认知所调节的。[1] Bandura 强调动机的自我管理是一个双系统，包含差异产生机制和差异减少系统。[2] Kanfer 则强调个体需求调节个体认知过程，进而使个体产生了行为上的差异[3]。因此，要理解学者的自引行为，首先应当从动机出发，剖析其心理特征，并了解其中的认知及其变化过程。

---

[1] Korman, A. K., "Hypothesis of Work Behavior Revisited and An Extension", *Academy of Management Review*, Vol. 1, No. 1, 1976, pp. 50 – 63.

[2] Bandura, A., "Social Cognitive Theory: An Agentic Perspective", *Annual Review of Psychology*, Vol. 52, No. 1, 2001, pp. 1 – 26.

[3] Kanfer, R., "Motivation Theory and Industrial and Organizational Psychology", *Handbook of Industrial and Organizational Psychology*, Vol. 1, No. 2, 1990, pp. 75 – 130.

Larcombe 和 Voss 认为，自引是必要的，例如，作者借鉴他自己之前提出的方法，利用之前的结论和观点来支撑当前的研究，尤其是在一些比较特殊或相对独立的专业领域，当研究者无法从外部获得过多的参考文献时，必然要大量自引，如果出于上述引用动机，自引并无不妥，并且与他引动机没有明显差别。①

　　Pichappanh 和 Sarasvady 认为，自引的动机不同于他引，大致包括：延续之前的研究工作、提高早期成果的可见度、提示后续的研究、对低被引或零被引的早期成果进行自我宣传、为作者自己之前不够完善或者存在争议的观点补充新论据、给审稿人和编辑留下好印象、让读者对作者自己的研究更有信心和期望、人为放大作者自己的被引频次等。②

　　Hartley 列举了几种自我强化动机：自我标榜，有意告诉审稿人和读者自己之前在高水平期刊上发表过论文；自我宣传，引用作者自己之前出版的著作意在提升其销量；自我推介，引用作者自己之前发表的文章以提升其可见度，继而获得其他学者的关注和引用。③ 不管以自我服务为目的的自引是否建立在施引文献与被引文献的相似性和相关性基础之上，其引用动机的合理性都值得怀疑。至于某些期刊和作者为了提升他们自己的被引频次、影响因子和 h 指数而刻意自引，以便在科学评价结果中有更好的表现，进而获得与他们自己真实能力和水平并不相符的地位和荣誉，凡出于这样功利目的的自引就完全可以判定为不当自引。④

　　上述研究成果中所归纳和列举的一些引用动机，虽在某些问题的看法上还存在争议，但是却为本书开展自引动机调研提供了有益的借鉴和

---

① Larcombe, A. N., Voss SC, "Self-Citation: Comparison between Radiology, European Radiology and Radiology for 1997–1998", *Scientometrics*, Vol. 87, No. 2, 2010, pp. 347–356.

② Pichappan, P., Sarasvady, S., "The Other Side of the Coin: The Intricacies of Author Self-Citations", *Scientometrics*, Vol. 54, No. 2, 2002, pp. 285–290.

③ Hartley, J., "To Cite or Not to Cite: Author Self-Citations and the Impact Factor", *Scientometrics*, Vol. 92, No. 2, 2011, pp. 313–317.

④ Opthof, T., "Inflation of Impact Factors by Journal Self-Citation in Cardiovascular Science", *Netherlands Heart Journal*, Vol. 21, No. 4, 2013, pp. 163–165.

参照。我们有必要更为全面、系统地从学者身上寻找自引动机,并通过扎根理论的多级编码方法剖析自引动机及自引行为的关键要素,借助结构模型来展示关键要素之间的逻辑关系,深层次地剖析和细粒度地阐释自引动机和自引行为。

## (二) 研究方法

### 1. 访谈法

借助于访谈法能简单、全面地收集到多方面的工作分析资料,访谈具有两大突出特点——灵活性、适应性,研究者可以使用访谈法开展复杂问题的研究,从富有差异的研究群体中了解各群体成员的心理和行动。鉴于上述特性以及适用范围方面的优点,访谈法深受各界研究者的青睐,应用范围十分广泛。通过面对面沟通交流的方式,访谈法既有事实的调查,又有意见的征询,能够更好地满足研究者基于个性差异的研究需求,使用访谈法可深度挖掘研究对象的个性特征,探索深层次的原因和动机。

本书采取半结构化访谈方式,依据访谈提纲与访谈对象进行深入细致的沟通交流,访谈方式主要有两种:一是现场访谈,与访谈对象进行面对面的谈话;二是电话访谈,考虑数据搜集的便利性和成本,对部分访谈对象通过电话或微信(语音)形式进行访谈。我们共选取了22位学者作为访谈对象,每位访谈对象的访谈时长在20—40分钟。在征得访谈对象同意的前提下,对谈话进行录音,并在每次访谈结束后,我们会将录音转录成文本。与此同时,在访谈过程中也会根据实际情况及时记录访谈笔记,最终形成的访谈原始资料共计约13万字。

### 2. 扎根理论

扎根理论是在经验资料的基础上所建立的理论,是一种从上至下建立实质理论的方法。[①] 在哲学思想上,扎根理论属于基于后实证主义的研

---

① Seidel, S., Urquhart, C., "On Emergence and Forcing in Information Systems Grounded Theory Studies: The Case of Strauss and Corbin", *Journal of Information Technology*, Vol. 28, No. 3, 2013, pp. 237–260.

究范式，常被用来证伪已建构的理论。根据扎根理论的研究过程，研究者在构建相关社会理论之前，需要有计划性、系统性地收集资料，尽可能全面地寻找能够反映事物现象本质的核心概念、梳理概念间的逻辑、联系等一系列步骤。一般来说，研究者在研究之初并不需要预先设想理论假设，可以直接分析原始资料内容，归纳概括相关概念，从而提炼出系统性、社会性的理论。尽管使用扎根理论要求研究者必须有经验数据的支撑，但是它的主要特点是从经验事实中抽取新概念和新思想，而不在于研究数据所提供的经验性。

因扎根理论具有较好的灵活性与开放性，扎根理论适用于对尚未建立起成熟理论的领域进行探索式研究。由于目前学界缺少对于自引动机的调查研究，使用三段式编码程序学派的扎根理论能够方便进行编码[①]，使得后续资料分析工作可以有效展开。因此，本章将采用该理论对文本资料展开分析，尝试对学者自引的动机、行为、心理与其行为和心理的形成机制进行探究。在编码程序中采用了目前在多个研究主题中都表现出较好适用性的质性分析软件 Nvivo 11 来辅助课题组成员进行编码分析，以简化编码流程，提高编码能力。

## （三）数据收集与扎根编码

质性研究能较为全面地探究所有潜在范畴，扎根理论通过对质性资料的深入分析，能够有效揭示事件的因果关系并构建新的理论。因此，本书采取扎根理论的质性研究取向，基于访谈数据和 Nvivo 11 软件对自引动机的关键要素进行系统归纳和逻辑提炼。

1. 访谈对象

本书以目的性抽样和理论饱和抽样为原则进行样本选择。根据目的性抽样原则，我们在选取访谈对象时主要依据以下几个条件：一是目前仍在从事科研工作，近三年来仍有学术论文发表；二是了解学术论文的

---

[①] 吴肃然、李名荟：《扎根理论的历史与逻辑》，《社会学研究》2020年第2期。

引用规范；三是能够清楚地理解访谈问题，并具备清楚地表达其自身观点与想法的知识与能力；四是能够最大限度地为访谈问题提供信息量；五是有时间、精力、条件等接受访谈，并同意访谈可以全程录音；六是尽可能兼顾年龄、性别、职称、学科专业、机构类型等各个方面，力求选取的访谈对象更具代表性。根据理论饱和抽样原则，访谈会一直持续至受访者不再能提供新范畴时停止，并在进行大于3人的验证工作后确定研究样本。结合上述原则，最终选择了22个访谈对象（以A01至A22编号），他们的个人基本信息参见表5-1。同时对他们的个人特征进行分类汇总，统计结果如表5-2所示。

表5-1　　　　　　　　　　访谈对象基本信息

| 编号 | 性别 | 年龄 | 学历 | 职称 | 学科专业 | 机构类型 |
| --- | --- | --- | --- | --- | --- | --- |
| A01 | 男 | 36 | 博士 | 副教授 | 人文社科 | 高校（双一流） |
| A02 | 女 | 39 | 博士 | 副教授 | 农业科学 | 高校（双一流） |
| A03 | 女 | 45 | 博士 | 教授 | 工程技术 | 高校（双非） |
| A04 | 男 | 28 | 博士研究生 | 无 | 工程技术 | 高校（双一流） |
| A05 | 男 | 50 | 博士 | 教授 | 人文社科 | 高校（双一流） |
| A06 | 男 | 34 | 博士 | 讲师 | 医药卫生 | 高校（双非） |
| A07 | 女 | 35 | 博士 | 讲师 | 自然科学 | 高校（双非） |
| A08 | 女 | 42 | 博士 | 副教授 | 自然科学 | 高校（双非） |
| A09 | 男 | 58 | 硕士 | 教授 | 自然科学 | 高校（双非） |
| A10 | 女 | 29 | 博士研究生 | 无 | 人文社科 | 高校（双一流） |
| A11 | 男 | 42 | 硕士 | 副教授 | 工程技术 | 高校（双一流） |
| A12 | 男 | 47 | 博士 | 教授 | 工程技术 | 科研院所 |
| A13 | 女 | 35 | 硕士 | 讲师 | 农业科学 | 高校（双非） |
| A14 | 男 | 29 | 博士 | 助教 | 医药卫生 | 高校（双一流） |
| A15 | 男 | 36 | 博士 | 副研究员 | 工程技术 | 科研院所 |
| A16 | 女 | 42 | 硕士 | 讲师 | 人文社科 | 高校（双一流） |

第五章 自引表征学术轨迹的机理

续表

| 编号 | 性别 | 年龄 | 学历 | 职称 | 学科专业 | 机构类型 |
|---|---|---|---|---|---|---|
| A17 | 女 | 51 | 博士 | 研究员 | 农业科学 | 科研院所 |
| A18 | 男 | 48 | 博士 | 副研究员 | 医药卫生 | 科研院所 |
| A19 | 男 | 47 | 博士 | 研究员 | 人文社科 | 科研院所 |
| A20 | 女 | 52 | 硕士 | 副教授 | 人文社科 | 高校（双一流） |
| A21 | 女 | 30 | 博士 | 讲师 | 自然科学 | 高校（双非） |
| A22 | 男 | 41 | 博士 | 副教授 | 自然科学 | 高校（双非） |

表 5-2　　　　　　　　访谈对象情况汇总

| 指标 | 类型 | 数量 | 比例（%） |
|---|---|---|---|
| 性别 | 男 | 12 | 54.55 |
|  | 女 | 10 | 45.45 |
| 年龄 | 35 岁及以下 | 7 | 31.82 |
|  | 36—45 岁 | 8 | 36.36 |
|  | 46—55 岁 | 6 | 27.27 |
|  | 56 岁及以上 | 1 | 4.55 |
| 学历 | 博士 | 14 | 63.64 |
|  | 硕士 | 5 | 22.73 |
|  | 博士研究生 | 3 | 13.64 |
| 职称 | 正高级 | 6 | 27.27 |
|  | 副高级 | 8 | 36.36 |
|  | 中级 | 4 | 18.18 |
|  | 初级 | 2 | 9.09 |
|  | 其他 | 2 | 9.09 |

续表

| 指标 | 类型 | 数量 | 比例（%） |
|---|---|---|---|
| 学科专业 | 自然科学 | 5 | 22.73 |
| | 人文社科 | 6 | 27.27 |
| | 农业科学 | 3 | 13.64 |
| | 工程技术 | 5 | 22.73 |
| | 医药卫生 | 3 | 13.64 |
| 机构类型 | 高校（双一流） | 9 | 40.91 |
| | 高校（双非） | 8 | 36.36 |
| | 科研院所 | 5 | 22.73 |

由表5-1和表5-2中数据可知，访谈对象的学科专业背景覆盖了自然科学、农业科学、人文社科、工程技术、医药卫生等多个领域；男女比例分布较为均衡；全部具有硕士及以上学历，其中以博士为主；中青年科研人员占据较大的比例；主要来自高校，少部分就职于科研院所，兼顾了高校层次和职称等级。

2. 访谈提纲

我们利用半结构化访谈进行数据的收集工作，使用半结构化访谈能够使研究者更加灵活、全面地了解受访者对于研究问题的看法与经验。在进行正式访谈之前，我们结合自身经验并参考相关中外文献，设定了初步的访谈提纲，邀请三位受访者进行预访谈并在访谈过程中不断修正访谈提纲，最终确立正式的访谈问题。具体问题如表5-3所示。

表5-3　　　　　　　　　　访谈提纲

| 访谈主题 | 访谈问题 |
|---|---|
| 引导语 | 您的回答不存在对错之分，请根据您的自身经历或真实想法作答；访谈过程将会全程录音，录音及转录文档会遵守相关保密规定；访谈结果仅用于科学研究；对访谈问题不理解或不确定时可要求访谈人员作出进一步解释说明。 |

续表

| 访谈主题 | 访谈问题 |
| --- | --- |
| 概念界定 | 自引是指作者引用他自己之前发表的文献，施引文献和被引文献只要包含相同的作者即为自引，对作者的署名顺序没有特殊限制，作者身份可以是第一作者、通讯作者或其他合作者。 |
| 核心问题 | 1. 您是否有过自引行为？是否会经常自引？<br>2. 您在自引时的引用目的是什么？在哪些情况下会选择自引？<br>3. 如果您自己的文献和他人的文献都可满足引用需求，您会优先选择自引还是他引？<br>4. 您认为自引的功效是积极的还是消极的？<br>5. 您认为自引是否具有知识交流和扩散功能？其知识交流功能是否异于他引？<br>6. 您认为自引时施引文献和被引文献之间是否存在强关联？是哪些方面的关联？<br>7. 您认为自引是否能够提升您的研究成果以及您本人的可见度？<br>8. 您在自引时是否会有顾虑？比如会担心审稿人或读者指责您自我吹捧。<br>9. 您是否担心自引会干扰引文评价指标？比如有人会操纵 h 指数。<br>10. 您是否会刻意自引？专门从您自己的研究成果中挑选可供当前论文引用的文献。<br>11. 您的合作者中是否有人要求或授意您引用你们之前的合作成果？<br>12. 您认为自引行为和动机可能受到哪些方面因素的影响？ |

### 3. 数据收集

调研小组的 5 名成员事先进行访谈培训，并在本研究团队内部进行了两轮模拟访谈，以积累访谈经验。实际的访谈工作于 2022 年 7—9 月展开，由于疫情原因，加之访谈的时间和物质成本考虑，访谈以线上与线下相结合的形式展开，少数以面对面形式进行，多数以电话和微信手段进行。每次访谈选取一位受访者进行线上或者线下交流，在受访者充分了解访谈的录音需要和保密原则后进行。访谈采取半结构化方式进行，以访谈提纲为基准进行提问，但在访谈过程中，研究者亦会根据实际情况对访谈问题进行适时恰当的增加、删除或转化，并就部分问题与受访者进行深入的沟通、交流与探讨。鼓励受访者畅所欲言，可就访谈提纲以外的问题发表看法。当研究者认为受访者在某些方面表达不充分时，或者表述不清或模棱两可的内容时，研究者会使用诸如"对于……这个问题您还有什么想说的""能否详细谈谈您关于……问题的看法""所以您的意思是……吗""抛开……这个具体问题，您还有什么想法或看法"等提问、追问和确认，充分挖掘受访者对于相应问题的看法和认识。在每次访谈结束后，研究者都会根据访谈情况对访谈提纲进行进一步的完善，调整表达概念和提问的方式，并在下一个受访者的访谈中予以体现。每次访谈持续时间为20—40分钟不等，平均访谈时间为30分钟。访谈结束以后使用网络转录平台对访谈录音进行转录，由两位研究者共同对转录文本中受访者没有明确讲明的部分概念、口语化的表达以及其自身经历等进行规范化处理，调研小组的5名成员对文本记录进行不低于两遍的交叉核对，确保访谈信息表达完整、准确，最终形成了22份访谈文本记录，共计13万余字。

4. 扎根编码

遵循扎根理论原则，运用Nvivo 11软件对所筛选文本依次编号(S1 – S22)，并对提取符码进行开放式、主轴和选择式编码。在编码过程中，通过专家意见咨询、反复思考和比较提取概念范畴，提炼核心范畴，最后结合范畴之间的联系自下而上地构建理论模型。

(1) 开放式编码。开放式编码也被称为一级编码。在开放式编码阶段，要求研究者对访谈文本展开逐字逐句地阅读、理解、比较与分析的活动，力求以一种开放的姿态，将所收集的资料打散，赋予新的概念并以新的方式重新组合起来。在编码的过程中由两位研究人员进行合作编码，并对编码结果进行定期的小组讨论。在概念命名方式的选择上，研究者主要使用现有研究中已存在的名字与鲜活编码（in-vivo code）相结合，在保证命名规范性的基础上尽可能地使用被访者本身的语言去进行表达。通过对初始概念进行整理、归纳，得到26个基本范畴（如表5 – 4所示）。

表 5-4　　　　　　　　　开放式编码结果

| 初始范畴 | 部分原始语句（初始概念） |
|---|---|
| 是否自引<br>自引频率 | S02　会有自引，不是很频繁，当前研究与前期成果有关联时，会考虑引用我自己的成果。<br>S4　偶尔会有自引，还是以他引为主，自引能够提供的有效知识毕竟有限。S08 尽量不去自引，除非找不到其他合适的参考文献了。 |
| 自引意识<br>非刻意自引<br>客观需要 | S01　没有刻意区分过自引与他引，反正需要了就引用，对自引没有特别的感受。<br>S07　引用我自己前期发表的成果时肯定是因为当前论文的写作有需要，不会故意找机会自引。<br>S12　选择参考文献时比较随意，不会过多地比对和挑选。 |
| 自引态度<br>必要性<br>开放性 | S03　自引是很有必要的，我自己生产的知识为什么不用呢？<br>S15　无所谓好坏吧，有需要了就自引，没有考虑过孰优孰劣。<br>S19　尽量多用他引，自引太多了显得我自己过于封闭，不够开放，对外部知识吸纳得多一些会更好。 |
| 主题相关<br>工作传承<br>支撑结论 | S05　当前所做的研究与之前的研究是一脉相承的，自引的论文和我现在的论文研究主题是相同的或者非常接近。<br>S08　我自己之前获得的研究结论与发现能够更加有效地支撑我现在的研究结论。<br>S13　自引能提升我的可见度吗？没注意过这个，不清楚。被引频次应还是取决于论文质量、作者知名度和影响力这些吧。 |
| 不当自引<br>合理自引<br>学术风气 | S09　自我吹捧式的自引？可能会有吧，反正我自己不会这样做。<br>S16　不清楚呀，不敢妄下结论，但相信只是个别现象吧，肯定不是主流。<br>S05　没听说过，不担心，相信学者的自律性。<br>S08　看到过这方面的论文和报道，需要净化学术风气，没必要因噎废食，该自引时还得自引呀。<br>S10　面对他人对自引的质疑和非议时，我会在意别人的看法，而选择回避自引，否则别人可能会歧视我的成果，甚至怀疑我是另有所图。 |
| 知识交流<br>知识关联<br>科研脉络 | S07　应该算是吧，自引和他引的功能没啥区别。<br>S11　自引发挥了知识交流作用，我对引文问题了解有限，可能是这样的。<br>S14　自引和他引都一样吧，自引代表着文献之间的知识关联，也能显示出科学研究的发展脉络。 |
| 客观需求<br>观点一致<br>方向稳定 | S04　自引的两篇论文的观点和结论是一致的，至少部分观点和结论是一致的。<br>S18　我自引是因为我之前的成果能支撑我现在的结论，本来我的研究方向就是非常稳定的。<br>S12　我不会随便自引的，一定是前后的研究工作密切相关，有客观需求。 |
| 研究方向<br>研究主题<br>学术生涯 | S09　论文如实记录了我的研究工作，我的研究方向发生过改变，发表的论文主题肯定有变化。<br>S11　自引能反映我的学术生涯变迁吗？挺有趣的，但我从没关注过这个问题。<br>S13　参考文献是我自己挑选的，应该能够反映我的研究主题和兴趣。 |

续表

| 初始范畴 | 部分原始语句（初始概念） |
|---|---|
| 外部环境<br>个人选择<br>科研政策 | S06 自引与否是我个人的选择，主要就是出于实际需要，没考虑过其他因素。<br>S014 没必要在意别人的评价或者质疑，做好我自己的研究工作就好。<br>S15 单位奖励政策引文指标不计算自引，感觉对自引不太友好。<br>S17 团队成员，尤其是高级成员的做法会对我产生示范作用，我在合作研究中也会引用我的合作者的论文，团队的看法和习惯往往是一致的。 |

（2）主轴编码。主轴编码旨在对开放编码所得范畴加以进一步归纳和重排，通过聚类分析在不同范畴之间建立联系，并发展主范畴。具体做法是发展范畴的性质和层面，使范畴更严密，并将各独立的范畴进行关联，发现和建立范畴间的潜在逻辑关系。在此阶段，结合已有相关研究成果概念维度的相似性与可能性，对初始范畴进行归纳，形成20个副范畴和6个主范畴（如表5-5所示）。

表5-5　　　　　　　　　　主轴编码结果

| 主范畴 | 副范畴 | 副范畴内涵 |
|---|---|---|
| 自引认知 | 自引的必要性<br>自引与他引的相似性 | 自引是出于研究工作的客观需要。<br>自引与他引目的是一致的，没必要严格区分。 |
| 自引行为 | 是否自引<br>自引频率 | 有过自引行为。<br>自引并不频繁，还是以他引为主。 |
| 自引动机 | 主题一致<br>学术传承<br>支撑观点和结论 | 自引的文献大多是由于研究主题相同或相似。<br>学者的研究方向具有相对稳定性和关联性。<br>自引的文献能够支撑当前的研究结论和发现。 |
| 自引态度 | 正面肯定<br>负面质疑<br>中立态度 | 自引是积极有益的，有利于知识交流和扩散。<br>过度自引和刻意自引反映学者故步自封、孤芳自赏。<br>自引无所谓好坏，合理自引还是不当自引关键要看动机。 |
| 影响因素 | 个人需求<br>他人评价<br>科研政策 | 是否自引取决于他自己的研究工作是否需要。<br>会在意别人对自引的质疑和争议。<br>科研政策对自引行为有引导作用。 |

续表

| 主范畴 | 副范畴 | 副范畴内涵 |
|---|---|---|
| 学术生涯 | 科研轨迹<br>方向变迁 | 自引和他引都能在一定程度上揭示学者的研究轨迹。学者在研究方向改变时自引可能会减少或中断。 |

（3）选择性编码。选择性编码也可称为三级编码，指通过开放式编码和主轴编码后，对六个主范畴进行反复比较和分析，提炼出核心范畴，系统分析核心范畴与其他范畴的关系，根据研究目的形成"故事线"，进而形成新的理论框架。本书获取的选择式编码结果如表5-6所示。

表5-6　　　　　　　　选择式编码结果

| 关系结构 | 关系结构类型 | 代表性语句 |
|---|---|---|
| 自引认知→自引行为 | 自引是合理的、必要的，所以我会选择自引。 | "我写论文时有时会引用我之前发表的论文，我认为之前的研究成果能够很好地为我当前的研究提供佐证和支持，自引是很有必要的，完全没有必要排斥自引。" |
| 自引动机→自引行为 | 因研究主题和研究内容相同或相近，我自己发表的文献能够为当前研究提供有效的知识支撑，而选择自引。 | "我自引的文献，基本上都和我当前的研究是一脉相承的，有相同的研究主题，它们之间在内容和主题上存在关联性，包含着相同或相似的结论与发现，这些文献能够为我当前的论文写作提供参照和支撑。" |
| 自引认知→自引态度 | 因对自引的认知不同，从而导致对自引持正面或负面态度。 | "自引是积极的，具有不可替代性，我会从自己的知识库中选择参考文献，我很熟悉我自己的研究成果及其结论和发现，引用我自己的文献更方便，相关性更强，引用质量更高。"<br>"他引能带来更多新的思想、观点和方法，引用他人文献获取的知识更新颖，更具多样性，自引只能带来同质化的知识，容易让作者封闭保守，不利于创新。所以，我更倾向于他引。" |

续表

| 关系结构 | 关系结构类型 | 代表性语句 |
| --- | --- | --- |
| 自引行为→自引认知 | 自引行为会改变或强化自引动机，当自引行为带来积极的结果时，会改变学者对于自引的认知。 | "我发现自引的论文被引频次高于其他论文，我不知道是不是因为自引提高了我论文的可见度，这让我有些奇怪，当然我不会为了提高被引频次而刻意自引，最起码我不反对自引。" "看到关于不当自引的论文和报道以后，虽然我知道这只是特例，但还是让我对自引持谨慎态度，我不希望别人为此而怀疑我的引用动机和学术品德，我还是尽量少自引吧。" |
| 自引行为→学术轨迹 | 自引代表着科学研究的传承性，能够表征学者的学术轨迹，能够捕捉学者研究方向的变化。 | "自引说明学者前后的研究工作是有连续性的，研究主题是一致的或者内容上是相关的，完全无关的两篇文章应该不会发生自引。借助自引去追踪学者研究主题的变化，之前没有听说过，也没有思考过这个问题，从理论上讲应该有道理，可以试着证明一下是不是如此。" |

（4）理论饱和度检验。理论饱和度检验是判断扎根理论编码过程完整性和结果完整性的核心步骤。当新的文本资料已经无法产生新的概念或范畴时，便达到了理论饱和状态，这表示研究通过了理论饱和度检验。本书在数据收集阶段一共获取了22份访谈文本，我们将其中19份进行扎根理论编码，依次获得了开放式编码、主轴编码和选择式编码的结果，并据此构建理论模型。随后，我们使用预留的三份原始资料进行饱和度检验，且没有发现新概念的产生，因此判定理论模型已达到饱和状态。部分检验过程如下所示：

检验样本1：我从未仔细考虑过自引与他引，写论文的时候只要有需要就引用呗……选择参考文献时，首先就是确实需要它，它能够支持我当前的研究，其他也会考虑期刊档次、作者知名度、发表时间等，但这都不是主要的，最重要的还是论文内容上有切实需要……倒是没有考虑过优先自引还是优先他引，没必要分那么清楚吧，在这里不值得花费心机……我以前也引用过自己的文章，没觉得有所谓积极的或者消极的影响，就是引用一下而已。

检验样本2：我觉得这个（自引）无所谓好坏吧……我之前也有自引过，纯粹就是因为主题相关，恰好有一些观点能支撑我当前的研究……我的研究方向挺稳定的，以后可能会有一些改变，但不会是根本性的改变，毕竟在这个领域研究很多年了，不是说变就能变的……当研究方向改变时就不再自引了？或许是这样吧，我没注意过这个问题呀，不过从知识的关联性上分析应该是这样的，蛮有意思的，你们可以试试，还得做实证吧。

检验样本3：我知道很多评价都会排斥自引，只计算他引，可能是担心有人在这个上面做手脚吧……外部的一些东西，比如科研政策、他人的评价、学术氛围等等，这些肯定会对大家的引用行为有引导或者干扰，但是作用力相对有限吧……我对自引的态度算是中立吧，有需要就自引，没需要也不必强求……我自引的情况应该有过，但是很少，具体记不太清楚了……我的研究方向有过改变，但是没有留心自引不自引。

### （四）结构模型的构建与阐释

根据扎根理论编码完成后的文本编码结果，我们构建了自引动机的关键要素及作用机理模型（如图5-1所示）。

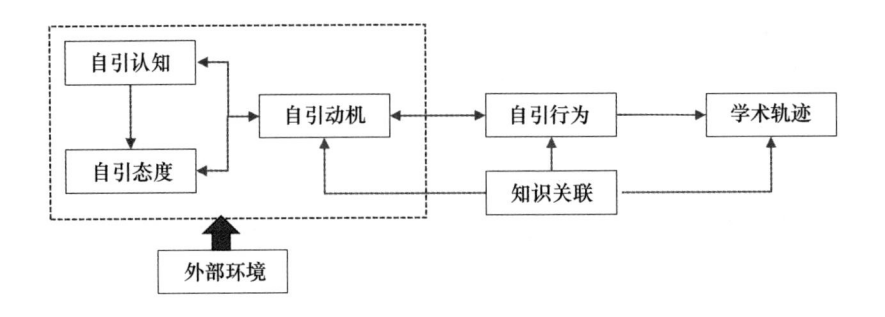

图5-1 自引动机及其相关要素的结构模型

扎根编码形成了几个主范畴，具体包括自引认知，即访谈对象对于自引的理解和认可程度，是否认为自引是必要的、合理的；自引态度，即访谈对象对自引是否能发挥积极功效的看法，对自引孰优孰劣的看法，在科学研究中是否接纳自引；自引动机，即访谈对象因何而自引，自引是为了满足其何种需要；自引行为，即访谈对象在研究工作中是否有自引经历以及自引频率如何；外部环境，即除访谈对象内部动机以外，外部环境的哪些因素会影响自引动机；学术轨迹，自引行为所带来的一种衍生结果，自引记录了访谈对象的研究轨迹。除此以外，知识关联是贯穿整个结构模型的一个关键要素。

1. 自引认知、态度、动机的关系及作用机理

在调研中发现，访谈对象大多有过自引的经历，但对自引的认知却非常有限，很多人没有对自引问题进行过多的思考，认为其不过引用而已。当访谈人员问及自引时，大部分人给出的评价都是积极正向的，认为自引是必要的、合理的。当然，也有个别人对自引有一定的异议和质疑，认为自引有孤芳自赏的嫌疑，可能会导致知识同质化，不利于创新。自引认知在一定程度上决定着访谈对象对于自引的态度，当其自引认知是积极肯定的时，对自引的态度自然也是正面的肯定，认为自引是研究工作的连续性使然，能够给当前研究提供知识素材和必要支撑，这基本上代表着访谈对象的主流态度，甚至对当前研究的支撑作用比来自他人的参考文献更直接更有效。也有访谈对象对自引的认知较为负面，所以对自引持否定态度。自引认知和自引态度共同决定和影响着自引动机，让访谈对象在实际的科研工作中了解什么时候可以自引，在自引和他引当中如何取舍，是否以及如何利用自引来满足他们自己的研究需要。

通过对自引认知、自引态度和自引动机三者关系的梳理可以发现，三者之间是密不可分的，认知、态度和动机本身就是彼此交叠的三个相关概念。自引认知、自引态度和自引动机三者相辅相成、相互作用，若要准确理解和把握自引动机，就要将这三个范畴置于一处进行共同研究。访谈对象对于自引认知的不充分，实际上源于一直以来大家对于引用问

题的不重视和不了解，很多人都认为参考文献只是科研过程中可有无可的点缀。所幸很多人还是有过自引经历的，所以对自引并不十分反感和排斥，认为是在有需要的情况下采取的合理的正常的自引。无论是自引认知还是自引动机，实际上都是在长期的科研工作中所形成的相对稳定的东西，在很大程度上与访谈对象的科研行为习惯有关。自引动机的出现也不是偶然的或随机的，而是在作者进行论文写作时，每当需要比较、佐证、支撑时，是否习惯于从他们自己的知识库当中寻求合适的知识元素。很多访谈对象都表示，自引与他引无异，没有必要作严格区分，实际上，在功能属性上，尤其是在发挥知识交流这种功能属性时，二者的本质作用确实是一致的。

2. 自引动机与自引行为的关系及作用机理

动机是行为的原因和动力，是引起行为、维持行为，并把行为指向具体目标，以满足人的需要为目的的一种内在心理过程，是一个人开展某项活动的内在动因或驱动力。动机从根本上来说源于人的需要，学者在科学研究的过程中总是需要吸纳一些相关的或者有用的知识作为素材，"站在前人的肩膀之上"去开展他们自己的研究工作，在论文写作时，根据内容需要在文章各处引用一些观点、思想、知识、方法等知识元素，以支撑他们自己的论文。当然，学术道德规范和期刊编辑规范也对研究者提出了引用的要求，每篇论文当中都应包含一定数量的参考文献。这种内生的和外缘的因素的综合作用使得研究者存在着引用需求，其实是一种知识需求，以及对实际参考使用的相关知识予以确认和溯源的需求。当需求被唤醒时就产生了动机，在此过程中研究者的自引认知、对待自引的态度等都是唤醒自引动机的关键因素。也就是说，当研究者对自引持有正向的、积极的认知，以及正面认可的态度时，就能唤醒自引动机，通过自引的方式来满足他们自己的引用需求。

当自引能够满足研究者的需求时，即研究者前期所发表的成果恰好能够提供当前研究所需的知识时，研究者对自引的正向认知和态度起到了唤醒作用，使得自引需求转变为自引动机。自引动机直接引发了自引行为，当然，动机在实现过程中也会受到外部环境的影响，例如面临他人对于自引的歧视和质疑，科研政策中对自引有歧视性或限制性规定，这些都会抑制自引动机的实现，也可能会导致自引动机无法转化为实际的自引行为。反过来，自引行为会强化或者改变自引动机，也会影响和改变自引认知和自引态度。例如，当自引招致他人非议和歧视时，就会影响研究者对自引的正向认知和态度，从而限制自引动机或者自引动机被弱化；反之，当自引带来了更高的被引频次，提升了作者及其成果的可见度和影响力时，自引的动机会得到巩固和强化，研究者的自引认知和态度也会更加地倾向于积极正向。

动机理论认为，人的需要在产生以后总要获得满足，而满足需要就要求人们从事某种行为活动，以此获得满足需要的对象。所以，当一个人意识到个人具象的需要时，便会为了满足个人需要而主动寻找能够满足需要的对象，伴随着这一过程便产生了活动的动机。在引用过程中，当研究者自己发表的文献和他人发表的文献都可作为参考文献时，研究者会对可满足需要的引用对象进行比对和挑选，如果自引和他引都能满足引用需求，这个时候作者对自引的认知和态度就很关键。当然，外部的一些因素，例如他人的评价、团队成员的示范作用、科研政策的干预和引导等，都会对自引动机的形成和实现产生或深或浅的影响。当然，作者本人的自我需求、认知和态度才是十分关键的决定性因素。此外，自引动机和自引行为之间的影响是双向奔赴的，动机引发行为，行为正向或负向反馈于动机。与此同时，自引动机和自引行为也会同时受到自引认知、自引态度、外部环境等多个方面的综合影响和制约。由此可见，整个结构模型当中的各个因素都是密切相关、相辅相成的。

3. 外部环境的作用机理

动机不仅源于个人的需求，同时也会受到外部环境的影响。自引动机的产生及其向自引行为的转化过程都会受到外部环境的影响。当不考虑外部环境因素时，研究者的自引动机可能只需考虑个人需求，即哪些文献能够提供我当前研究所需的知识，能够为我当前论文的写作提供更有效的支撑。而事实上，科学研究的重要目的之一是获得认可，包括同行认可、社会认可、评价机构认可等，所以研究者不可能不考虑其他人的想法和看法，不可能脱离外部环境的影响和制约而独立存在。不只是自引动机，研究者的自引认知、自引态度和自引行为都会受到外部环境的影响和制约。自引的认知、态度、动机和行为是在长期的科研经历中所形成的固有观念和行为习惯，具有相对的稳定性，但是也会因受到外部环境的影响而发生改变。

根据调查结果，我们总结和归纳了外部环境中会对研究者的自引动机和行为等产生影响的一些主要因素：第一类是来自学术共同体的看法和认识，例如，当学界爆出不当自引的丑闻，出现了一些关于不当自引的论文和报道，听闻他人对于自引的质疑与非议时，就会让研究者对自引产生不好的认知和态度。哪怕是像 JCR 以过度自引为由而对一些刊物提出警示，或者在公布的引文指标中增加一项剔除自引的影响因子指标，这种主流平台针对自引所做的一些操作，虽然只是针对期刊自引现象，与作者自引关系不大，但是在学界和公众眼中，仍会被解读为学术共同体对自引的歧视和限制。在此情境下，一些人担心自引可能会招致他人对于他们自己以及他们自己所作出的研究成果的否定和质疑，可能因忌惮舆论的压力而故意避开自引，以此来"自证清白"。此时，这些因素就会在一定程度上抑制或弱化研究者的自引动机和行为。第二类是团队的影响，团队成员之间潜移默化的影响，团队中高级成员的示范引领，团队内部成员之间的认知和行为习惯会趋向一致，包括对待自引的认知、态度、动机和行为习惯也会逐渐趋同。例如，如果研究者所在团队的其他人在论文写作中自引（包括在当前的合著论文中引用他们自己及其他合著者的论文），这些就会正向影响研究者的自引动机和行为，尤其是在对待合著论文的时候，如果其他的合著者都在引用，而他自己不引用，可能会被视为"不合群""不尊重或者不认可该项成果"。第三类是外部的科研政策，科研政策对自引所作出的相关规定，将对研究者的自引动机和自引行为产生直接的影响。例如，很多单位在面向被引指标所设置的奖励机制中都会要求剔除自引，在一些科研项目、科研奖励、人才称号等的申报过程中，在填写成果被引情况时被要求只计算他引频次。类似这些规则主要是出于限制不当自引的考虑，担心有人可能会利用自引来操纵引文指标，从客观上讲，这些规则对研究者的自引动机会产生直接的抑制作用，很多人认为这种针对自引所作出的限制性政策，反映了政策制定者和管理部门对于自引的歧视和反对，甚至将其误读为自引有损科研诚信，认为自引必然是"少胜于多、无胜于有"，从而刻意拒绝自引，哪怕对必要的自引也避之不及。以上是我们通过对22名访谈对象进行调研之后所归纳出的几类影响因素，在做扎根编码时我们将其统称为外部环境。事实上，在外部环境当中可能会对自引动机和自引行为产生影响的因素不止上述三类，人类的动机和行为是复杂多变的，仍有更多的影响因素有待深入发掘。

4. 自引动机及行为与学术轨迹的关系

在访谈中发现，大部分访谈对象都承认他们自己有过自引经历，当问及诸如自引的动机、自引的功能、自引的知识交流属性、自引与他引的优劣比较等问题时，他们大都反映从未认真考虑过这些东西。也就是说，自引是研究者自然而然的一种行为习惯，而就是这种不经意间的行为习惯，恰恰最能暴露出研究者最真实的动机和目的。这些参与访谈的研究者充分肯定了自引文献之间知识的关联性、研究主题和内容的相关性与相似性、自引能够提供当前研究所需的知识和佐证，正如我们在第四章关于自引与他引的比较研究中所获得的结论，自引本质上是受内容驱动的。从整体上而言，自引与他引同样发挥着知识交流的功效，同样反映了知识的继承性，但是自引的动机并没有他引那样复杂多样，而且与他引相比，自引有一个很大的特征就是，作者对他自己前期成果的引用实际上反映了作者研究工作的连续性。所以，自引在学者的学术生涯当中就成为一类非常重要的学术轨迹，可以说，自引正是作者本人在他自己所发表的文献之间设置知识关联和线索，能够用来表征和追踪学者的学术轨迹及其发展变迁。

研究者对他们自己的研究成果更熟悉,在访谈中发现有些研究者认为他们自己发表的前期成果对其当前研究的支撑力更强,也就是说,自引所表征的知识关联性要比自引所表征的知识关联性更强。他引可能由于研究者对他人文献不熟悉未能完全领会原作者精神而发生"断章取义"的错引,或者因为是转引,研究者压根儿就没有阅读原文而"道听途说"式地引用,由此而建立起施引文献和被引文献之间错误的知识关联。而自引则因为作者更熟悉他自己的作品而避免了类似错误引用情况的出现,除非是出于不当自引之目的,然而实际上我们在访谈中基本排除了不当自引的存在,访谈对象都表示他们自己没有发生过不当自引行为。由此可见,自引的引用质量要整体高于他引,从引用动机来分析,自引多是由于研究主题和内容相关或相近而产生,所以表征的知识关联性也强于他引。此外,有访谈对象表示自引更具便利性,从他们自己的知识库中找到合适的知识素材,要远比从浩如烟海的其他文献中搜寻知识更方便、快捷,搜寻成本更低,这也恰好解释了我们在第四章关于自引与他引的实证比较中发现的"自引的引用时滞明显短于他引的引用时滞"。

综上所述,通过扎根理论我们剖析了自引的动机,并建立起自引动机、自引认知、自引态度、自引行为以及外部环境等要素之间的结构模型,阐释了这些要素相互之间的关系和作用机理,而最终回归本书的研究主线,自引很好地表征了研究者的学术轨迹,自引在发挥知识交流功效时,在某些方面具有他引所无可比拟和取代的优势。例如,引用质量更高,体现出文献之间更强的知识关联性,代表着研究者所从事的研究工作的连续性、研究主题的一致性和研究方向的稳定性等。这部分的访谈调研和扎根分析,为我们接下来揭示本书的研究思路和基本原理,并在后续章节开展相应的实证研究,以及解释实证研究结果,都作出了有益的铺垫,也提供了关键的支撑和依据。

## 二 基于自引考察学者研究兴趣的机理

在第四章中我们通过量化研究，基于自引与他引几个方面的直接比较，确认了自引具有的知识交流属性特征，以及在实际的科学研究中发挥着积极的知识交流功效，并发现了自引在语义关联度、引用时滞等方面相较于他引的一些优势。在第五章中我们通过质性研究，借助访谈法和扎根理论方法剖析了学者的自引动机，并围绕自引动机发掘出其他一些相关要素，并基于扎根编码结果而构建起结构模型，借此阐释了自引动机、自引行为等的关系及作用机理。上述量化和质性两个方面的研究发现和结论，共同指向了一个关键问题，自引具有良好的知识交流属性，自引的主题性引用高于他引，反映出自引的施引文献与被引文献之间有着更强的主题相关性。此外，研究者对自引引文的评价普遍偏高，对他们自己的工作存在着较强的情感影响。综上所述，自引可以很好地表征科学研究的连贯性和继承性特征，可以用来追踪学者的学术轨迹，这为我们设计本书的实证研究方案、阐释本书的研究思路和基本原理，并为我们描绘学者的学术轨迹、认识学者在其学术生涯中的发展变迁等，都作出了有益的铺垫。

**（一）关键要素的关联机制**

本书以学者的研究兴趣作为第一核心概念，同时涉及学者的学术生涯、研究方向、研究主题等多个相关和相近概念。以自引为手段，通过考察学者研究兴趣的演化路径与迁移规律，以杰出学者为样本，目的在于揭示成功者学术轨迹的规律性特征和经验做法，最终是为青年学者的成长成才提供参照和借鉴。自引、研究兴趣、学术生涯等几个元素融入本书中，构成了一个颇具特色的研究体系。

一般来说，一位学者在其学术生涯中发表了多篇论文，这些文献成为学者学术档案的重要组成部分，每篇论文都记载了该学者在不同的阶段所从事的研究工作及其成果,包括研究的问题、方法、观点、结论等,文中和文后所附的参考文献反映了学者在该篇论文研究和写作时所使用的知识素材,这些信息都为我们探寻该学者的研究轨迹提供了重要的原始数据支撑。当中所包含的自引信息,是学者的自引行为留下的痕迹。自引源于学者的现实需要,多是为了给当前的研究提供佐证、比对、支撑,本意是利用过去的研究成果为当前的研究工作提供所需的知识,由此带来的衍生作用是学者亲手在他们自己所发表的文献之间建立起了知识关联,而且这种知识关联强度往往大于他引。而自引所表征的这种知识关联实际上揭示了学者研究工作的连续性,这就为我们从自引角度切入考察学者的研究兴趣演化与变迁提供了关键的线索。

兴趣代表着人对客观事物的选择性态度,是一个人积极探究某种事物的认识倾向,在科学研究中,往往直接转化为人们对某一课题始终如一、坚持不懈的探索精神。学者的研究兴趣可由学者所从事的研究主题来反映,具体外化为学者所发表的成果。学者的研究兴趣可以通过对学者进行调研的方式直接获取,也可借助其所发表成果的主题来间接地捕捉,在文献计量学领域,后一种方式更为常见,即通过对学者所发表文献的研究主题进行分析,以此来表征和考察学者的研究兴趣。所以,本书认为文献的研究主题即便不能完全等同于学者的研究旨趣,至少可以用来展现学者的研究兴趣。另外需要指出的是,学者的研究兴趣在一段时期内具有相对的稳定性,学术研究是一种深入复杂的专业性比较强的探索活动,对于研究者的专业知识和技能有着较高的要求,也需要研究者持续而专注地思考和挖掘才能有所发现,所以,对于大多数研究者来说,他们不太可能在同一时期里任意切换研究方向,从事多个不相关主题的研究工作。学者研究方向的相对稳定性,表现为学者在某个时期所发表系列论文的研究主题的连贯性与研究内容的强相关性,这种连贯性和关联性的外在表现形式之一即为自引。因此,我们认为可以通过自引来揭示学者研究兴趣的连续性。而从较长的时期来看,学者的研究兴趣不可能在几十年间不发生任何改变,所以说研究兴趣具有相对的稳定性,而非绝对的稳定性。即便是大的专业方向保持基本一致，但具体的研究工作，在主题、内容、范式、观点和结论等各个方面必然会不断实现突破与创新。时代发展之需要、学科发展之需要、团队发展之需要、平台发展之需要、个人发展之需要等多个方面因素综合作用，必然会导致学者的研究兴趣在较长的时间轴上发生不同程度、不同频率的转变。

我们对学者研究兴趣的考察是置于学术生涯这个场域之中的，学术生涯包含了空间和时间两个交叉维度，其中，在空间维度下我们关注于学者的研究活动，以及嵌入研究活动中的成果、影响力、自引、合作、兴趣等多个方面，着重考察自引行为和研究兴趣；在时间维度下我们追踪学者在其相对较长的学术生涯中研究兴趣的演化与变迁，以及学者研究兴趣的演化与变迁对于其科学研究事业的影响，试图捕捉学者成长成才的一些规律性特征。因此，学术生涯这一概念，既是本书的出发点和落脚点，也是整个研究的基本场域。一位学者的学术生涯从开始至结束，可能会持续数十年之久，自引是学者在各个时期所开展的科研活动留下的"蛛丝马迹"，为我们探索学者的学术生涯提供了一类非常特殊的线索。学者的研究兴趣是其学术生涯的一个重要方面，它在一定程度上决定着学者会开展什么样的研究、获得什么样的成果、达到什么样的影响力，也左右着学者学术生涯的走向。

**（二）方案设计和基本原理**

1. 方案设计

基于自引网络描绘学者研究兴趣的演化路径，剖析演化特征与迁移规律；整体上遵循"从个体实证研究到群体规律总结再到创新决策支持"的基本路线，以杰出学者为例，本书不同于以往同类研究多以诺贝尔奖获得者作为样本的惯例，而是选择本土案例，从国内学者中选择颇具权威性和代表性的杰出学者，以中国科学院和中国工程院院士为对象，首先针对个案进行逐个计量分析，考察个体的演化和迁移特征，再由个体映射至群体，通过对一定样本规模个体特征的归纳和统计，提炼学者整体呈现出的一般规律。学者的研究兴趣由其发表论文的研究主题与内容来表征，自引网络的节点和关系及其聚类结构刻画了学者研究兴趣的演化与迁移轨迹。我们将"演化"定义为一个渐进的探索和累积过程，当中既有传承又有革新，"迁移"是从一个话题向另一个话题的转变；演化的过程包含迁移，而迁移标识了演化的关键节点。

以"学者研究兴趣的演化与迁移"为主线，沿着四个步骤实现预期目标：

第一步：理论和方法梳理。研读国内外相关文献，把握研究现状和重点，了解最新成果及前沿动态，为本书提供必要的理论支撑和方法依据。该部分主要回答两个问题：（1）为何要关注学者研究兴趣的演化与迁移？理清学者学术生涯发展与变迁、研究兴趣演化与迁移等相关概念内涵与外延以及相互之间的逻辑关系，认清此类问题研究对于理解创新本质和人才成长规律的重要意义。（2）为何要从自引视角考察研究兴趣演化与迁移？比较自引与他引的区别和联系，分析自引在表征知识交流、学术传承方面的特色与优势，论证从自引视角考察学者研究兴趣演化与迁移的科学性、必要性和可行性。

第二步：自引网络的构建与分析。选取样本对象，依托每位学者的论文、引文及其自引关系构建个体自引网络并进行可视化展示与分析，当中几个关键性的操作包括：一是中外文数据的整合，鉴于国内学者在中外文期刊上均有发文，所以需要分别从 WoS 数据库获取外文数据，再从 CNKI 获取中文数据，建立起每位样本学者的完整论文集合，并构建中外文文献及其引文信息之间的映射关系；二是根据论文发表的实际年份为每篇自引文献添加时间标签，以首篇论文的发表时间作为学术生涯起点，计算每位学者学术生涯的长度，在自引网络的可视化展示中，加入了学术生涯时间轴，便于对学者的自引网络结构及研究主题演化状况进行历时角度的动态分析；三是采用 LDA 主题分析方法从自引网络各个聚类所包含的文献中提取主题概念，将每个聚类视为一个主题方向，以此表征学者的研究兴趣，结合整个自引网络的结构特征，以学术生涯时间轴为参照，考察每位学者在其学术生涯不同阶段研究兴趣的演化与迁移情况；四是先通过每个学者个例的计量分析获得个体的特征与规律，再对全部样本对象的个体演化特征进行统计分析，归纳共性特征和一般规律，同时关注不同学科领域的差异性。

第三步：揭示演化特征与迁移规律。基于自引网络分析所提炼出的学者研究兴趣的演化特征与迁移规律，剖析演化迁移的机理，重点回答以下问题：一是演化的驱动力是什么？对不同时期学者的个人属性、发文及引文特征及其所处的内外部环境进行综合考察，寻绎演化的内在动力和外在推力，探测学者研究兴趣演化的机理与趋势。二是如何迁移？学者在学术生涯中的研究兴趣一般经历多少次迁移？迁移发生在何时？向何处迁移？主要通过研究话题时空分布特征的统计分析来解决这些问题。三是为何迁移？将迁移放置于纵向和横向两个维度的分析框架中，纵向是针对学者学术生涯发展变迁脉络的历时分析，横向是对迁移发生当期学者各方面情况的比较分析，探寻迁移的原因、影响因素和动机。四是迁移产生了何种影响？重点考察研究兴趣迁移是否影响学者的科研生产力和学术影响力。

第四步：考察结果的思考与应用。综合上述几个部分的结论和发现，基于实证研究中所获得的统计数据和分析结果，从学者学术生涯变迁及研究兴趣演化与迁移角度，剖析科学发展规律与创新人才成长规律，揭示杰出学者成功成才的路径与模式并从中归纳经验启示，最后将研究结论应用于创新决策过程中。面向青年学者：为其学术生涯规划与管理提供有针对性的建议，增强广大青年学者对研究兴趣演化与迁移规律的认识和把握，使其沿着现实可循的有效路径科学选题，适时合理地切换研究方向。面向科研管理部门：提出创新人才工作机制的改革方案，提升科研管理部门对科学发展规律和人才成长规律的重视程度与运用水平，精准施策以完善科技创新政策、优化人才成长环境、提升资源配置效率。

2. 原理阐释

本书方案中最为核心的部分是实证研究部分，从 CNKI 和 Web of Science 中获取论文及引文数据,从中识别出自引关系对来构建自引网络,基于自引网络来识别和追踪学者研究兴趣的演化与迁移,技术路线如图 5-2 所示。这是本书的创新点之一,构建学者研究兴趣自动识别和动态追踪的新方案,从自引视角出发构建学者研究兴趣定量分析的新范式。前文已对本书方案中所涉及的自引、研究兴趣、学术生涯等几个核心要素的关联机制进行了梳理和说明,为本书设计的实证分析方案提供了直接的理论依据。此基础之上,我们对其背后的作用机理和分析原理作如下阐释:

论文既是承载学者研究成果和发现的主要载体,也是学者相互之间进行知识交流和分享的重要载体,为考察学者学术生涯变迁及研究兴趣演化提供了重要的线索和依据。从引文分析的视角来看,文献可视为显性知识的载体,学者阅读被引文献相关内容进而内化为隐性知识,并通过创造新的显性知识的方式实现论文创作,而通过引用方式实现知识在科学文献中的传承,可视为知识扩散的过程。[①] 科学研究是一项连续性的活动,也是一个不断更新完善的过程,通常不会有剧烈的变化。一位学者在其学术生涯的不同阶段所发表的一系列成果,这些先后发表的成果具有方向上的一致性、内容上的关联性和思路上的继承性,尤其是在相同或相近时期所发表的成果,彼此之间在方向或内容上大多存在着紧密关联。自引将这些具有一致性、关联性和继承性的成果串联起来,构成了记录学者研究活动足迹的完整链条,所以,自引为我们考察某一学者学术生涯的研究轨迹、某一学科领域的知识结构及其演化路径等提供了重要的支撑。当某一时期自引量很少甚至为零时,说明作者又转向了新的研究领域或者建立起新的合作关系。利用自引可以探测出作者职业生涯和研究领域的变迁,能够识别出正在出现的新兴研究主题以及作者研究主题的变化情况。

学者研究兴趣的演化是科学发展的基本驱动力。一位学者在某个时

---

① 李江:《基于引文的知识扩散研究评述》,《情报资料工作》2013 年第 4 期。

期通常专注于一个或两个研究主题，而在学术生涯的不同阶段，其研究兴趣会在不同主题之间迁移。[①] 各个时期发表的论文如实地记录了学者的探索历程和活动足迹，自引将这些论文缝缀拼接成完整的链条并在时间轴上呈现出其前后承接关系，从而为考察学者研究兴趣演化提供了新思路和新途径。自引表征着作者的研究工作具有连贯性和稳定性，在相同或相近时期内一般不会有剧烈变化，若在某个阶段自引很少甚至为零时，说明作者转向了新的研究主题。以文献为节点的自引网络展示了学者研究兴趣的演化脉络，其聚类结构则显示出研究兴趣的迁移轨迹。因此，我们提出了基于自引网络识别和追踪学者研究兴趣的演化与迁移的思路和方案。如图5-2所示，每位学者在其学术生涯的不同时期所发表的论文通过自引结成一个网络，其中节点代表论文，连线代表自引关系，箭头从被引文献指向施引文献，显示出知识流动的方向。通过时间轴展示出其学术生涯中自引文献的主要脉络，借助主题模型识别和标识每个社群的话题。将论文发表年份作为时间标签，用于建立时间线并界定演化与迁移的时间节点或区间。

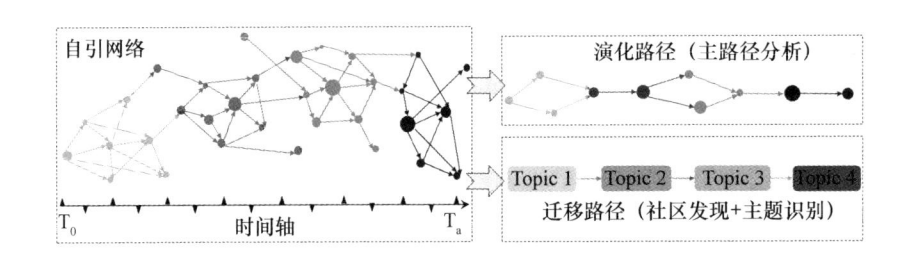

图5-2 基于自引网络识别研究兴趣演化与迁移的示例

## (三) 需要考虑的其他方面

从自引视角出发，基于自引网络的结构来识别和追踪学者研究兴趣

---

[①] 丁敬达、陈一帆：《专注—持续—延伸：基于主题的诺贝尔奖获得者研究模式探析——以物理学领域为例》，《图书馆杂志》2023年第8期。

的演化与迁移，我们通过自引与他引的比较、自引动机的调查分析等多个方面，为该方案的实施提供了理论和现实依据。尽管如此，该方案在实际执行过程中仍存在很多的挑战和障碍，主要表现为以下几个方面。

1. 引用是否规范的问题。本研究就本质而言是基于引文分析的原理和方法实现的，引文数据，尤其是自引数据的质量直接决定着计量分析结果，以及本研究所获得的结论与发现。换言之，我们的研究结论是否准确可靠，在很大程度上取决于自引数据是否完整、有效，是否能够全面准确地反映施引文献和被引文献之间在研究主题和内容上的连续性与相关性。我们在关于自引动机及行为的访谈过程中发现，很多学者对于自引现象的认知比较有限，在引用过程中可能存在着随意性、随机性等，例如，同一研究者所发表的两篇主题相同、内容相关的文献之间并未建立自引关联，导致一些有效自引关联的缺失，这样一来，自引数据实际上并不完整；再如，虽然受访的研究者都表示不存在不当自引的行为，但实际上不当自引具有极强的隐蔽性，我们只能积极乐观地相信学者的自律和诚信，不当自引的隐患却不能完全排除。如若样本中包含不当自引的情况，必然会让两篇不相关或者相关性不大的文献建立起虚假的知识关联。综合上述两个方面，自引数据的完整性和准确性，将对本书的实证研究结果和结论产生直接而显著的影响，如何能够尽可能地确保自引数据的完整性和准确性，是我们随后在实证研究中需要重点面对的一大挑战。

2. 研究兴趣迁移的原因分析。学者的研究兴趣并非完全出于个人喜好，而是多方面因素综合作用的结果，或者说是学者对各个方面的因素进行综合考虑、权衡利弊之后所作出的理性选择。通过自引网络的计量分析和可视化展示只能揭示表层的特征和规律，而深层次的原因和机理却无法通过单纯的文献分析来发掘。这就需要我们广泛地收集和梳理样本学者各方面的属性特征和相关信息来进行综合分析，构筑多维分析框架以探测研究兴趣演化与迁移的机理。除了论文本身所包含的几类知识单元以外，还需要从简历、机构网站、个人主页等渠道获取学者的身份特征、学术背景、社会关系、学缘关系等多重信息，通过多源数据和多元指标的融合，在多维分析框架下，剖析学者研究兴趣的演化趋势与机理，探测研究兴趣迁移的原因与动机。透过现象探寻本质，由个体特征总结群体规律，采用质性与量化相结合的方法，沿着"统计—分类—归纳—演绎—反馈"的线路，循环往复地推进、认知渐趋深入，在此过程中需要综合考虑内生变量与外生变量、必然因素与偶然因素，逐步发掘一般规律与特殊规律。

3. 学者学术生涯的表达与展现。科研事业不只存在着严格的准入门槛，还存在着残酷的竞争、筛选和淘汰机制，实际上，学术生涯早夭的学者并不在少数。学者的学术生涯或长或短，从事不同的学科专业，发表的成果或多或少，引用习惯各异，年龄各异，所取得的研究成果的种类也多种多样。例如，有些学者只发表中文论文或者只发表英文论文，有些学者同时发表中文和英文论文；学者所取得的科研成果包括论文、专利、报告、著作等多种不同的形式，如果只依据论文来考察其研究兴趣和学术生涯，必然使我们的研究结果具有片面性和局限性；著作等身的年长学者和刚刚躬身入局的年轻学者，学术生涯较长的学者和学术生涯较短的学者，也无法进行直接的比较，等等。这些现实的问题实际上给本书所提出的研究方案的实施带来了一定的压力和挑战。

综上所述，本书所面临的种种挑战和障碍并非无法逾越，只是要求我们在随后的实证研究部分针对上述几个方面作出有针对性的回应和克服，例如，在样本对象选择方面尽量挑选更具代表性和可比性的学者；在数据的获取和分析处理方面要兼顾中英文文献的映射和衔接问题；在研究结论和发现部分应尽量作出更为客观和可信的分析与解释。通过更细致入微的研究设计和实施，尽可能地避开上述问题或者尽量减少上述问题可能带来的负面影响，使研究结论更可靠、更能让人接受和信服。

# 第六章

# 杰出学者自引网络的计量

本书从自引视角出发,构建针对学者研究兴趣进行定量分析的新范式,制定学者研究兴趣自动识别和动态追踪的新方案,第4章和第5章从多个方面寻找证据,从理论上证明和阐释了这一研究方案的科学性与合理性,在此基础之上,本章将其应用于实践,以验证其可行性与有效性,更重要的是借助自引网络的计量分析结果来揭示学者研究兴趣的演化与迁移的规律,为后续章节的应用和对策研究提供基本依据。以杰出学者为例,获取其发文及引文数据,从中识别出自引关系,然后构建出每位杰出学者的自引网络,当中加入时间要素,通过自引网络的可视化展示与分析,进一步利用 LDA 主题模型识别学者的研究兴趣,综合自引网络结构分析和主题分析两方面的数据和结果来考察和追踪学者研究兴趣的演化路径与迁移规律。

## 一 数据与方法

### (一) 样本选择

顶尖科学家是人类科学事业公认的引领者和开拓者,通过对顶尖科学家的学术影响力变化规律进行研究,可以量化他们在学术职业生涯中的影响力,并揭示他们学术表现的兴衰变化过程,从而为发现顶尖人才成长规律提供依据,为制定杰出人才培养引进政策提供参考,因此具有重要意义①。以往关于顶尖科学家或杰出学者的实证研究，大多选择诺贝尔奖获得者、菲尔兹奖获得者等享誉国际的科学家，当然，这些科学家大多数来自西方。他们的学术成就和成功经验固然可供全世界的科学家学习和借鉴，科学没有国界，但实际上，学者成长与其所处的制度、环境、文化等是密不可分的，西方学者的成功经验未必能够为我国学者所用。鉴于此，本书选择中国本土的杰出科学家作为研究对象，相同的制度、环境和文化使得国内的杰出科学家的成功经验对于中国青年学者的成长成才来说，更具参考价值和借鉴意义。

院士是许多国家在科学技术领域设立的最高学术头衔，通常为终身荣誉。中国、美国、俄罗斯、欧洲等世界上的主要国家和地区都实施了院士制度。中国的院士分别包括中国科学院院士和中国工程院院士，这些院士在各自的领域都是资深的专家，他们拥有卓越的学术成就并享有崇高的学术荣誉。1948年3月，我国选出了第一批院士，共81人，涵盖自然科学和人文社会科学。选举的标准以学术成就为准，践行非政治化的推选理念，后续各届的增选都遵循了这一原则。只要是在科学技术领域有系统的创造性成就，具备爱国情怀，学风端正，同时必须是中国国籍的专家或学者（外籍院士除外），都有可能被推荐当选院士。由此可见，院士基本上可以作为中国杰出学者的有效代表。本书之所以以院士为例进行研究，除了学术成就、学术声誉等方面的考虑以外，还因为院士大多具有较高的发文量和被引量，而且具有相对较长的学术生涯，能够更好地满足本书计量分析对样本数据的要求。此外，院士至高无上的学术地位和声誉，使其随时随地都处于学术共同体和公众的监督之下，不当自引发生的可能性更低，这样就使得我们获取到的自引数据更为真实有效。

通过查阅中国科学院和中国工程院的官方网站了解到，中国科学院共分六个学部：数学物理学部、化学部、生命科学和医学学部、地学部、

---

① 高志、陈兰杰、张志强：《顶尖科学家的学术影响力变化规律研究进展》，《图书情报工作》2016年第6期。

信息技术科学部、技术科学部；中国工程院共分九个学部：机械与运载工程学部，信息与电子工程学部，化工、冶金与材料工程学部，能源与矿业工程学部，土木、水利与建筑工程学部，环境与轻纺工程学部，农业学部，医药卫生学部，工程管理学部。上述 15 个学部基本覆盖了所有的学科专业，包括自然科学、工程技术、生命医学、农业科学等基本大类，工程管理学部包含了部分来自人文社会科学领域和交叉学科领域的学者。因此，以来自 15 个学部的院士为样本，可以在一定程度上确保样本对象的学科专业覆盖度足够广泛。

截至本书开展实证研究之时，国内最近一次增选院士是 2021 年 11 月 18 日公布的 2021 年院士增选结果，该批次共有 149 人当选（不包括外籍院士），其中，中国科学院增选院士 65 人，中国工程院增选院士 84 人。本章将这 149 名院士作为样本对象开展自引网络实证研究。之所以选择这一批次的院士，主要是因为年龄方面的考虑，这批院士的年龄分布在 45 岁至 65 岁，多为 20 世纪 60 年代出生：首先，他们仍然身处科研第一线，且正处于科研巅峰时期，是目前在各个学科领域中最为活跃，也最具影响力的中流砥柱。其次，45—65 岁的年龄，确保了他们基本上都拥有 20 年以上的学术生涯，本章针对自引网络开展的计量分析，要求样本对象必须拥有相对较长的学术生涯，如若科研经历过短，根本无法追踪其研究兴趣的演化与变迁。最后，出于数据可获得性的考虑，虽然中国知网的学术期刊库声称最早可以回溯到 1915 年的期刊论文，但实际上该数据库收录的 1980 年以前发表的论文数量非常少，我们选择这些 45—65 岁年龄段的学者，他们发表的论文基本上是始于 20 世纪 80 年代及以后，这样可以确保通过中国知网的学术期刊数据库所获取的院士发文及引文数据更完整。综上所述，往届院士可能存在年龄过大的问题，有些可能已经离世或者终止科研工作，其早期发表的论文也难以通过文献数据库检索和获取；年龄过小的学者，由于学术生涯过短、发文量过少等原因，而无法构筑起理想的自引网络。因此，选择 2021 年新增的这批院士作为样本，其年龄恰好能符合我们的实证研究对于数据的各方面要求。

我们对这149名院士的基本信息进行检索和查阅,发现在中国工程院院士中,张院士和周院士的发文信息无法通过数据库公开获取。除张院士和周院士外,其他147位院士发表的论文可以通过 Web of Science 和中国知网两大数据库检索和获取。在随后的实证研究中我们全部以这147位院士作为样本对象,其学科分布情况如图6-1所示。

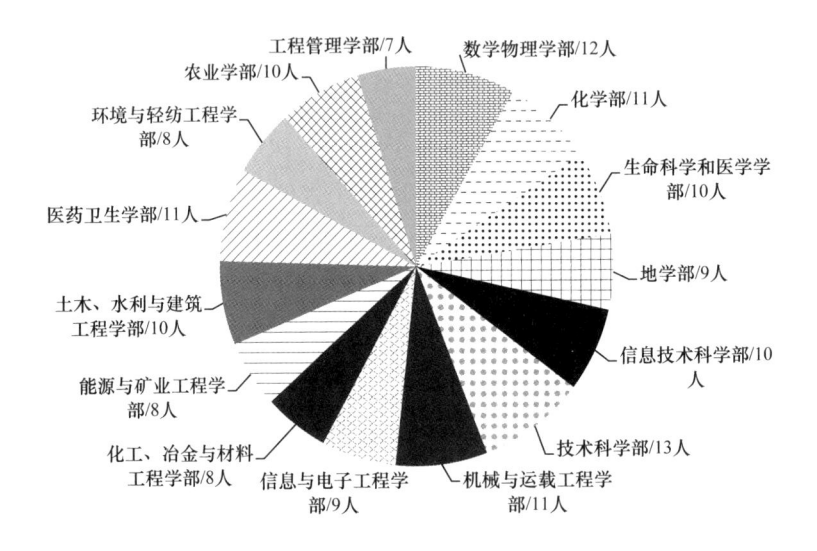

图6-1 我国2021年新增院士的学科分布一览

**(二) 数据获取**

对于各个学科领域的学者来说,在学术刊物上发表的论文是记录和表现其研究发现的主要成果形式,而且学者在国内外学术期刊上发表的论文包含了比较完整的引文数据,更重要的是被文献数据库进行较为完整的收录和题录信息加工整理,允许我们以公开的途径进行检索和批量下载,能够提供本书所必需的发文及引文数据,所以,我们选择期刊论文作为数据来源,从中提取自引关系。考虑到很多学者同时发表中文和英文两种形式的论文,我们分别通过 Web of Science(WoS)和中国知网(CNKI)的期刊数据库来获取英文和中文论文,这两个平台都是目前文献计量学领域主流的科技文献检索平台。其中，WoS 支持题录信息（含参考文献）的批量下载，中国知网可批量下载论文的题录信息，但不能直接下载参考文献列表，我们另通过爬虫工具来下载中文论文的参考文献数据。

在进行文献数据库检索之前，先对 147 位院士的基本信息进行手动搜索，包括百度百科、个人主页、所在单位的官方网站等，收集和了解各位院士的基本信息，包括当前的工作单位和过往的工作单位。其发表的外文文献数据的获取过程为：在 WoS 平台上，切换到研究人员检索界面，依次输入 147 位院士的英文姓名进行检索，论文的发文时间不作任何限制，通过作者 ID 和作者的单位信息对检索结果进行筛选，以排除同名作者发表的文献。然后以全记录（包含参考文献）形式下载各篇论文的题录信息，作为英文的发文及引文原始数据。样本学者所发表的中文文献数据的获取过程为：在中国知网的期刊数据库中，选择高级检索功能，检索项为作者，依次输入 147 位院士的姓名，检索系统会自动弹出作者认证提示框，当中包含了同名但不同人的各个作者，我们根据每位院士当前及过往的单位信息锁定正确的作者，然后获得相应的检索结果。然后批量下载每篇论文的题录信息，但是中国知网不支持直接下载参考文献列表。所以，我们又使用八爪鱼软件在中国知网数据库中对各篇论文的参考文献列表进行采集，将其补充到院士发文数据的后面。

在中英文论文的检索过程中，均不限定作者排序，也就是说，凡院士们署名的论文，无论是主导发表还是参与发表，全部作为样本数据参与本书所开展的实证研究。最后从两个数据库中共获取 55780 篇中英文论文，人均发文量达 379 篇。随后所开展的计算和分析均以这 147 名院士所发表的 55780 篇论文及其文后所附的参考文献作为基础数据。

### （三）研究方法

1. 自引关系的提取和自引指标的计算

"作者自引"是指在当前文献中作者引用他自己之前发表作品的情况。在本书中，我们没有对作者的排名进行限制。无论作者是以第一作者或通讯作者的身份发表论文,还是作为一般参与者发表的论文,均可作为施引文献和被引文献,从中提取自引关系。在已获取的论文及其参考文献数据集中,主要是在参考文献列表中对作者名字进行匹配。本书将中文和英文论文整合在一个数据集中进行处理,所以涉及中英文姓名的映射,这也是识别引文时最困难的一步,我们先要建立中文姓名和英文姓名的映射词表,对于英文姓名全面列举了作者姓名的全称、简称等各种拼写形式,依据这一词表在参考文献列表中进行匹配,提取出自引关系对,先是用 Python 程序进行自动匹配和识别,然后再根据机器识别出的自引关系进行人工判读和核查,以确认自引数据的真实性和准确性,在此基础之上建立起自引数据集。随后,在计算自引指标和构建自引网络时均以此自引数据集为基础。

在此需要说明的是,在识别自引关系时不限制样本学者的署名顺序,一位作者在其独著或者合著的论文中引用其之前独著或合著的另一篇论文即为自引,也就是说,在施引文献和被引文献的作者列表中,无论署名第几位,只要同时包含了该作者的名字,均可视为作者自引。但是在构建自引网络时,尤其是在对自引网络进行可视化展示时,我们将对每篇文献的作者身份进行区分,分为主导发文和非主导(以合著者身份参与)发文两种,以是否为通讯作者作为划分依据,若在一篇论文中,该样本作者是通讯作者,则称为主导发文,如果通讯作者信息空缺,则以第一作者替代,否则一律视为非主导发文。

2. 主要科学指标的统计

首先统计每位样本学者的主要科学指标,包括生产力 P(Productivity)、总被引次数 C(Citations)、篇均被引次数 AC(Average Citations)、自引证率 SCR(Self-citing Rate)、自引比例 SR(Self-citing Ratio)。其中,生产力 P 为作者发表文献的总篇数,包括中文论文和英文论文;总被引次数 C 为所有发表文献的被引频次之和,由中文论文的被引频次和外文论文的被引频次直接相加获得;篇均被引次数 AC 为平均每篇文献被引用的次数,由 C 除以 P 计算获得;自引证率 SCR 为该作者所引用的参考文献当中自引所占的比例,先计算该作者发表的论文所包含的参考文献总量,再由该作者的自引证数量除以其参考文献总量获得;自引比例 SR 为作者发表的所有文献中存在自引的文献所占的比例。

3. 构建自引网络

我们基于提取出的自引关系对构建自引网络矩阵,每个样本学者单独构建一个自引网络,网络中每个节点代表一篇文献,且该文献必然存在自引的情况,不包含自引关系的文献不予体现。也就是说,每个网络当中所包含的节点并非该学者发表的所有文献,而只是那些存在自引的文献。网络当中的连线代表着自引关系,该网络为有向二值网络,矩阵的行和列分别代表施引文献和被引文献,具体的方向为由被引文献指向施引文献;矩阵当中的数字为 0 或 1,0 表示两篇文献之间不存在自引关系,1 表示存在自引关系。

4. 论文的 LDA 主题分析

隐含狄利克雷分布(LDA)是一种能够对文档集内各文档主题进行概率分布刻画的主题模型。该模型将文档视为一种无次序的词的集合。每篇文档可以由多个主题组成,并且文档中的每个词都是从某个主题中产生的。LDA 是常用的主题模型,属于无监督学习算法的范畴。该方法不需要手工对训练样本进行标记,只需要借助一组文档和给定的主题数 k 便可执行。此外,LDA 还具有可以对任何主题进行描述的优势。作为一种成熟的主题分析模型,LDA 在文献计量学、图书情报学中获得了广泛的应用,在自然语言处理领域,包括文本挖掘(Text Mining)及其下属的文本主题识别、文本分类以及文本相似度计算方面都有应用。

在 LDA 模型中,一篇文档的生成过程如下:首先从狄利克雷分布 $\alpha$ 中取样生成文档 $i$ 的主题分布 $\theta_i$;然后从主题的多项式分布 $\theta_i$ 中取样生成文档 $i$ 第 $j$ 个词的主题 $z_{i,j}$;接着从狄利克雷分布 $\beta$ 中取样生成主题 $z_{i,j}$ 的词语分布 $\Phi_{z_{i,j}}$;最后从词语的多项式分布 $\Phi_{z_{i,j}}$ 中采样生成词语 $\omega_{i,j}$,因此整个模型中所有可见变量以及隐藏变量的联合分布是:

$$p(\omega i, zi, \theta i, \Phi \mid \alpha, \beta) = \sum_{j=1}^{N} p(\theta i \mid \alpha) p(z_{i,j} \mid \theta i) p(\Phi \mid \beta) p(\omega i, j \mid \Phi_{z_{i,j}})$$

(式6-1)

最终一篇文档的单词分布的最大似然估计可以通过将上式的 {\displaystyle \theta _{i}} 以及 {\displaystyle \Phi} 进行积分和对 {\displaystyle z_{i}} 进行求和得到。

$$p(\omega_i \mid \alpha, \beta) = \iint_{\theta_i, \Phi} \sum_{z_i} P(\omega_i, z_i, \theta_i, \Phi \mid \alpha, \beta)$$

(式6-2)

$p(\omega i \mid \alpha, \beta)$ 的最大似然估计，最终可以通过吉布斯采样等方法来估计模型中的参数。求解过程如下：遍历所有文档中的所有词，为其随机分配一个主题，即 $z_{m,n} = k \sim Mult(1/K)$，其中 $m$ 表示第 $m$ 篇文档，$n$ 表示文档中的第 $n$ 个词，$k$ 表示主题，$k$ 表示主题的总数，之后将对应的 $n_m + 1$，$n_m + 1$，$n_k + 1$，$n_k + 1$，它们分别表示在 $m$ 文档中 $k$ 主题出现的次数，$m$ 文档中主题数量的和，$k$ 主题对应的 $t$ 词的次数，$k$ 主题对应的总词数。之后对下述操作进行重复迭代。再次遍历所有文档中的所有词，假如当前文档 $m$ 的词 $t$ 对应主题为 $k$，则 $n_m - 1$，$n_m - 1$，$n_k - 1$，$n_k - 1$，即先拿出当前词，之后根据 LDA 中 topic sample 的概率分布 sample 出新的主题，在对应的 $n_m$，$n_m$，$n_k$，$n_k$ 上分别加1。迭代完成后输出主题—词参数矩阵 $\varphi$ 和文档—主题矩阵 $\theta$。

$$\Phi_{k,t} = (n(t)_k + \beta_t) / (n_k + \beta_t)$$

(式6-3)

$$\theta_{m,k} = (n(k)_m + \alpha_k) / (n_m + \alpha_k)$$

(式6-4)

本书在识别学者的研究兴趣时就采用了 LDA 主题模型，准确来说是在自引网络的基础之上，综合采用聚类分析和 LDA 主题模型，来识别学者的研究兴趣。首先构建每位样本学者的自引网络，在对自引网络进行聚类分析之后，将整个自引网络划分为几个不同的聚类。再结合原始数据集，进一步找到每个聚类所包含的全部节点文献，获取其题目和关键词，运用 LDA 对每个聚类进行主题识别。首先借助困惑度找到最优主题个数，结果显示，大多数聚类最优主题个数为1个，即一个聚类只包含一个主题，这也在一定程度上说明内置的社区检测算法的有效性。接着，每个主题输出前十位的高概率关键词。最后，借助每个主题下的关键词进行总结，归纳出这个聚类的主题，我们将此主题视为作者的一个研究兴趣。

## 二 杰出学者的主要科学指标统计

我们计算了每位样本学者的主要科学指标，包括表征科学生产力的发文量 P、表征学术影响力的总被引次数 C、兼顾科学生产力和学术影响力的篇均被引次数 AC，以及反映作者自引情况的两个指标——自引证率 SCR 和自引比例 SR。我们分别计算了全部 147 位学者上述各个指标的平均值，以及各个学科的学者上述各个指标的平均值，以展示样本学者的主要科学表现和不同学科之间的差异性，统计结果汇总整理后如表 6-1 所示。为直观展示和比较表中的统计数据，我们依据发文量 P、总被引次数 C 和篇均被引次数 AC 三个指标的数据绘制了散点分布图（如图 6-2 所示）；为直观展示自引指标在不同学科之间的差异，我们专门绘制了自引证率和自引比例两个指标的柱状图（如图 6-3 所示）。

表 6-1　　　　样本学者主要科学指标的统计结果

| | | 发文量(P)(篇) | 总被引次数(C)(次) | 篇均被引次数(AC)(次) | 自引证率(SCR)(%) | 自引比例(SR)(%) |
|---|---|---|---|---|---|---|
| | 全部样本 | 379 | 9821 | 23.97 | 4.71 | 34.52 |
| 中国科学院 | 信息技术科学 | 355 | 5947 | 13.54 | 5.67 | 24.61 |
| 中国科学院 | 数学物理学 | 258 | 6901 | 29.69 | 4.76 | 37.87 |
| 中国科学院 | 生命科学和医学 | 342 | 9003 | 40.41 | 4.37 | 41.12 |
| 中国科学院 | 技术科学 | 461 | 11132 | 19.87 | 4.79 | 32.52 |
| 中国科学院 | 地学 | 379 | 18438 | 43.15 | 6.09 | 59.72 |
| 中国科学院 | 化学 | 509 | 15339 | 31.02 | 2.64 | 21.63 |
| 中国工程院 | 医药卫生学 | 374 | 8469 | 22.31 | 4.37 | 37.92 |

续表

|  |  | 发文量<br>（P）<br>（篇） | 总被引次数<br>（C）<br>（次） | 篇均被引次数<br>（AC）<br>（次） | 自引证率<br>（SCR）<br>（%） | 自引比例<br>（SR）<br>（%） |
| --- | --- | --- | --- | --- | --- | --- |
|  | 全部样本 | 379 | 9821 | 23.97 | 4.71 | 34.52 |
| 中国工程院 | 信息与电子工程学 | 298 | 3537 | 13.11 | 5.97 | 29.49 |
| 中国工程院 | 土木、水利与建筑工程 | 337 | 6664 | 15.52 | 5.45 | 31.90 |
| 中国工程院 | 农业 | 431 | 14192 | 27.22 | 4.53 | 42.96 |
| 中国工程院 | 能源与矿业工程 | 351 | 10420 | 27.45 | 4.91 | 31.82 |
| 中国工程院 | 机械与运载工程 | 279 | 5934 | 17.42 | 3.70 | 30.30 |
| 中国工程院 | 环境与轻纺工程 | 495 | 13154 | 22.65 | 2.84 | 33.16 |
| 中国工程院 | 化工、冶金与材料工程 | 552 | 11036 | 17.30 | 3.65 | 31.03 |
| 中国工程院 | 工程管理 | 237 | 7092 | 15.62 | 7.16 | 28.67 |

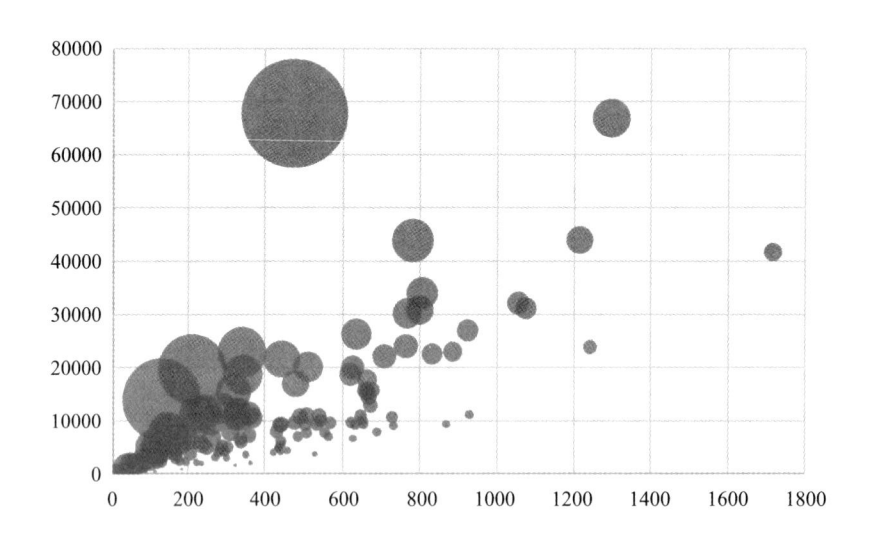

图6-2 样本学者科学生产力和学术影响力的数值分布

第六章 杰出学者自引网络的计量

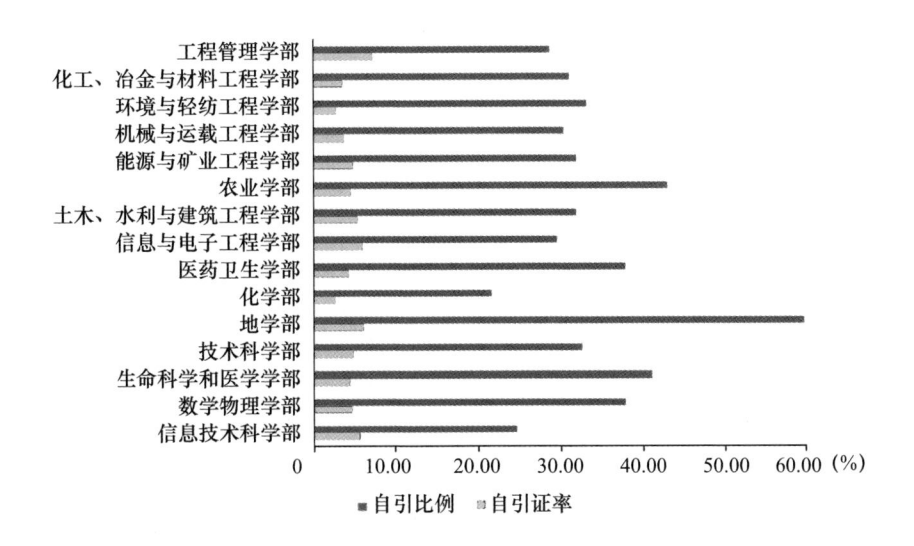

图6-3 各学科自引证率和自引比例的比较

## (一) 科学生产力和学术影响力

本书选取的147位样本学者的发文量和被引频次等指标存在一定的差异，但总的来说，大部分院士都具有极高的科学生产力和学术影响力。从发文量指标所表征的科学生产力来看，147位学者的发文量平均值为379篇，远远高于一般学者的发文量。其中，有6位院士发文量都在1000篇以上，包括中国工程院张院士（化工、冶金与材料工程学部）、沈院士（农业学部）、杜院士（土木、水利与建筑工程学部）、贾院士（工程管理学部）和中国科学院顾院士（技术科学部）、刘院士（信息技术科学部）；只有31位（21.09%）院士的发文量少于100篇。

在学术影响力方面，147位院士总被引次数的平均值为9821次，其中，中国科学院朴院士（地学部）和中国工程院沈院士（农业学部）的被引频次分别高达67771次和66936次，样本集合中有近一半（46.26%）的院士被引频次在10000次以上，但具体到个人，每位院士获得的被引频次也存在一定的差异。综合篇均被引次数指标来看，147位院士该指标的平均值为24次，其中，中国科学院朴院士（地学部）和林院士（生命科学和医学学部）的篇均被引次数超过了 100 次。其中，朴院士的发文量和总被引频次都很高（475 篇，67771 次），而林院士在样本集合中总被引量为 13941 次，只是处于中等偏上水平，但因发文量不是很大（128 篇），所以导致篇均被引次数比较高。尽管院士们的发文量和总被引频次具有比较突出的优势，但是综合这两个方面的表现来看，本书的样本集合中确实存在着一批科学生产力和学术影响力双高或双低的学者，例如，沈院士、贾院士、张院士、刘院士、顾院士和杜院士的发文量和总被引次数都很高，在科学生产力和学术影响力两个方面均有非常卓越的表现。尽管如此，高生产力低影响力或者低生产力高影响力的学者大有人在，例如，中国科学院信息技术科学部的郑院士发表的 323 篇论文所获得的被引次数累计为 1610 次，篇均被引次数不足 5 次。

### （二）自引率指标

自引比例指标反映了自引行为在计量对象群体当中是否普遍存在。从自引比例指标来看，在 147 名院士当中，仅有 8 名不存在自引，当然，这 8 名院士的发文量和总被引次数也都很低。除此以外，139 名院士（94.56%）都曾在其发表的论文当中存在着自引行为，其中，中国科学院地学部的朴院士和邓院士的自引比例很高，分别为 78.11% 和 75.62%，也就是说，这两位院士所发表的论文中有超过 3/4 的论文都引用了他们自己之前发表的论文。近 20% 的院士所发表的论文中有一半以上包含了自引，全部样本学者的自引比例平均值为 34.52%，从平均值来看，样本集合中超过 1/3 的论文都存在着自引。可见，自引在院士群体中也是非常普遍的现象，近 95% 的院士都曾在他们自己的论文中或多或少地引用他们自己的前期成果。

自引证率指标体现出作者的参考文献集合中自引文献的占比，即作者获取的知识中有多少比例来自本人，在以往自引主题的研究中，常以此判断作者研究方向的稳定性和独特性，若自引证率较高，则说明作者在从事科学研究时，知识来源中较大比例来自他们自己的知识库，这可以在一定程度上说明其研究方向具有相对的稳定性和连续性，也有可能是作者的研究方向具有独特性，从事该类研究的学者及相关成果很少，作者难以从外部获取所需知识，所以必须较多地从他们自己的知识库中获取知识素材。借助于147名院士的自引证率指标来看，各位院士的自引证率大小不等，有8名院士的自引证率为0，前文曾指出，这8名院士本身发文量和被引量都比较低，除此以外，剩余的139名院士拥有0.54%—26.33%不等的自引证率，平均值为4.71%；在样本群体当中，中国工程院工程管理学部的林院士和中国科学院信息技术科学部的朱院士的自引证率指标最高，分别为26.33%和25%。由此可见，本书所选择的院士代表拥有大小不等的自引证率，可以肯定的是，自引是学者获取知识的一种来源和方式，但不是主要的来源和方式，自引证率最大的情况也不过是1/4的知识来源于自引，就平均值4.71%来看，这一比例就更低了，样本学者所引用的知识当中只有不到5%来源于自引。但从科学研究的继承性来看，即便自引证率整体不大，但也是学者知识来源中不可或缺的重要组成部分。

### （三）学科差异

通过发文量和被引次数指标来比较各个学科之间在科学生产力和学术影响力方面的差距。就人均发文量来看，各个学科从237—552篇不等，其中，化工、冶金与材料工程学部的人均发文量最高为552篇，其次是化学部（509篇），说明在院士群体当中，化学化工类的学科最为高产；环境与轻纺工程学部（495篇）、技术科学部（461篇）和农业学部（431篇）次之，上述五个学部的人均发文量都远超全部样本群体的平均值（379篇），说明五个学科的科学生产力较高。与此同时，信息与电子工程学部（298篇）、机械与运载工程学部（279篇）、数学物理学部（258篇）、工程管理学部（237篇），这四个学部的人均发文量都在300篇以下，远低于全部样本群体的平均值，说明这四个学科的科学生产力相对较低。就人均被引频次指标来看，地学部的人均被引频次最高（18438

次），化学部（15339次）和农业学部（14192次）次之；环境与轻纺工程学部（13154次），技术科学部（11132次），化工、冶金与材料工程学部（11036次）、能源与矿业工程学部（10420次）再次之，上述七个学科的人均被引量都在平均值（9821次）以上，属于学术影响力相对较大的学科。相比较而言，信息技术科学部、机械与运载工程学部和信息与电子工程学部的学术影响力相对较低。另结合篇均被引次数指标来看，地学部的篇均被引次数最高（43次），其次是生命科学和医学学部（40次）；而篇均被引次数最低的是信息技术科学部（14次）和信息与电子工程学部（13次）。综合科学生产力和学术影响力两个方面来看，化学部和农业学部属于科学生产力和学术影响力双高，数学物理学部、工程管理学部、信息与电子工程学部等都属于科学生产力和学术影响力双低的情况。在此需要说明的，本节对于科学生产力和学术影响力所获得结论，是针对院士这个特殊的样本群体进行的比较分析，高或者低都特指这个群体内部的比较情况，整体而言，院士的科学生产力和学术影响力仍是远远领先于一般学者的。

从自引比例指标来看，全部样本学者的自引比例平均值为34.52%；其中，地学部的自引比例最高（59.72%），其次是农业学部（42.96%）和生命科学和医学学部（41.12%），医药卫生学部（37.92%）和数学物理学部（37.87%）也有超过1/3的论文存在自引行为；信息技术科学部（24.61%）和化学部（21.63%）的自引比例最小，但是仍有超过20%的论文存在自引行为。可见，在样本集合中有相当比例的论文存在着自引行为，不同学科在自引比例上存在着一定的差异。

从自引证率指标来看，不同学科之间也存在着明显的差别。全部样本群体自引证率的平均值为4.71%，其中，工程管理学部的自引证率最高（7.16%），其次是地学部（6.09%）。此外，信息与电子工程学部（5.97%），信息技术科学部（5.67%）和土木、水利与建筑工程学部（5.45%）的自引证率相对较高。在一定程度上说明这些学科在科学研究中所使用的知识有更大的比例来自本学科。相比较而言，化学部

(2.64%)、环境与轻纺工程学部(2.84%)、化工、冶金与材料工程学部(3.65%)、机械与运载工程学部(3.70%)等对本学科知识的引用比例相对较少。整体而言，各个学部的自引证率指标都不算很高，即便是工程管理学部7.16%的自引证率，也是在合理的数值区间内，远远低于以往自引主题研究中学者所提出的20%的预警值。

综合自引比例和自引证率两个方面，通过不同学部之间的横向比较发现，中国科学院各个学部的自引比例普遍高于中国工程院各个学部，而中国科学院各个学部的自引证率却普遍低于中国工程院各个学部，这一发现可被视为是基础科学研究和工程技术研究在自引行为上的差别，即基础科学研究领域的自引行为更为普遍，但在引用知识来源中来自本学科的知识占比相对较低；而工程技术类研究的自引行为相对较少，但引用知识来源中本学科的知识所占的比重相对较大。

综上所述，通过对147位院士的主要科学指标及自引指标进行分析和比较后，我们获得了两个方面的发现：一是院士们在其职业生涯中，普遍具有非常突出的学术生产力和学术影响力，对于大部分的院士来说，其发文量和被引量都遥遥领先于一般的学者，从某种意义上说，院士们在科学生产力和学术影响力两个维度上均有着杰出表现，产出了一大批高水平的科研成果，并且这些成果在广泛的知识交流当中对其所在学科领域的其他研究者产生了较大的影响力，成果和影响力的双重积累，为其问鼎院士之位奠定了坚实且必要的基础。二是自引在院士们当中也很普遍，在本书选取的样本集合中，有近95%的院士存在着自引行为，院士们所发表的论文当中超过1/3的论文包含自引。尽管如此，自引在参考文献列表中所占的比例较为有限，自引证率平均值仅为4.71%，基本可以排除过度自引的担忧。本书以院士为例，借助两项自引指标及其多维比较，简单地勾勒出了我国学者的自引图景：自引确实是一种普遍的引用行为，哪怕是在院士这样的杰出学者群体当中也存在着普遍的自引现象，自引是学者获取知识的一种重要来源，是整个科学引文体系的重要组成部分，但是就占比来看，自引知识在学者全部引用知识当中所占的比例极其有限，学者在科学研究的过程中大部分的知识仍是通过他引的方式获得的。

## 三　杰出学者自引网络的可视化

本书选取的 147 位院士分别来自中国科学院 6 个学部和中国工程院 9 个学部，除了其中 8 位院士不存在自引行为以外，对于其余 139 位院士，我们构建了每位院士的自引网络。因页面限制而无法将所有学者的自引网络全部进行可视化展示，我们从每个学部各挑选 1 位作为代表，将其自引网络导入 Gephi 软件绘制网络图谱，挑选的原则是从各个学部挑选发文量居于中等水平（最接近该学部平均值）的院士，若以发文量最高或最低的学者作为代表，容易导致自引网络特别大或者特别小等极端情况的发生，相比较而言，中等水平发文量所呈现出的网络的规模和结构更具代表性，可视化效果更佳。

借助 Gephi 绘制院士的自引网络，并借助内置的社区检测算法进行节点聚类。其中，每个节点的大小表示该文献的总被引次数。节点形状表示院士是否为该文献的主导者，三角形节点表示院士为主导者，圆形节点表示院士为非主导者。每条边表示自引关系，边箭头从被引文献指向施引文献。边的颜色表示施引文献和被引文献之间的引用时滞，分为 0—5 年、6—10 年、11—15 年、15 年以上四个区间，分别以四种不同的颜色予以区分。

每位学者的自引网络分别以两种形式，通过左右两侧两幅网络图谱予以展示，左图加入了时间标签，节点颜色表示节点年龄，节点年龄越大，颜色越深，其中，节点年龄为学术年龄，即该篇论文发表在该名院士学术生涯的第几年，以该位院士发表首篇论文为学术生涯起点 $t_0$，以该篇文献发表年份 $t_i$ 减去该院士首篇文献的发表年份 $t_0$ 计算而得；右图展现了聚类结果，节点颜色标识其所在的聚类，一种颜色为一个聚类。另外，根据聚类结果发现，网络存在许多小聚类，为达到更好的可视化效果，我们根据"二八定律"原则，只对前80%左右的较大规模的聚类进行颜色标识，剩余的小规模聚类显示为灰色节点。

### （一）中国科学院院士的自引网络

1. 数学物理学部刘院士

刘院士是实验物理学家，主要从事爆轰、冲击波物理研究及装备研发工作。在本书获取的样本数据当中，刘院士的中外文论文的合计发文量为221篇，自引证率和自引比例分别为3.28%和20.81%。作为数学物理学部的院士代表，刘院士的自引网络如图6-4所示。基于引用网络，我们运用LDA模型对每个聚类进行主题识别，从中提取出能够表征各个主题的主要关键词，刘院士的自引网络共分为12个聚类，各个聚类包含的主要关键词如表6-2所示。在此需要说明，本书将每位院士发表的中英文论文整合在一起进行分析处理，所以主题分析识别出的关键词同时包含了中文和英文两种类型的关键词，为便于阅读和理解，我们将其中的英文关键词一律翻译为中文（部分专有名词除外），统一以中文形式将关键词予以展示。后续各位院士的聚类分析结果均如是进行翻译处理，不再赘述。

表6-2　　　　　　刘院士自引网络的聚类分析结果

| 聚类 | 主要关键词 |
| --- | --- |
| C1 | 膨胀环；固体力学；高应变率、爆炸力学、无氧铜；爆炸膨胀环；断裂 |
| C2 | 复合材料；烧蚀；激光辐照；表面吸收；气流；吸收特性；微观分析；有限体积法；有限元方法 |
| C3 | 激光器；动力；转向；激光；效率；控制器；组合；信号 |
| C4 | 有限元；细观模拟；离散元结合方法；离散元方法；离散元；热点；三维数值模拟；计算方法；动态压缩；霍普金森压杆（SHPB）实验 |

续表

| 聚类 | 主要关键词 |
| --- | --- |
| C5 | 预应变；预应力；固体力学；层裂强度；应力三维度；冲击动力学；过盈配合；爆炸力学；无钴合金钢；数值模拟 |
| C6 | 变形；状态；缺口；边界；动力学；分子；衍射；金相学；机械装置 |
| C7 | 流体；Richtmyer-Meshkov 不稳定性；涡流；可视化；波动 |
| C8 | 激光阵列；光束合成；远场能量集中度；相干合成；相干光学；激光光学；占空比；光纤激光器；光纤激光；光束质量 |
| C9 | 动态力学性能；预制缺陷；层裂；多普勒探针系统；多普勒探针测量系统；多普勒光纤探针测量系统；固体力学；DPS |
| C10 | 高速摄影；激波管；无膜界面；Richtmyer-Meshkov 不稳定性；示踪；相关方法；激波；气泡；气柱和气帘；气柱 |
| C11 | 水压试验；爆轰加载；爆炸容器；抗爆容器；应变测试；容器 |
| C12 | 冲击动力学；涡流；激波；流体 |

由左侧的自引网络可以看出，刘院士的自引网络包含了众多的子网络，且各个子网络之间相对独立，大部分子网络的规模不大。刘院士生于1961年，截至最近发表的一篇论文，其学术生涯已长达32年。在其职业生涯的早期，自引子网络规模都很小，且其包含的各篇论文所获得的被引频次也不高。而几个较大规模的子网多是在其学术生涯的中后期出现的。

由右侧的聚类结果并参照表6-2中的关键词信息可知，C1是自引网络中最大的子网所形成的聚类主题，主要从事固体力学中的膨胀、断裂、爆炸等方面的研究，这也是刘院士重要的研究方向之一，该聚类包含的文献主要是在学术生涯的中期及以后发表的；C2聚类次之，主要从事流体力学中的气流、吸收特性以及复合材料的烧蚀、激光辐照等方面的研究；C3聚类主要是与爆炸控制相关的激光、动力、转向、效率、信号等方面的研究；C4聚类主要从事离散元、动态压缩等的测试、方法和实验方面的研究。上述几个主要聚类代表着该学者的主要研究方向。

若以各个聚类所包含的关键词来表征该聚类所代表的研究主题及其主要研究内容，可以看出各个聚类之间具有相对的独立性，每个聚类会更加倾向于某个主题领域的研究，但并非具有绝对的独立性。各个聚类在研究主题内容上存在着交叉性和关联性，不同主体之间也存在着内在关联。刘院士从事爆轰、冲击波物理研究和装备研发工作，实际上，各个聚类都是围绕这个主导方向展开的，只不过是分别研究该主导方向所涉及的各个方面的问题而已。例如，固体力学、流体力学、复合材料、控制器、激光等，均是爆轰和冲击波研究必要的研究主题。不同的聚类之间包含相同的关键词，代表着不同聚类主题之间的交叠。

从自引时滞来看，该学者引用他自己近期发表的文献居多，自引的引用时滞多在5年以内，也有一部分文献的引用时滞在5—10年，超过10年的情况很少。可以解释为在某个时期，例如，在5年或者10年以内，学者的研究方向具有相对的一致性，文献之间可以发生自引。而当超过10年时，学者的研究方向已经发生不同程度的改变，所以10年以前的文献在主题和内容上与当前研究已有比较大的出入，往往不适合再进行自引。

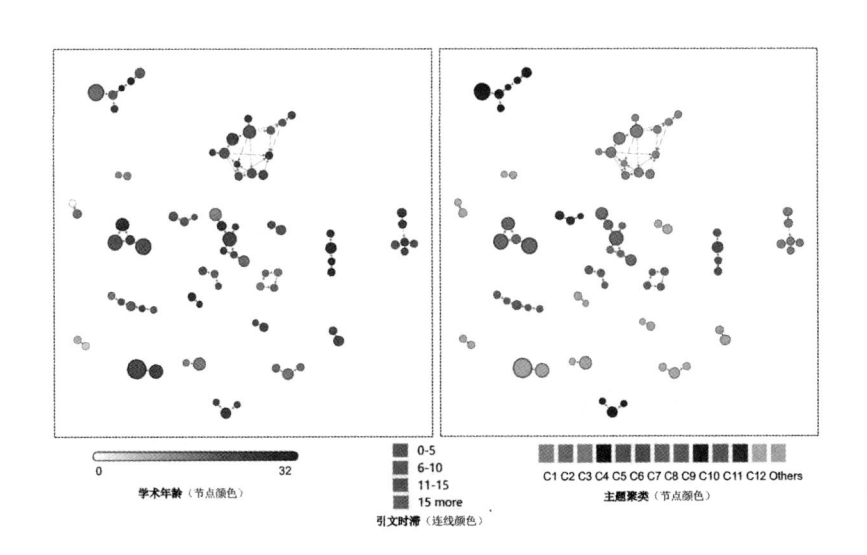

图6-4 刘院士的自引网络

## 2. 化学部迟院士

迟院士长期致力于物理化学领域的研究，其主要研究方向是界面与分子相互作用对分子组装及反应调控的机制。在本书获取的样本数据集合当中，迟院士的中外文论文的合计发文量为479篇，自引证率和自引比例分别为1.64%和15.87%。作为化学部的院士代表，迟院士的自引网络如图6-5所示。基于其引用网络，我们运用LDA模型对每个聚类进行主题识别，从中提取出能够表征各个主题的主要关键词，迟院士的自引网络共分为7个聚类，各个聚类所包含的主要关键词如表6-3所示。

表6-3　　　　　　迟院士自引网络的聚类分析结果

| 聚类 | 主要关键词 |
| --- | --- |
| C1 | 扫描；化学；隧道；反应；合成；脱氢；有机；密度；石墨烯 |
| C2 | 界面；光刻；结构；Langmuir；Blodgett；分子；材料；化学 |
| C3 | 分子；有机；增长；结构；阶段；隧道；扫描；显微镜；组装 |
| C4 | 晶体管；半导体；增长；薄膜；分子；材料；传感器 |
| C5 | 蚀刻；硅；仿生学；胶体；结构；离子；抗反射；仿生；反应 |
| C6 | 晶体管；材料；结晶；薄膜；界面；分子；模拟；化合物；超薄 |
| C7 | 聚合物；有机；电极；传导；化学力；显微镜；原子；光刻；纳米技术 |

迟院士的自引网络规模比较大，连通性很强，表明研究工作具有很强的连续性。左侧的自引网络主要借助时间轴展示其演化特点，截至本书获取样本数据时，迟院士的学术生涯已长达33年，早期的研究较为零散，未能呈现出明显的聚类结构，至中期开始出现了一定规模的聚类，说明其研究方向开始趋于稳定，几个较大规模的聚类主要出现在学术生涯中后期，此时学者也已具备较高的学术地位和影响力，形成了她自己的研究特色和优势，研究方向更为稳定。从引用时滞来看，迟院士引

用她自己在近10年内发表的文献比较多，也有部分自引的时滞在11—15年。自引时滞的跨度越大，能够在一定程度上说明学者研究工作的连续性和稳定性相对越强。

右侧的自引网络重点展示主题聚类结果，其中，C1聚类是规模最大的一个聚类，主要从事化学反应、合成、脱氢、石墨烯等方面的研究。该聚类所包含的文献多发表于最近几年，说明这是迟院士当前最主要的研究方向。C1聚类居于整个自引网络的中心位置，与其他几个聚类之间存在着广泛的自引关联。C2聚类的规模也比较大，包含的文献略早于C1文献的发表时间，主要研究分子结构和构建Langmuir-Blodgett超波分子膜，C2聚类同样与其余几个聚类之间存在着广泛的自引关联。C3聚类的研究内容不太聚焦，部分节点在C1和C4两个聚类之间充当桥梁。C4聚类主要从事晶体管、半导体、传感器等先进分子材料的研发工作。从节点大小（文献的被引频次）来看，C1和C4两个聚类的学术影响力相对更大。

中国化学会在对迟院士研究工作进行综述时指出，迟院士的研究成果揭示了分子组装和单键反应的内在规律，为我们提供了对表面物理化学过程和表面在位化学反应的新认知。她创新性地提出利用界面和动态过程调控分子聚集的方法，成功构建了宏观尺度下亚微米周期性结构，从而有效解决了组装体系难以长程有序的基本科学问题；同时，她巧妙利用金属单晶表面的结构及催化效应，成功实现在温和条件下正构烷烃的聚合，为我们提供了分子在表面上选择性活化和偶联的新策略。

自引网络聚类结果与中国化学会对迟院士的科研工作所做的综述是高度一致的，这也在一定程度上说明基于自引网络对学者的研究兴趣进行分析是有效的。自引网络聚类分析的结果不仅显示出学者的研究兴趣及研究方向，而且自引网络的聚类结构还直观地展示了几个不同的研究方向之间的交叉关联性，以及迟院士在其学术生涯的不同阶段所主要从事的研究方向。例如，迟院士当前从事的主要是C1和C4两个方向的研究，而 C2 属于其学术生涯较早期的研究方向，但是却为后来出现的几个方向奠定了坚实的基础。由此可见，自引网络对于我们理解和把握学者研究方向的发展演化提供了重要的依据，直观定量地展示了学者研究方向的内容和结构，以及演化和变迁。

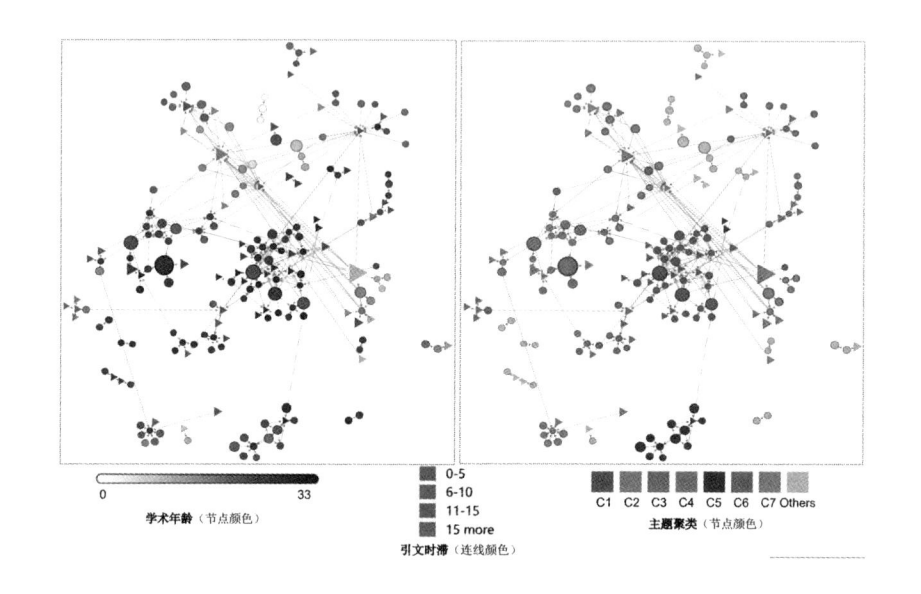

图 6-5　迟院士的自引网络

### 3. 生命科学和医学学部张院士

张院士专注于泌尿外科领域的研究，主要研究方向是泌尿外科腹腔镜及机器人技术。在本书获取的样本数据当中，张院士的中外文论文合计发文量为 423 篇，自引证率和自引比例分别为 5.54% 和 34.99%。作为生命科学和医学学部的院士代表，张院士的自引网络如图 6-6 所示。基于引用网络，本书运用 LDA 模型对每个聚类进行主题识别，从中提取出能够表征各个主题的主要关键词，张院士的自引网络共包含 12 个聚类，各个聚类所包含的主要关键词如表 6-4 所示。

表 6-4 张院士自引网络的聚类分析结果

| 聚类 | 主要关键词 |
| --- | --- |
| C1 | 肾切除术；肾脏；腔静脉；癌症；细胞；机器人；血栓；肿瘤 |
| C2 | 蛋白质；肿瘤；基因；肾脏；转移；转录 |
| C3 | 肾部分切除术；机器人；肾肿瘤；腹腔镜；后腹腔镜；后腹腔入路手术；体质指数；后腹腔入路；肾癌；复杂性肾肿瘤 |
| C4 | 腹腔镜；机器人手术；自体肾移植；机器人辅助腹腔镜技术；肾肿瘤；肾移植；泌尿外科；机器人；工作台手术；前列腺癌 |
| C5 | 肾部分切除术；肾肿瘤；保留肾单位手术；肾动脉低温灌注；机器人辅助腹腔镜；后腹腔镜；机器人；机器人腹腔镜技术；机器人辅助腹腔镜技术；低温 |
| C6 | 闭孔神经反射；针状电极；等离子针状电极；经尿道膀胱肿瘤切除术；尿路上皮癌；膀胱部分切除术；精准经尿道膀胱肿瘤切除；闭孔神经阻滞；膀胱部分切除；经尿道膀胱肿瘤切除 |
| C7 | 单孔腹腔镜手术；肾切除术；低温；腹膜后腔；单孔腹腔镜；经脐单孔腹腔镜术；供肾切取术；教学；根治性肾切除术；泌尿外科 |
| C8 | 腹腔镜；机器人；学习曲线；达芬奇机器人；机器人手术；前列腺癌；尿控；微创手术；性功能；手术助手 |
| C9 | 机器人手术；肾癌；下腔静脉瘤栓；肾肿瘤；肾细胞癌；分级系统；瘤栓切除术；机器人；靶向治疗；手术策略 |
| C10 | 输尿管膀胱再植术；腹腔镜；机器人辅助腹腔镜；重复肾输尿管畸形；输尿管膀胱吻合术；输尿管再植术；异位输尿管 |
| C11 | 老年；癌症；肾脏；复发；回溯；临床；女性；男性 |
| C12 | 膀胱癌；腹腔镜；根治性膀胱切除术；尿流改道；膀胱切除术；肿瘤学预后；盆腔淋巴结清扫术；根治性膀胱全切；机器人辅助腹腔镜；单孔腹腔镜手术 |

从首篇论文发表时间开始计算，张院士的学术生涯相对较短，只有15年时间。但是张院士的学术成就非常突出，他长期致力于泌尿外科手术技术研究，创立泌尿外科后腹腔镜手术技术，在短短15年间发表中英文论文多达400余篇。自引时滞普遍较短，图6-6中绝大部分的自引时

滞都在 5 年以内，仅有少量引用时滞在 6—10 年，没有出现引用时滞超过 10 年的情况。自引时滞较短，一方面可能是因为该学者的学术生涯本身就短，400 多篇论文全部是在 15 年间发表的，所以，自引时滞不可能太长；另一方面也说明学者的研究方向及研究主题和内容更新比较快，5 年以前发表的文献与当前所从事研究的关联性已经不强，已不适合当前研究使用。

由张院士的自引网络结构可以看出，整个网络包含了 1 个超大型子网和 1 个次一级的子网，其余的子网均为小型网络，围绕在周围。居于网络中心的超大型子网包含了学者在各个时期发表的文献，当中有几个较大的三角形节点，代表着一批高影响力论文，但并非由张院士主导发表，这批节点全部归属于 C2 聚类。C1 聚类居于自引网络右侧，相对独立于其他几个聚类，主要从事肾脏癌症方面的研究，从文献发表时间来看，基本上是张院士当前所从事的主要研究方向。C2 聚类的发文都不是张院士担任通讯作者，主要研究方向是蛋白质、基因等相关主题。

自引网络中的超大型子网同时由七个聚类组成（C2、C3、C4、C5、C6、C7、C8），从这七个聚类所包含的关键词来看，它们的研究内容确实存在很大程度的交叉和重叠，基本上都是围绕着肾切除、肾肿瘤切除等手术技术进行的研究，其中，机器人技术被应用于这些手术当中，多个聚类当中都同时包含机器人这个关键词。这正是张院士学术生涯中关键性的学术成就，他极富创新性地将机器人技术应用于肾脏手术当中。实际上，这些发现与中国军网对张院士的评价高度一致，该网站对他的评价是中国泌尿外科腹腔镜及机器人领域的奠基人，为中国泌尿外科事业的发展和国际地位的提升作出了重大贡献。

张院士的自引网络所包含的聚类比较多，但是大部分聚类所代表的研究方向彼此之间的关联性很强。前面九个聚类和 C11 聚类（C1—C9 和 C11）都是关于肾脏及肾脏外科手术，C11 的规模很小，但包含了几篇高被引论文，主要是关于老年人、男性、女性等不同群体肾脏癌症的临床治疗和回溯问题。而剩余的两个聚类，C10 是关于输尿管和膀胱手术，

C12 是关于膀胱、腹腔、盆腔等的手术问题。

张院士是泌尿外科专家,他把其最主要的精力投入肾脏及肾脏癌症的手术治疗方面,并且在这个方面取得了重大的成就,在 12 个聚类当中有 10 个是关于肾脏主题的,与此同时,他对尿路、膀胱、盆腔、腹腔等泌尿系统及其相关的手术治疗也有一定的研究。总的来说,肾脏、肾癌、机器人手术代表着较高的学术贡献和成就。

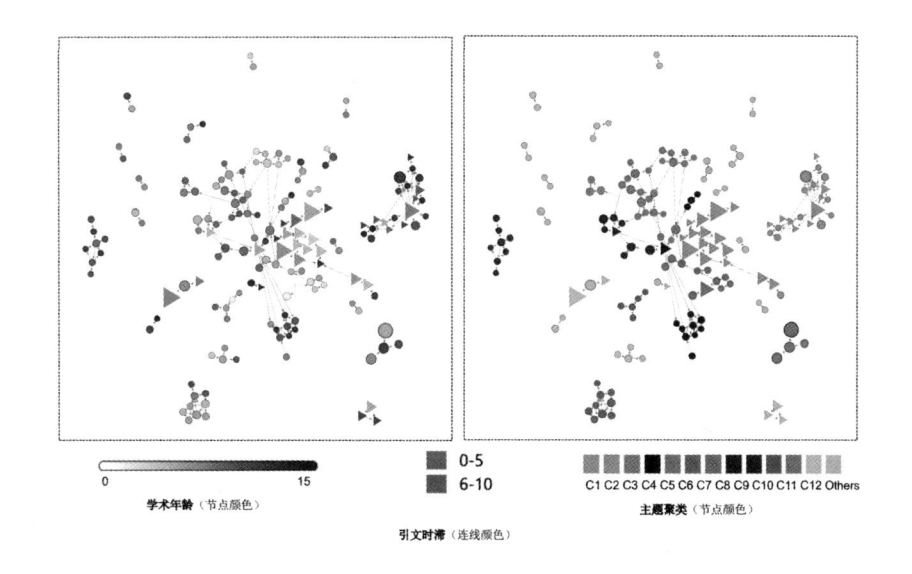

图 6-6 张院士的自引网络

4. 地学部谢院士

谢院士是地球生物学家,长期从事地球生物学研究,主攻地质微生物。在本书获取的样本数据当中,谢院士的中外文论文合计发文量为 359 篇,自引证率和自引比例分别为 4.97% 和 60.72%。作为地学部的院士代表,谢院士的自引网络如图 6-7 所示。基于引用网络,我们运用 LDA 模型对每个聚类进行主题识别,并从中提取出能够表征各个主题的主要关键词,谢院士的自引网络共包含六个聚类,各个聚类所包含的主要关键词如表 6-5 所示。

表 6-5　　　　　　　谢院士自引网络的聚类分析结果

| 聚类 | 主要关键词 |
| --- | --- |
| C1 | 二叠纪；灭绝；三叠纪；中国；边境；碳；微生物；氮；南方 |
| C2 | 气候；中国；季风；碳；石笋；泥炭地；洞穴动物；同位素；全新世 |
| C3 | 土壤；PH；甘油；GDGTs；干旱；brGDGTs；微生物；温度；甲基；湖 |
| C4 | 地球生物学；分子化石；全球变化；微生物；地质微生物；二叠纪；环境；微生物功能群；脂类；评价体系 |
| C5 | 泥炭；中国；气候；全新世；古气候；碳；化石；烷烃 |
| C6 | 分子化石；正构烷烃；古气候；第四纪；古植被；类脂物；石笋；生物标志化合物；微生物；网纹红土 |

谢院士在其长达 30 多年的学术生涯中发表中英文论文 359 篇，其中 60.72% 的论文存在着自引行为，但是自引仅占参考文献总量的 4.97%。从自引网络的结构来看，网络密度比较大，聚类效果非常明显。该自引网络共分为六个聚类，各个聚类之间存在着广泛且紧密的关联。从文献的发表时间来看，C5 和 C6 两个聚类代表着谢院士早期的研究，其中，C5 聚类主要研究全新世时期中国的气候和碳化石问题，C6 主要研究第四纪时期生物化石问题，C5 和 C6 都包含了古气候和化石等关键词。C1 和 C4 两个聚类所包含的文献发表在学术生涯中期及以后，其中，C1 聚类主要研究二叠纪和三叠纪时期在我国南方边境地带的地质微生物问题，C1 聚类和 C5 聚类之间的自引关联性比较强，说明这两个研究方向之间具有较强的传承性和关联性；C4 聚类是关于地球生物学二叠纪地质微生物的研究，C4 和 C6 两个聚类之间有一定的自引关联性。C2 和 C3 是该学者当前主要从事的两个研究方向，所包含的文献多于近期发表，其中，C2 聚类主要关注全新世时期我国的泥炭地、季风气候等问题，C3 聚类主要研

究古菌化合物 GDGTs 和 brGDGTs 指标在定量测度和重建古气候与古温度方面的应用，这是当前非常热门的研究领域，iGDGTs 和 brGDGTs 分别作为海洋环境和矿物质土壤及湖泊沉积物的替代指标，常常被用作合适的脂类生物标志物，通过多种指标来重建古气候。

从演化路径来看，C5 和 C6 代表着早期的研究方向，之后，C6 所代表的研究朝着 C4 方向演化，但是 C4 方向并未再向其他方向持续演化。C5 所代表的研究方向先是朝着 C1 方向演化，然后又朝着 C2 和 C3 方向演化。C1 是整个自引网络中规模最大的一个聚类，当中包含的文献所覆盖的时间区间较大，既有早期的成果也有后期的成果，说明 C1 所代表的研究方向是一个由传统向现代过渡的关键时期，C4 聚类也具有相同的特征。相比较而言，C2 和 C3 两个聚类的规模比较大，代表着两个比较活跃的研究方向，这两个方向是学者当前所从事的研究工作，其中，C2 的学术影响力更大一些，且 C2 聚类有向其他研究方向进一步演化的趋势。

从自引时滞来看，整个自引网络都以 5 年以内的自引为主，当中所包含的大部分连线的自引时滞都在 5 年以内，其次是 6—10 年，自引时滞很少有超过 10 年的情况。尤其是每个聚类内部的自引关系，其引用时滞基本上在 5 年以内，引用时滞超过 5 年的自引连线主要分布在不同聚类之间，其中，C5 和 C2 两个聚类之间有部分自引关系时滞超过了 10 年甚至 15 年。由自引网络的结构可知，C2 聚类所代表的研究方向的起源，确实在很大程度上源于 C5，超长的自引时滞说明这两个研究方向尽管出现在学术生涯的不同时期，时间跨度较大，但在研究主题和研究内容上仍有很强的传承性和知识关联性。

谢院士的自引网络所包含的聚类不算很多，但是六个聚类之间的知识关联性以及演化关系却十分清晰，借助其自引网络，可以梳理和判断出该名学者在其长达 32 年的学术生涯中不同时期的主要研究方向，以及研究方向的演化脉络。谢院士的研究方向及其研究工作表现出很强的稳定性，在长达数十年里一直从事地质微生物研究，但是就具体的研究主题来看，又可划分为六个不同的研究方向和领域，这些研究方向以地质微生物作为主线，分别关注不同的方面，其研究范式、研究重心、研究方法等皆存在一定的差异，其演化脉络也充分体现出了科学研究是继承性与创新性双轮驱动的发展轨迹和规律性特征。

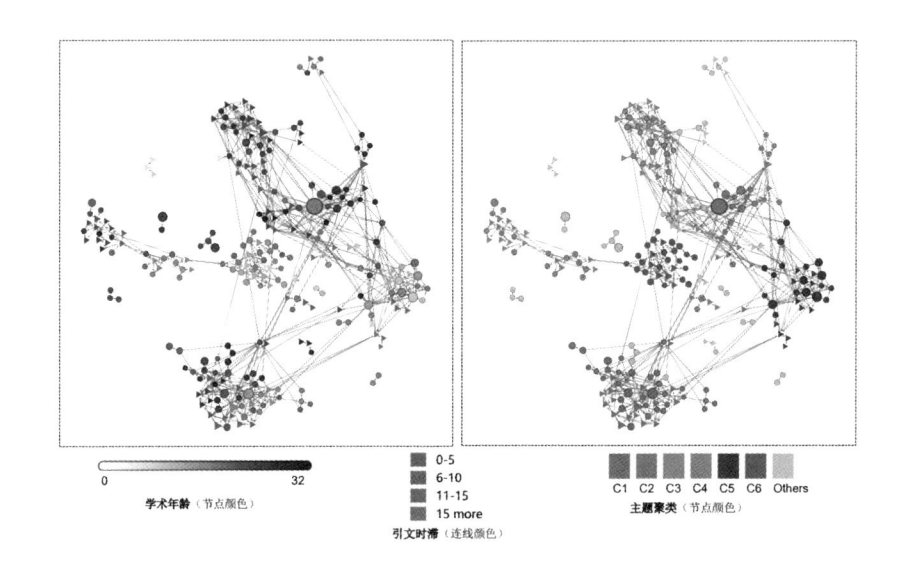

图 6-7 谢院士的自引网络

### 5. 信息技术科学部郑院士

郑院士专长于人工微结构材料与光电子领域的研究，致力于探索人工微结构材料与半导体激光器的奥秘。在本书获取的样本数据集合当中，郑院士的中外文论文合计发文量为 323 篇，自引证率和自引比例分别为 4.86% 和 34.67%。作为信息技术科学部的院士代表，郑院士的自引网络如图 6-8 所示。基于引用网络，我们运用 LDA 模型对每个聚类进行主题识别，从中提取出能够表征各个主题的主要关键词，郑院士的自引网络共包含六个聚类，各个聚类所包含的主要关键词如表 6-6 所示。

第六章 杰出学者自引网络的计量

表6-6　　　　　　　郑院士自引网络的聚类分析结果

| 聚类 | 主要关键词 |
| --- | --- |
| C1 | 模式；激光；激光器；序列；调制；光刻；标准 |
| C2 | 光子；表层；结晶；激光；发射；激光器；极化；模式；晶体 |
| C3 | 激光器；激光；能量；BEAM；发散；半导体；锥形；模式；量子 |
| C4 | 晶体；结晶；波导；时间；激光器；有限的；差别；波动 |
| C5 | 模式；激光；激光器；序列；调制；光刻；标准 |
| C6 | 量子；光学；波导；Walk技术；传感；阵列 |
| C7 | 激光；光子；连贯性；模式；激光器；结晶；散斑；能量 |

自郑院士首篇论文发表年份算起，其学术生涯已达29年，在近30年间发表论文300余篇，且主要是外文论文，但其学术生涯初期发表的文献数量很少，只是几个极小的子网络，未能呈现出聚类结构，说明该学者在学术生涯初期，是在对不同的主题进行尝试和探索，并没有确立稳定和一致的研究方向。自引网络中识别出了七个聚类，它们大多出现在学术生涯的中期及以后。从出现的先后顺序来看，C4聚类所包含的文献发表时间稍早一些，大约出现在学术生涯的10—15年，该聚类呈现出星形网络结构，当中居于核心位置的那篇文献非常关键，就发表时间来看是在其学术生涯中期以后出现的，虽然该篇文献的被引频次不算太高，但是却与其他几个聚类存在着非常广泛的自引关联，该学者经过学术生涯早期的尝试和探索，借由该篇文献找到了一个日后可以主攻的研究主题。

从文献发表时间来看，C4聚类以后出现了C2聚类，C2聚类所代表的研究方向已经比较聚焦，当中包含了一大批高被引论文，既有该学者主导发表的也有参与发表的。如果说C4代表着该学者学术生涯的酝酿期，C2则代表着一个厚积薄发的阶段，一大批高影响力的论文为其后来迎来爆发期的学术高峰奠定了坚实的基础。C2的自引连线先是指向了

C6，代表着研究方向的一次迁移，在该研究方向上也收获了一些具有高影响力的论文，但是就此方向并未进一步持续演化。当 C2 的自引连线同时指向 C1、C3 和 C5 几个聚类时，演化而来的几个研究方向要比 C6 活跃得多，这三个聚类是该学者当前所从事的主要研究方向，当中包含的文献数量很多，说明该学者在这几个方向上非常活跃，取得了大量的研究成果，其论文多于近期发表，代表着最新的研究成果。并且从网络结构来看，C1、C3 和 C5 的节点和连线聚集在一起，彼此之间关联性很强。其中，C1 聚类又演化出 C7 聚类。

中国科学院半导体研究所教育网对郑院士的评价是"在高性能光子晶体激光器基础原理和关键技术方面作出了开创性和系统性贡献"。从郑院士的自引网络及其聚类关系来看，她在整个学术生涯中一直围绕晶体激光器进行研究，研究方向表现出很强的一致性和稳定性，但是就具体的研究主题和内容来看，几个聚类所代表的研究方向仍然存在不同的侧重和区分。例如，C1、C3 和 C5 三个方向交织在一起，研究主题和内容的重叠度很大，而在 C6 和 C7 两个聚类中，虽然仍是针对激光器的研究，但是学者主要是对新兴的量子和光子技术进行研究并将其应用于激光器的研发当中，研究对象未发生改变，但关键技术却发生了很大的变化。尽管如此，C6 和 C7 并非凭空出现的，而是与其他的研究方向有着知识关联，换言之，学者之前的研究工作为每个新方向的产生都作出了积极的探索和铺垫，例如，在 C3 聚类所抽取的关键词中就已经包含了量子，而在 C2 聚类中已经出现了关键词光子。

从引用时滞来看，C4 聚类的自引关系时间跨度稍大一些，时滞大多在 6—10 年，C4 聚类代表着郑院士学术生涯早期时的研究方向，虽然这个时期的研究主题并不聚焦，活跃度也不及其他几个聚类，但正如前文所分析的，这是学术生涯中一个关键的积累期和探索期，在此期间所做的研究工作为后来的几个研究方向奠定了坚实的基础。而后期几个研究方向还在频繁地自引 C4 聚类所包含的文献，表明这个聚类对学者学术生涯中后期的研究工作产生了深远的影响。除了 C4 以外，其余几个聚类的自引关系引用时滞都在 5 年以内。

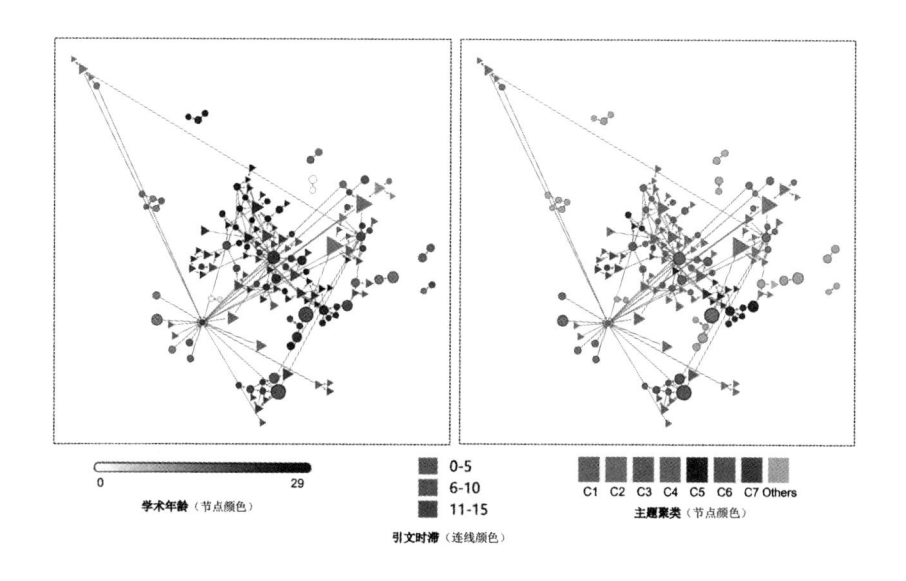

**图 6-8　郑院士的自引网络**

### 6. 技术科学部姜院士

姜院士是热能工程专家，长期致力于低碳能源与空天动力领域的研究，专注于极端条件下热质传递的理论、方法和关键技术。在本书获取的样本数据集合当中，姜院士的中外文论文合计发文量为 490 篇，英文论文数量远大于中文论文数量，自引证率和自引比例分别为 9.63% 和 56.33%。作为中国科学院技术科学部的院士代表，姜院士的自引网络如图 6-9 所示。基于引用网络，我们运用 LDA 模型对每个聚类进行主题识别，从中提取出能够表征各个主题的主要关键词，姜院士的自引网络共包含九个聚类，各个聚类所包含的主要关键词如表 6-7 所示。

表 6-7　　姜院士自引网络的聚类分析结果

| 聚类 | 主要关键词 |
| --- | --- |
| C1 | 气流；浮力；对流；压力；湍流；传热恶化；数字；流体；加速 |
| C2 | 热；气流；对流；流体；平衡；模拟；材料；数字；边界 |
| C3 | 气流；多空；热传导；媒介；温度；表层；热；烧结；沸腾 |
| C4 | 二氧化碳；喷射器；热；跨临界；超临界；地热；增强；能量；二氧化物；碳 |
| C5 | 流；震动；热传导；压力；数字；马赫；波动；超音速 |
| C6 | 碳；二氧化物；压力；油；实验；增强；注射；断裂；热传导 |
| C7 | 数值模拟；多孔介质；相变；湍流；非热平衡；边界条件；热防护；局部非热平衡模型；局部非热平衡；对流换热 |
| C8 | 热；喷雾；热转移；表层；蒸发；液滴；通量；结构化；微观 |
| C9 | 吸附；渗透性；二氧化碳；恢复；气流；分子；方法；模拟；多空；参数 |

姜院士的主要研究方向是复杂条件下的热质传递与热系统研究，涵盖了多个具体领域。他深入研究了多孔介质中的对流换热、微/纳尺度热传递、超临界压力流体对流换热等基础问题，并取得了具有创新性的研究成果。此外，他还关注强化换热与紧凑式换热器、发汗冷却与气膜冷却、喷雾冷却等领域的研究。在超临界压力碳氢燃料换热与热裂解、高热流密度表面热防护、二氧化碳地质封存及干热岩热能/页岩气开发利用技术中的基础热科学问题等方面，他也取得了重要成果。同时，他还致力于综合利用太阳能及空气源/地源的跨临界二氧化碳热泵热水与制冷系统、高温太阳能热发电等领域的研究，为相关领域的发展作出了贡献。

由首篇论文发表开始，姜院士的科研工作已持续 30 余年，其间共形成了九个不同的研究方向。从时间先后顺序来看，C2 聚类所代表的研究方向出现时间相对较早，主要是对流体对流换热问题的研究，当中包含了一批高被引论文，但大多都不是姜院士主导发表的。C7 聚类独立于其他几个聚类之外，出现的时间也相对较早，主要是针对多孔介质中对流换热、非热平衡等问题的研究，从自引网络来看，该研究方向保持相对独立状态，与其他几个方向的关联性不强，当中包含的文献大多发表于其学术生涯的早期，未能形成较大的学术影响力。C1 聚类规模较大，主要是对流体传热问题的研究，所包含的文献发表时间跨度较大，既有学术生涯中期前后发表的文献，也有近年来发表的新文献，该研究方向代表着该学者的一个主流方向，也是体现出研究工作新旧交替的一个方向。与 C7 聚类不同，C1 聚类与其他几个聚类之间存在着广泛的知识关联。总的来说，C1 和 C2 两个聚类对后面几个研究方向的形成产生着重要的铺垫和支撑作用，也可以说，在 C1 和 C2 基础之上演化出了其他几个研究方向。

　　C3、C4、C5、C6、C8、C9 几个聚类出现在姜院士学术生涯后期，分别代表着几个不同的研究方向。其中，C3 聚类所代表的研究方向最为活跃，且居于自引网络的核心位置，与其余多个方向均有一定的知识关联，与 C2 聚类的关系最为紧密，可以说是由 C2 聚类演化而来。C4 和 C6 两个聚类之间的关联性较强，而 C8 和 C9 两个聚类则具有一定的独立性。在 C3、C4 和 C8 几个聚类所包含的文献中，该学者都是作为通讯作者出现的，而在 C5、C6 和 C7 几个聚类所包含的文献中，该学者却多是以合作者身份出现的。可见，该学者在数十年间，一直围绕热传递这一核心主题开展研究，其涉猎的研究方向和主题比较广泛，但一般是以团队的形式开展相关研究，该学者作为团队领袖，其发表的成果也表现出典型的主题多元性特征，但具体到不同的研究方向，该学者侧重和主导的只是其中几个，而非同时在 9 个不同的方向上均匀发力。

　　该学者在其学术生涯的早期就开始投身于热传递方面的研究，之后的几个研究方向也都是围绕着这一核心主题开展研究。该学者在其学术生涯早期取得了一大批具有高影响力的论文，当中有些是主导发文，有些是非主导发文，无论署名如何，都在一定程度上为该学者积累了关键性的资源，并且为其后来探索新的研究方向打下了坚实的基础。后续的研究方向侧重于不同的方法、技术和范式，但都围绕着一个共同的核心问题展开。也就是说,研究方向的发展演化及变迁实际上是围绕着一条主线进行的,而不是随心所欲的跳跃式变迁。

当然,从自引时滞来看,整个自引网络中所包含的自引关系仍然是以 5 年内为主,在 C1 和 C2 两个聚类与 C5、C6 和 C7 几个聚类之间也有一些自引时滞超过了 10 年,说明 C1 和 C2 所表征的两个研究方向对后续的研究工作产生着深远的影响。

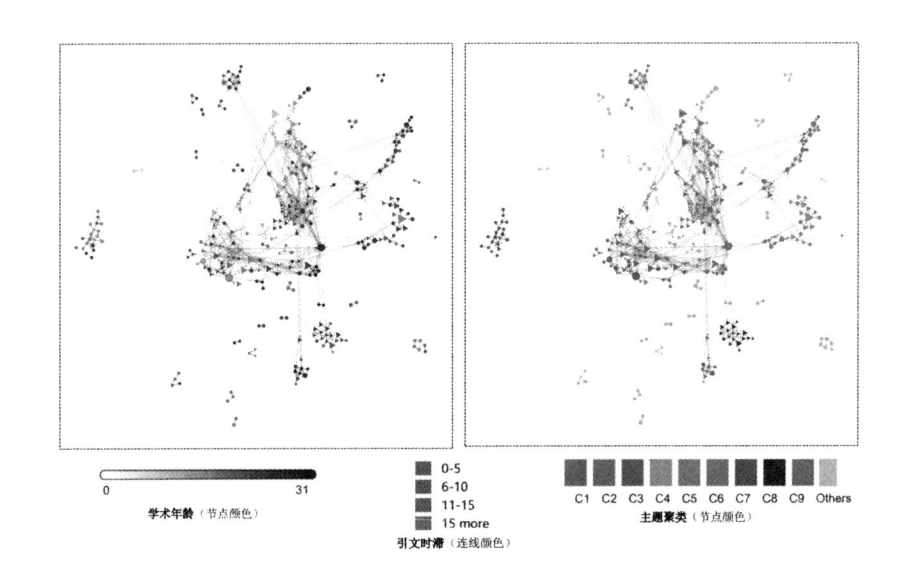

图 6-9　姜院士的自引网络

## (二) 中国工程院院士的自引网络

1. 机械与运载工程学部付院士

付院士是导航、制导与控制专家,长期从事组合导航与智能导航技术研究工作。在本书获取的样本数据集合当中,付院士的中外文论文合计发文量为 310 篇,多为英文论文,自引证率和自引比例分别为 3.92% 和 41.94%。作为机械与运载工程学部的院士代表,付院士的自引网络如图 6-10 所示。基于引用网络,我们运用 LDA 模型对每个聚类进行主题识别，并从中提取出能够表征各个主题的主要关键词，付院士的自引网络共包含八个聚类，各个聚类所包含的主要关键词如表 6-8 所示。

表 6-8　　　　　　　付院士自引网络的聚类分析结果

| 聚类 | 主要关键词 |
| --- | --- |
| C1 | 重力；辅助；匹配；惯性；算法；INS；滤器；水下区域；定向 |
| C2 | 滑动；模式；态度；适应性；系统；状态跟踪；观察者；干扰 |
| C3 | 卡尔曼滤波；系统；多比率；数据传感器；滤器；分布式；噪音；多传感器 |
| C4 | 车辆；智能；规划；系统；控制；自主；高速公路；驾驶；环境；模糊 |
| C5 | 控制系统；稳定性；网络化；数据；卡尔曼滤波；滤器；延迟；网络；融合 |
| C6 | 多孔；潜在；换能器；模型；流体；渗透性；优化；玻璃 |
| C7 | 机器人；适应性；模糊；手势；系统；步长；机器；猜测 |
| C8 | 矢量；支持；机器；Zernike 矩；瞬间；侦查；直方图；伪装；图案；象形图 |

付院士的主要研究领域是组合导航与智能导航技术。从发表第一篇论文到最近一篇论文发表，可计算出他的学术生涯为 20 年。在这段时间里，付院士共发表了 310 篇学术论文，自引网络也呈现出了较为清晰的聚类结构。综合自引网络的结构特征、历时演化特征、聚类特征及其主题分析结果可以看出，C4 聚类代表着一个时间跨度较大的研究方向，主要从事车辆自主驾驶、智能规划与控制方面的研究，付院士学术生涯初期的几篇论文包含其中，由此又引申出另外一批研究成果，而这批成果多发表于其学术生涯中后期阶段。但是，C4 聚类在自引网络中保持一种相对独立的状态，未能再演化出其他的研究方向。

除了 C4 聚类以外，C6、C7、C8 三个聚类也分别保持着相对独立的状态，且子网规模较小，没有延伸出其他的研究方向。C8 聚类所代表的研究方向主要从事矢量图形、机器视觉、侦查等方面的研究，出现在该学者学术生涯的早期阶段。C7 聚类所代表的研究方向主要从事机器人适应性研究，出现在其学术生涯的中期阶段。C6 聚类所代表的研究方向主要从事流体换能器以及多孔玻璃渗透性方面的研究，出现在其学术生涯的后期阶段。相比较而言，付院士的研究工作在 C1、C2、C3 和 C5 这几个聚类表现得更活跃，这四个聚类规模较大，且彼此之间有比较清晰的传承和演化脉络。

  按照出现的先后顺序来看，C5 聚类所代表的研究方向出现的时间较早，该方向主要关注卡尔曼滤波、网络数据、控制系统稳定性方面的研究。C5 聚类演化出 C3 聚类，C3 所代表的研究方向出现于学者学术生涯的中期阶段及以后，主要从事卡尔曼滤波、噪音过滤、数据传感器方面的研究，可见 C3 与 C5 两个方向的研究主题和内容存在着比较大程度的交叠，表现在自引网络结构上，C3 和 C5 两个聚类之间存在着紧密的交叉关联。

  C2 聚类所代表的研究方向同样出现在学术生涯的中后期阶段，主要从事观察者模式、系统适应性、状态跟踪及干扰方面的研究，C2 聚类的规模相对较大，表示该学者在该方向上的研究比较活跃，该方向包含了一批具有高影响力的成果。由 C2 聚类演化出 C1 聚类，C1 聚类代表着该学者当前所从事的主要研究方向，主要从事重力辅助惯性导航系统匹配算法的研究，在整个自引网络中，C1 聚类的规模最大，表示该方向的研究最为活跃。从自引关联来看，C1 聚类与 C3 聚类也有关联，但关联性不强，C1 与 C2 之间的知识关联性最强，换言之，C1 聚类源于 C2 聚类。在学者学术生涯的中后期阶段所出现的 C2 聚类，当中包含着一批高被引论文，在一定程度上说明付院士在这一时期以及在 C2 方向上所取得的科学成就，为其积累了很大的学术影响力，并为其在学术生涯后期的研究工作奠定了坚实的基础。

  自引网络中绝大部分的自引关系时滞都在 5 年以内，只在 C1、C3、C4、C5 几个聚类当中出现了少量自引时滞在 6—10 年的情况，没有时滞超过 10 年的自引关系。从节点类型来判断，付院士的几乎所有论文都是以通讯作者身份发表的，自引网络中只有极少数的论文是以非主导身份发表的，并且主要出现在学术生涯的初期，特别是那些被引频次较高的论文，全部都是付院士以通讯作者身份发表的。可见，根据本书的定义，自引可以表现为某位学者在其自己主导的论文当中对他自己以非主导者身份参与发表的成果的引用，但在实际的自引关系中，更多的是该学者对他自己以主导者身份所发表的成果的引用。这也在一定程度上证实了，自引确实在很大程度上源于学者研究工作的连续性和继承性。

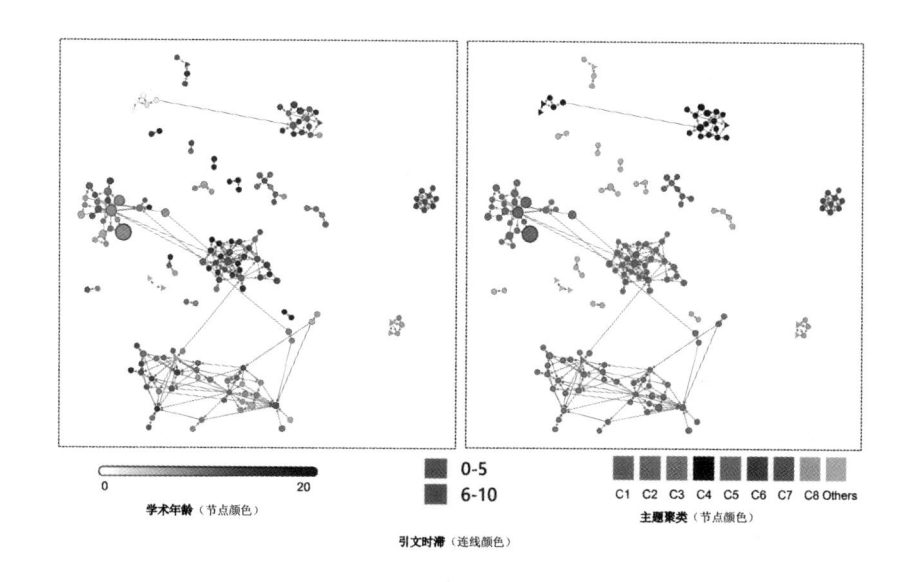

图 6–10 付院士的自引网络

2. 信息与电子工程学部蒋院士

蒋院士是网络计算专家，长期致力于网络金融安全研究。在本书所获取的样本数据集合当中，蒋院士在中外文期刊上发表论文共计 485 篇，当中以英文论文为主，自引证率和自引比例分别为 4.9% 和 44.95%。作为信息与电子工程学部的院士代表，蒋院士的自引网络如图 6–11 所示。基于引用网络，我们运用 LDA 模型对每个聚类进行主题识别，从中提取

· 183 ·

出能够表征各个主题的主要关键词，蒋院士的自引网络共包含 12 个聚类，各个聚类所包含的主要关键词如表 6-9 所示。

表 6-9　　　　　　　蒋院士自引网络的聚类分析结果

| 聚类 | 主要关键词 |
| --- | --- |
| C1 | 系统；工作流；过程；网络；商业；数据；虹吸；死锁；建模；并发 |
| C2 | 社交；无线；组播；网络；吞吐量；移动；HOC；广告；随机；数据 |
| C3 | 语言；进程；行为；矢量文法；活性；模型；概念模型；并发系统；同步合成；化简运算 |
| C4 | 信息；文本；服务；数据；管理；系统；相似性；Petri 网；索引；链接 |
| C5 | 网络；系统；正式；验证；时间；建模；模型；分析；可达性 |
| C6 | 集成学习；侦查；信用卡；行为；交易；数据；机器；不平衡 |
| C7 | 定位；社交；推荐；网络；话题；推荐人；模型；因子分解；基于概率的 |
| C8 | 交通；信息系统；数据服务；数据传输；路径；智能计算；动态计算 |
| C9 | 资源调度；任务；存储；表现；意识；工作；异质；动态；集群 |
| C10 | Petri 网；网络；标签；系统；一致性；行为；安全；神经网络；互模拟 |
| C11 | 算法；矩阵乘法；正交变换；运算次数；矩阵直积；正交阵；构造；数字信号处理；凝聚；下界 |
| C12 | Petri 网；工作流；多项式算法；性能分析；工作流网系统；不变量；交通信息系统；共享合成；合理性；多事务工作流网 |

蒋院士从首篇论文发表至最近一篇论文发表相隔 32 年，学术生涯较长，科研生产力很强，自引网络的规模也很大，我们从中提取出了 12 个聚类主题，在一定程度上显示出该学者涉猎的研究主题比较多元化。但就各个聚类的主题内容来看，主线仍然非常突出，一直是围绕着网络金融安全问题这个主线开展研究工作的。蒋院士的科研工作及其成就在中国工程院网站上得到了高度评价。他成功地创建了并发系统行为理论，

突破了实时精确识别交易风险的关键技术难点，推动构建了中国首个在线交易风险防控体系、系统和标准，并在网络经济、数字治理等诸多领域得到实际应用。

从自引网络的聚类结构来看，C12 和 C9 是两个相对独立的聚类，其中，C12 聚类的规模很小，主要关注工作流网的研究，就所包含的文献发表时间来看，大致出现在学术生涯接近中期阶段的时候，代表着一个不算很活跃的研究方向，但在该方向上也取得了一些具有不错影响力的成果。C9 聚类的规模也相对较小，主要是关于集群资源管理与任务调度问题的研究，该聚类由一批新近发表的文献组成，代表着该学者当前所从事的研究方向之一，当中也包含了一批具有一定影响力的论文。除了 C12 和 C9 两个聚类以外，剩余 10 个聚类彼此之间存在着广泛的关联性，结成了一个巨大的子网。

从几个聚类的演化路径来看，C11 聚类呈现的时间最早，主要关注矩阵算法和数字信号处理方面的研究，代表着蒋院士学术生涯初期的主要研究方向。由 C11 聚类延伸出 C3 聚类，主要开展算法模型的研究，该聚类代表着该学者学术生涯早期阶段的研究方向，这一时期在算法模型主题上取得了一些具有高影响力的成果，以此方向为基础，该学者开始向多个主题演化，自引网络呈现出"多点生花"的演化状态，C1、C2、C5、C6、C7 等多个聚类都是在 C3 聚类的基础之上演化而来的。可以说，蒋院士在学术生涯中后期进入了科研高峰期，涉猎多元化研究主题，并取得了大量高水平研究成果，这些都与他在学术生涯早期阶段在算法模型方面所做的大量的基础性的研究工作密不可分。

从时间先后顺序来看，C8 聚类的出现与 C3 聚类有一定的关联，C8 聚类所代表的研究方向主要开展交通系统的数据计算、传输和服务方面的研究工作，该研究方向存在的时间也相对较早，大约出现在其学术生涯的上半场，与 C3 方向的算法模型研究在主题上有较强的关联性，但是从演化轨迹来看，C8 聚类并没有接着发展演化出其他的研究方向。C5 聚类也是在 C3 聚类的基础之上演化出的一个研究方向，从事于网络可达性、时间模型、系统建模及验证等方面的研究。C5 聚类的时间跨度略大一些，覆盖了其学术生涯中期前后的一段时期。之后 C1、C2、C6 几个聚类的产生都与 C3 和 C5 有一定的关联。C2 聚类所代表的方向主要研究社交移动无线网络的组播技术以及吞吐量等主要网络质量性能指标等问题，该研究方向出现在该学者学术生涯的后期阶段。C6 聚类所代表的研究方向聚焦信用卡交易行为数据的集成学习，重点关注集成学习技术在不平衡数据中的应用，该研究方向所包含的文献是新近发表的，代表着该学者当前所从事的主要研究方向之一，当中包含了几篇具有较高影响力的高水平论文。

C4 聚类主要从事文本相似度计算服务以及 Petri 网存储、索引与连接等方面的研究，该聚类也代表着学者在其学术生涯后期及当前阶段的一个比较活跃的研究方向，在这一方向上还形成了一批具有高影响力的论文。C4 来源于 C3 和 C1 两个方向。C7 聚类与 C6 聚类一样，也代表着该学者当前所从事的一个研究方向，这一方向重点关注社交网络的推荐模型和算法问题。此外还有 C10 聚类同样也是该学者当前的研究方向之一，引入神经网络、互模拟等方法和技术进行网络行为安全方面的研究。C6、C7、C10 几个当前所从事的研究方向之间存在着较为紧密的知识关联性，而从其来源上看，都与该学者在早期阶段所从事的 C3 聚类的研究密不可分。

综上所述，蒋院士在步入其学术生涯的中期以后，研究主题呈现出显著的多元化特征，涉猎的研究主题非常广泛。这与该学者所从事的学科专业密切相关，网络安全本身就是一个更新速度非常快的学科领域，需要不断进行方法、技术和工具的革新，持续探索和尝试新的研究主题，如此才能保持较高的创新力。该学者的自引网络所包含的聚类很多，但大部分聚类之间都保持着一定的知识关联性，在时间顺序上直观地呈现出该学者所从事的研究工作发展演化的轨迹和脉络。

借助自引网络的引用时滞指标来看，大部分的自引关系时滞仍是在 5 年以内，超过 5 年和 10 年的也有，但数量很少。在极个别的情况下，出现了自引时滞超过 15 年的情况，存在于该学者当前所从事的 C6 聚类当中，说明了该学者 15 年前所取得的研究成果对其当前所从事的研究仍有支撑作用，这也反映出该学者的研究方向虽然很多，但是主线十分突出，关键性的研究主题具有较强的连续性。

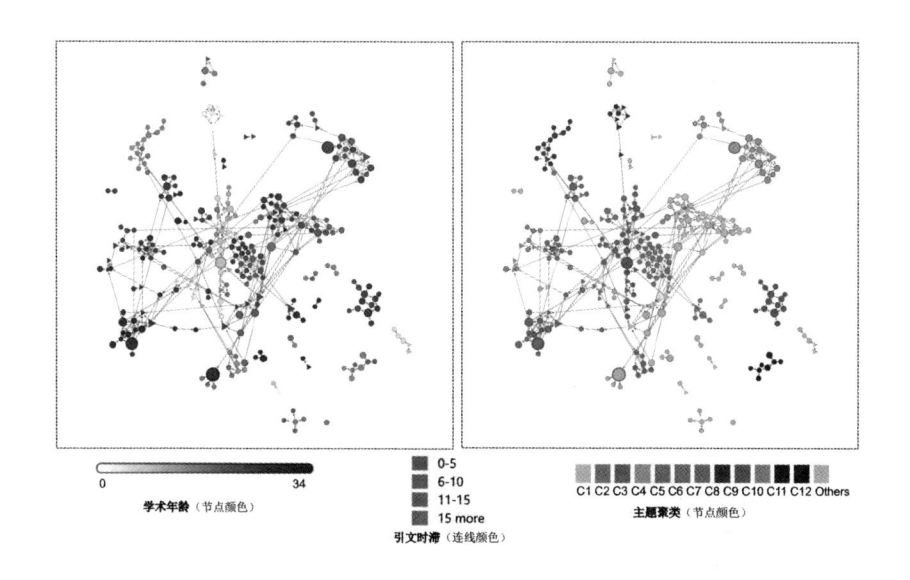

图 6-11　蒋院士的自引网络

### 3. 化工、冶金与材料工程学部邓院士

邓院士是中国电磁辐射控制材料与技术领域的学术带头人之一，长期致力于电子功能材料领域的科学研究。在本书所获取的样本数据集合中，邓院士发表论文共计 504 篇，以英文论文为主，自引证率和自引比例分别为 2.52% 和 29.17%。作为化工、冶金与材料工程学部的院士代表，邓院士的自引网络如图 6-12 所示。基于引用网络，我们运用 LDA 模型对每个聚类进行主题识别，并从中提取出能够表征各个主题的主要关键词，邓院士的自引网络共包含 13 个聚类，各个聚类所包含的主要关键词如表 6-10 所示。

表6-10　　　　　　　邓院士自引网络的聚类分析结果

| 聚类 | 主要关键词 |
| --- | --- |
| C1 | 雷达；电磁频率；散射截面；部分极化；面波吸收 |
| C2 | 硅隔离器；光子学；磁膜；集成设备；光子；相位波导 |
| C3 | 谐振；微波；磁渗透性；吸收；极化；频率；纳米晶；各向异性 |
| C4 | 羰基铁；抗氧化；铁硅铝；合成；薄片化；碳合金 |
| C5 | 薄片；铝结构；壳；亮度；涂层；锆；颜料；磁控管 |
| C6 | 电镀膜；电致变色；复原；三苯胺；放射性；聚合物；能量；咔唑；设备 |
| C7 | 磁性材料；结构；永磁电机；2D；光磁转换；铁磁 |
| C8 | 渗透性；吸收；材料；电磁；光谱学；硅；铁硅铝软磁合金；穆斯堡尔；铁；合金 |
| C9 | 设备；电介质；超材料；能量；电磁跃迁；金属绝缘体边界 |
| C10 | 电磁波；涂层；超构表面；高的电介质；高介电；大气层；氧化硼；氧化钙；电路 |
| C11 | 磁膜；各向异性；高性能；渗透性；多义层；性能 |
| C12 | 极化；转换器；表面线性；直流电流；机械装置；转换；分布；电波 |
| C13 | 锆；二硼化物；二氧化锆；反应；等离子体；高密度涂层；陶瓷 |

邓院士的学术生涯已超过30年，其间，他在国际刊物上发表了大量英文论文。他对电磁辐射控制材料的基本理论、制造工艺、工程应用等进行了深入的研究，特别是在电磁辐射控制材料的"薄型化""超宽带"等方面有较大进展。邓院士的自引网络规模比较大，聚类结构也比较清晰，通过主题分析共识别出了13个聚类，当中有8个聚类结成一个较大规模的子网，另外5个聚类保持相对独立的状态。

从自引网络中所包含的文献发表的时间来看，该学者早期发表的成果主题比较分散，未能形成聚类，说明研究方向不是非常聚焦和明确。最早的聚类大约出现在该学者步入学术生涯5年以后，相比较而言，C8聚类出现的时间略早一些，主要从事于光谱学、穆斯堡尔效应、铁硅铝软磁合金等方面的研究，该聚类的规模比较小，论文的影响力也相对有限。C1 和 C3 两个聚类的规模比较大，说明该学者在这两个方向上的研究活动相对更为活跃，C1 聚类所代表的方向主要研究雷达散射截面积和电磁波的极化问题，C3 聚类所代表的方向主要研究磁性纳米材料的微波电磁性能、纳米晶各向异性、磁吸收和渗透性等方面的问题，C1 和 C3 两个聚类的时间跨度也比较大，覆盖了学者学术生涯中后期直至当前所发表的一大批论文，说明该学者在这两个方向上开展的研究工作持续的时间较长，并且在这两个方向上取得了一大批研究成果，当中也包含了一些具有较高影响力的论文。

  C10 聚类所代表的研究方向主要关注涂层电介质和超构表面问题，该聚类规模很小，出现于其学术生涯的后期阶段，该方向与 C1 方向之间存在着一定的知识关联。C12 聚类代表的研究方向是超宽带线性极化转换器，是该学者近期的主要研究方向之一，聚类规模比较小，但当中包含的论文的影响力比较大，C12 聚类与 C1 和 C3 两个聚类之间都存在着一定的关联性。C4 聚类是关于羰基铁和铁硅铝合金抗氧化性能的研究，该聚类代表着邓院士当前的主要研究方向之一，且他在这一方向上形成了极高的学术影响力。C4 聚类与 C8 聚类和 C3 聚类之间存在一定的关联，也在一定程度上说明，该学者在多年以前在 C8 和 C3 方向上所取得的研究成果仍然对其当前从事的 C4 方向研究具有一定的影响。

  C5 和 C13 是两个规模较小的聚类，该学者在这两个方向上开展的研究工作不太活跃，当中包含的文献的影响力相对有限，C5 聚类所代表的方向是磁控管铝壳表面的锆涂层研究，当中所包含的文献持续时间较长，既有其学术生涯中期阶段的研究成果，也有近期发表的研究成果，C13 聚类代表着二硼化物和二氧化锆在陶瓷涂层中的应用研究，当中所包含的文献都是近期发表的，C5 和 C13 之间存在着一定的知识关联。

  另有五个聚类各自都是一个独立的子网，其中，C2 聚类的规模相对较大，聚焦硅光子隔离器的研究是该学者目前的一个重要研究方向，产生了一批具有高影响力的学术成果；C6 聚类主要研究电镀膜技术中的电致变色聚合物问题，是该学者当前的一个研究方向，并且在此方向上产生了一些具有高影响力的学术成果；C7 聚类主要研究永磁电机的磁性材料结构及光磁转换问题；C9 聚类主要研究超材料、电磁跃迁等新兴热门主题；C11 聚类的规模很小，主要研究磁膜中的磁各向异性以及渗透性问题。在上述几个独立的聚类中，除了 C11 聚类的时间略早一些以外，其余四个聚类分别代表该学者当前的四个不同的研究方向，规模不等，但各自都产生了一些具有高影响力的研究成果。

综上所述，邓院士的所有研究工作一直沿着"电磁"这一主线展开，由自引网络的聚类结构来看，形成了 13 个具体的研究方向，只有部分方向之间存在着一定的关联性，但关联性并不是很强，各个研究方向之间实际上保持着较强的区分度，分别关注于不同的研究主题，而且在其学术生涯后期阶段，该学者同时拥有多个研究方向，并且在各个方向上都保持着一定的活跃度，并形成了较大的影响力。

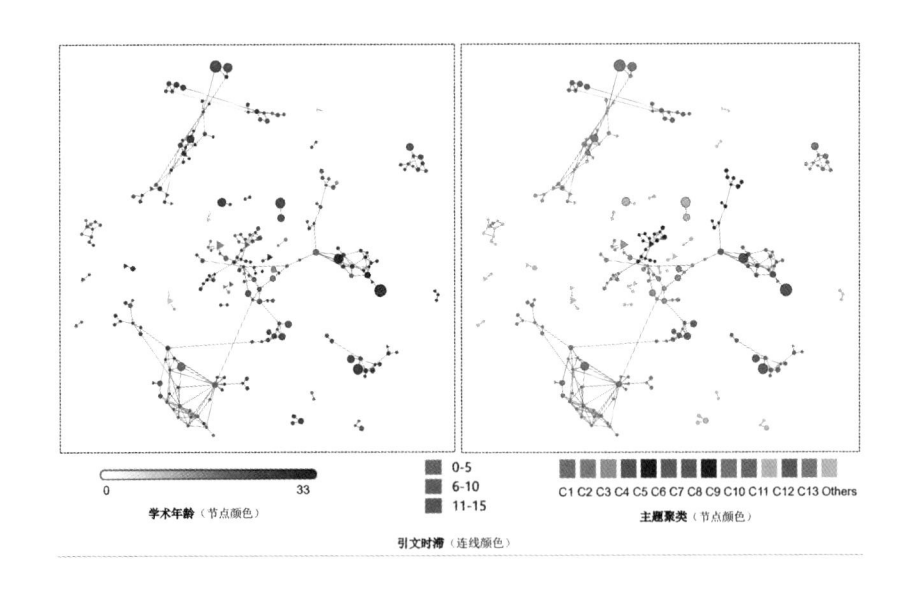

图 6-12 邓院士的自引网络

### 4. 能源与矿业工程学部孙院士

孙院士长期致力于潜在油气资源钻采、科学钻探和仿生机具等的研究。在本书获取的样本数据集合当中，孙院士发表论文共计436篇，自引证率和自引比例分别为5.11%和44.27%。作为能源与矿业工程学部的院士代表，孙院士的自引网络如图6-13所示。基于引用网络，我们运用LDA模型对每个聚类进行主题识别，从中提取出能够表征各个主题的主要关键词，孙院士的自引网络共包含12个聚类，各个聚类所包含的主要关键词如表6-11所示。

表6-11 孙院士自引网络的聚类分析结果

| 聚类 | 主要关键词 |
| --- | --- |
| C1 | 热解；水分析；温度；加热；动力学；热重分析；亚临界 |
| C2 | 裂解；天然气水合物；液压；数值模拟；蓄水池；水化 |
| C3 | 金刚石钻头；钻头；孕镶金刚石钻头；仿生；非光滑；仿生耦合；非光滑度；耐磨；碎岩机理；热压烧结 |
| C4 | 金刚石复合材料；机动的属性；矩阵；浸渍；涂层；耐磨性 |
| C5 | 孔底冷冻；科学钻探；干冰；取样器；泥浆制冷；泥浆制冷系统；冻土区；取心钻探；南海天然气水合物；干冰法冷冻方式 |
| C6 | 水气；原位；热解；注入流量；热压；数值模拟 |
| C7 | 钻井；冰下；取芯；工程勘探；极地；湖泊；钻孔；闭合 |
| C8 | 泡沫钻进；增压装置；水泵；泡沫；缝隙式消泡器；水井；应用前景；干旱；水井钻探；机械消泡法 |
| C9 | 地源热泵；竖直埋管；换热器；地下换热器；组态软件；线热源；pid控制；传热；可编程逻辑控制器；地下热交换器 |
| C10 | 数值模拟；水力压裂；原位开采；加热时间；有氧热解；打捞器；工频电加热；大口径钻井；割管器；氧的驱动 |
| C11 | 有限元法；钢合金；终极河流工具；装配；铝合金 |
| C12 | 南极；深冰芯；铱星通信；SSH协议；东方站；冗余设计；冰下基岩钻探；冰下湖；冰下环境；冰下环境探测 |

孙院士长期致力于高效耐磨仿生金刚石钻头材料、仿生钻探机具、大陆深部科学钻探装备技术以及潜在油气资源钻采技术等研究领域，从事探矿工程的理论研究、技术创新、设备研究开发。他瞄准我国天然气水合物、地质深部勘探等国家重大战略需要，在探矿工程领域进行前沿性的研究，并将这些技术应用于生产实践。我们从其自引网络中识别出了12个聚类，从其出现的时间先后顺序来看，C8和C9两个聚类代表着该学者学术生涯早期阶段的两个主要研究方向，C8聚类主要研究水泵泡沫增压装置在水文水井钻进中的应用，重点关注泡沫钻进技术和消泡方法。C9聚类主要研究地源热泵换热器的竖直埋管技术，该方向上取得了一批具有高影响力的成果。C8和C9两个方向的研究规模不是很大，基本上覆盖了学者学术生涯的前半个阶段。

C3和C5两个聚类代表着该学者在学术生涯中期阶段的两个主要研究方向，并且这两个聚类的规模要大于C8和C9。C3聚类所代表的研究方向聚焦于高效耐磨仿生金刚石钻头的研发，该方向也取得了一批具有高影响力的研究成果。C5聚类主要研究南海天然气水合物孔底冷冻取样方法以及孔底冷冻和泥浆制冷技术，该方向与C3聚类之间有一定的关联性，但关联性并不是很强。孙院士在这两个方向上的研究工作持续至学术生涯中后期，为其积累了丰富的学术影响力。

C7、C10、C11两个聚类出现于其学术生涯的中后期阶段，两个聚类的规模都不大，但是当中也包含了一些具有高影响力的学术成果。C10聚类主要从事数值模拟在水力压裂技术中的应用、原位开采中的加热技术等方面的研究。C7聚类主要从事于极地冰下钻井取芯技术研究。C11聚类的规模很小，主要研究铝合金和钢合金装配问题，该方向主要采用有限元方法。

C1、C2、C4、C6、C12几个聚类代表着该学者近期从事的几个研究方向。其中，C1是所有聚类当中规模最大，影响力最大的一个方向，主要从事热分析动力学及热重分析，从论文的被引频次来看，这一方向几乎代表着该学者所取得的最高成就。C6聚类所代表的研究方向主要关注热采技术中的原位热解及其数值模拟问题，C6和C1两个聚类之间的自引关系甚密，表明 C6 方向与 C1 方向两者之间存在着较强的知识关联，从关键词来看，两个方向都研究热采技术的方法与原理。C2 是另一个较大规模的聚类，主要研究天然气水合物的裂解问题，当中也包含了一大批具有较大学术影响力的成果。C12 聚类的规模很小，主要从事极地冰下基岩钻探方面的研究。

孙院士的研究范围非常广泛，研究主题呈现出多元化的特征，但是全部都围绕着钻探技术问题，主线非常突出。该学者在多个方向上的研究活动都非常活跃，并且都取得了具有较大影响力的学术成果。自引网络中的 12 个聚类，大部分都保持着相对独立的状态，说明各个研究方向各有侧重，彼此之间有着明确的区分度。

从自引时滞来看，网络中大部分的自引关系时滞都在 5 年以内，C1、C2、C3、C8 几个聚类当中出现了一批超过 5 年的自引关系，说明这几个研究方向持续的时间较长，研究主题和内容具有更强的延续性，早期研究成果对当前的研究工作仍有较大的支撑作用。

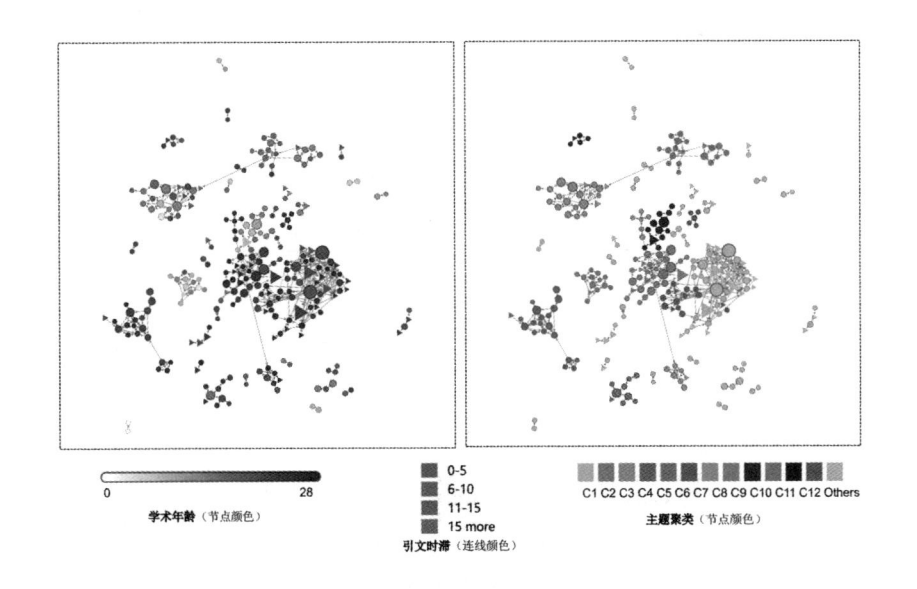

图 6-13 孙院士的自引网络

### 5. 土木、水利与建筑工程学部刘院士

刘院士是土木工程材料领域的专家，长期从事高性能混凝土的基础理论和关键技术研究，重点关注高性能混凝土的流动性调控、裂缝控制以及服役性能提升等方面。刘院士发表论文共计288篇，以英文论文为主，自引证率和自引比例分别为3.2%和42.01%。作为土木、水利与建筑工程学部的院士代表，刘院士的自引网络如图6-14所示。基于引用网络，我们运用LDA模型对每个聚类进行主题识别，从中提取出能够表征各个主题的主要关键词，刘院士的自引网络共包含七个聚类，各个聚类所包含的主要关键词如表6-12所示。

表6-12　　　　　　刘院士自引网络的聚类分析结果

| 聚类 | 主要关键词 |
| --- | --- |
| C1 | 吸附；梳状聚羧酸盐；分子结构；共聚物；水泥分子；聚合物；三钙 |
| C2 | 水合作用；水泥早期老化；膨胀；收缩；温度；混凝土 |
| C3 | 混凝土；收缩；膨胀；水合作用；温度；强度；钢基桥 |
| C4 | 收缩；结构；表面还原；水合作用；高效减水剂；水泥硅酸盐；属性；毛孔 |
| C5 | 硅酸盐；水泥；钙；水合作用；分子结构；水合物；动力学；混凝土；掺合料 |
| C6 | 黏度；吸附；流变学；微粒；产量；压力；黏合；微纤维；薄膜 |
| C7 | 水泥；水合作用；氧化物；属性；机械复合材料；钙；高效减水剂；结构聚羧酸盐 |

刘院士长期致力于混凝土收缩裂缝控制和超高性能化这两大核心方向，建立了收缩开裂的理论体系，形成了"UHPC"新工艺。同时，研制出"减缩抗裂""力学性能提升""流变性能调控"三大核心技术群和一系列新型功能材料，在地下空间、隧道、长大结构等工程中得到了成功应用，达到了"零裂纹"的效果，从而提高了结构的抗侵彻能力和承载力。从首篇论文发表至最近一篇论文发表所持续的学术生涯时间相对较短，仅为17年。在此期间发表论文近300篇，当中近一半存在着自引现

象。从自引网络的结构来看，刘院士的自引网络密度较高，共包含了七个聚类，各个聚类之间存在着密集的自引关系，说明各个研究方向之间的知识关联性较强。

C1 聚类是七个聚类中规模最大、出现时间最早，也是持续时间最长的一个方向，主要研究梳状聚羧酸盐的分子结构和吸附性能，这一研究方向覆盖了学者学术生涯的前半个时期，在此期间产出了一批具有较大影响力的学术成果，为其学术生涯后期从事的研究工作奠定了坚实的基础。C1 聚类与 C6、C7 两个聚类之间的自引关系最密，C6 聚类所代表的方向是从事微纤维薄膜及流变性能调控方面的研究，C7 聚类重点关注机械复合材料高性能聚羧酸减水剂方面的研究，C7 聚类的规模很小，但所包含成果的影响力很大，且居于整个自引网络的中心位置，与其他多个聚类之间均有广泛的知识关联。C2 聚类的规模与 C7 聚类的规模相当，结构和位置大致接近，并且包含了一大批具有高影响力的学术成果，主要研究水泥混凝土的水合作用、早期老化、膨胀收缩等问题，这一方向与 C7 的自引关系甚密。C2 聚类当中的节点分成两类，圆形节点和三角形节点各占一半比例，刘院士主导发表的论文居于一端，非主导的论文则居于另一端，说明其团队成员在该方向上所从事的研究主题与刘院士主导的研究主题仍有一定的差别，由刘院士主导的论文的影响力普遍高于非主导论文的影响力。C2、C7 两个聚类所包含的论文被引频次非常高，代表着该学者在其学术生涯后半个时期颇具影响力的两个研究方向。

C3 聚类主要研究钢基桥混凝土的水合作用及膨胀收缩问题，C4 聚类主要研究高效减水剂、水泥硅酸盐等主题，C5 聚类关注水泥硅酸盐力学性能方面的研究。

通过自引网络的聚类结构来看，七个聚类所代表的七个研究方向之间存在着广泛的知识关联性。借助各个聚类的关键词来看，这几个方向在研究主题上都存在着不同程度的重叠，例如七个聚类当中有六个聚类都包含水合作用这个关键词，膨胀与压缩两个词汇也频繁地出现在多个聚类的关键词列表中。实际上，刘院士的研究方向是高度聚焦的，一直沿着混凝土收缩裂缝控制和超高性能化这个主线开展研究工作，形成了抗裂检索、性能提升和流变调控三个关键技术群。在其学术生涯的前半个阶段，主要围绕 C1 方向开展研究，C4 主题展现出了从传统到现代的转变与过渡，而其他几个方向多出现在该学者学术生涯的后半个段。该学者在学术生涯的后期研究活动更为活跃，同时围绕多个方向开展研究工作，且在多个方向上形成了较大的学术影响力，各个方向的研究工作相互关联和支撑，共同指向混凝土收缩裂缝控制和超高性能优化这个主线。

从自引时滞来看，大部分的自引关系时滞都在 5 年以内，超过 5 年和 10 年的自引关系很少，且主要出现在 C1 和 C4 两个聚类当中，表明这两个聚类所代表的研究方向持续的时间相对较长，该学者在学术生涯早期所取得的研究成果与多年以后的研究工作仍有一定的关联性和支撑作用。

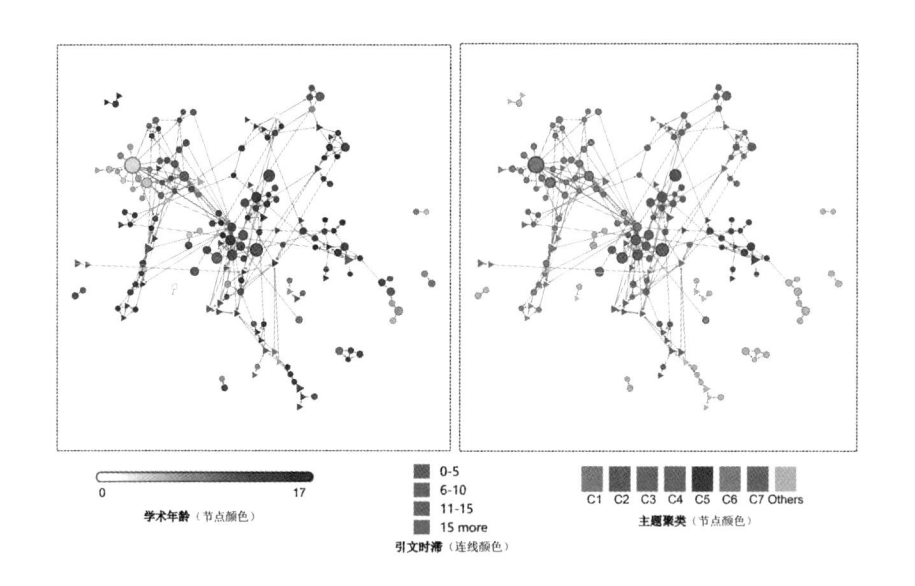

图 6-14 刘院士的自引网络图

6. 环境与轻纺工程学部徐院士

徐院士是纺织材料专家，长期致力于先进纺纱技术与纺织品领域的研究。在本书所获取的样本数据集合当中，徐院士发表论文共计 459 篇，自引证率和自引比例分别为 2.48% 和 22.88%。作为环境与轻纺工程学部的院士代表，徐院士的自引网络如图 6-15 所示。基于引用网络，我们运用 LDA 模型对每个聚类进行主题识别，从中提取出能够表征各个主题的主要关键词，徐院士的自引网络共包含 15 个聚类，各个聚类所包含的主要关键词如表 6-13 所示。

表 6-13　　　　　　　　　徐院士自引网络的聚类分析结果

| 聚类 | 主要关键词 |
|---|---|
| C1 | 太阳能；水蒸气；蒸发；光热；多孔；蒸发器；转换；结构 |
| C2 | 灯芯草；应力应变；颜料脱色；纤维素；3D；纤维染料 |
| C3 | 硝化棉；羊毛层；废物回收；氧化；织物染色；吸附 |
| C4 | 聚氨酯；力学性能；共混膜；人造血管；丝素粉体；羽绒粉体；组织相容性；相容性；医用聚氨酯；丝素 |
| C5 | 透明质酸；光聚合强度；希夫碱；酒精基愈合敷料 |
| C6 | 嵌入式复合纺纱；毛羽；张力控制；定位；喂入装置；纺纱；纱线；测试；性能；产品开发 |
| C7 | 超疏水性；抗菌棉；ZIF；沸石；抗紫外线性能；纳米粒子 |
| C8 | 纱线性能；集聚压纱盘；熨烫加热；传统环锭纺；低碳纺纱；压纱载荷；多功能复合；多重集聚纺；强捻纱；成纱三角区 |
| C9 | 环形包装；纤维压力；属性；表面凝结 |
| C10 | 射频能量收集；功率转换效率；最大功率点跟踪；差分驱动 CMOS 射频整流器；高频整流器；频率可调；超低功耗；负压产生电路；自供电；能量收集 |
| C11 | 聚氨酯；羽绒粉体；马来酸酐；防水透湿性；超细羊毛粉体；表面改性；肝素；缓释性能；疏水性；改性 |
| C12 | 染色；棉胶；混合物；大麻；绿色回收；脱胶；拔染 |
| C13 | 透射；织物；红外辐射；红外光线；吸收；反射率；反射 |

续表

| 聚类 | 主要关键词 |
| --- | --- |
| C14 | 工程教育专业认证；课程目标；课程改革；能力导向；考试试题；考核评价；科教协同；教学反思；微电子；工程教育认证 |
| C15 | 蒸汽处理；羊毛纱；羊毛束纤维；湿态；温度；涤纶长丝；汽蒸；拉伸速度 |

徐院士的学术生涯已持续了近 30 年，其间在中外文期刊上发表了大量的学术论文，当中有接近 1/4 的论文存在自引，其自引网络共包含 15 个聚类，分别代表着 15 个不同的研究方向，其中有四个聚类结成了一个较大规模的子网，其余 11 个聚类都保持着相对独立的状态，彼此之间不存在自引关系。该学者早期的研究方向比较分散，未能形成聚类结构。在已识别出的 15 个聚类当中，C13 聚类出现的时间最早，代表着该学者学术生涯早期阶段的研究方向之一，主要是研究织物的红外线辐射、反射、透射问题。C15 聚类也出现在学术生涯的早期阶段，主要关注蒸汽处理对羊毛纱和涤纶长丝拉伸性能的影响研究。C13、C15 两个聚类的规模都很小，且保持着相对独立的状态，与其他聚类间不存在自引关系。

在该学者学术生涯的中期阶段，出现了 C4、C6 和 C11 三个聚类，这三个聚类规模不等，但都保持着相对独立的状态，与其他各个聚类不存在自引关联，分别代表着三个不同的研究方向。其中，C11 聚类主要研究羽绒粉体、羊毛粉体、马来酸酐、聚氨酯的疏水性、防水透湿性、表面改性等问题，规模很小。C4 聚类所代表的方向主要关注聚氨酯的性能及其在医用材料中的应用，C6 聚类的主要研究方向是嵌入式复合纺纱技术的产品开发和性能测试，C4、C6 两个聚类的规模大于 C11，但活跃度仍不及该学者当前所从事的几个研究方向。该学者学术生涯早期和中期的研究成果与其学术生涯后期的研究成果不存在自引关联性，说明早期和中期的研究对后期研究工作的影响不大。

至学术生涯的后期阶段，该学者的研究方向呈现出多元化的状态，但是各个方向的研究活跃度存在着较大差别。C8、C9、C10、C12、C14 是其中几个规模较小的聚类，都是独立的子网，与其他各个聚类不存在自引关系，所包含的研究成果的学术影响力也相对有限。相比较而言，C1、C2、C3 和 C5 四个聚类代表着该学者当前较为活跃的研究方向，且这几个方向相互之间存在着一定的自引关联，说明这几个方向的研究主题和内容存在着一定的知识关联性。C1 聚类在整个自引网络中规模最大，所包含的文献的被引频次也最高，主要从事光热转换多孔结构及太阳能蒸发技术研究，这是当前阶段该学者最主要的研究方向，也是最具学术影响力的方向。C2 聚类所代表的方向是研究灯芯草纤维素的染色及脱色问题，生物质灯芯草纤维的 3D 应变问题。C3 聚类研究硝化棉的织物染色及废物回收技术。C5 聚类研究光聚合透明质酸愈合敷料。这四个聚类的规模普遍较大，所包含的成果的学术影响力也普遍较高，在一定程度上代表着徐院士当前颇具影响力和活跃度的几个主要研究方向。

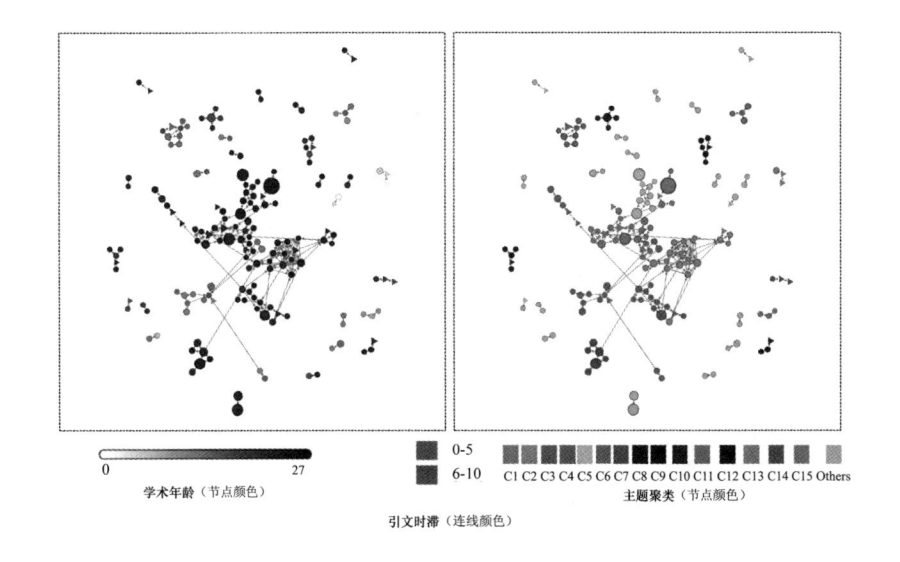

图 6-15　徐院士的自引网络

徐院士在纺织材料领域有着广泛而深入的研究，其研究方向众多且各自保持着较高的独立性。从自引网络的结构来看，这些研究方向之间的区分度较高，表明徐院士在不同领域都有着独到的见解和成果。其涉猎的研究主题较多，在与纺织技术相关的多个领域都取得了一系列有影响力的成果。但是就具体的研究方向来看，该学者在各个不同的研究方向上并非均匀用力，而是有所侧重。

7. 农业学部侯院士

侯院士长期从事水禽育种与养殖技术研究，在肉鸭培育方面取得了重大贡献。在本书所获取的样本数据集合中，侯院士发表论文共计441篇，自引证率和自引比例分别为4.66%和27.21%。作为农业学部的院士代表，侯院士的自引网络如图6-16所示。基于引用网络，我们运用LDA模型对每个聚类进行主题识别，从中提取出能够表征各个主题的主要关键词，侯院士的自引网络共包含12个聚类，各个聚类所包含的主要关键词如表6-14所示。

表6-14　　　　　　侯院士自引网络的聚类分析结果

| 聚类 | 主要关键词 |
| --- | --- |
| C1 | 鸭子；能量；蛋氨酸；需求量；发育性能；可代谢赖氨酸；雏鸭毒性 |
| C2 | 核黄素；鸭子；生长性能；肝脏脂质；需求量；代谢缺乏 |
| C3 | 基因组；鸭子；基因；遗传学；基因表达；基因突变；动物驯化 |
| C4 | 鸭子；北京鸭；苏氨酸；蛋白质；脂质脂肪需求量；生长代谢 |
| C5 | 基因；肌肉；基因表达；基因组序列；北京鸭；骨骼；组织 |
| C6 | 核黄素；生长性能；维生素b2；硫胺素；需要量；血浆生化指标；抗氧化；肉仔鸡；缺乏；脚裂症 |
| C7 | 鸭甲肝病毒；北京鸭；肝炎病毒转录组；细胞凋亡；天冬氨酸；联合育种 |
| C8 | 性能；动物重量；喂养；鸭子；鸭足发育受控 |
| C9 | 北京鸭；胸肌；遗传参数；间接选择；水禽；内脏器官；屠宰性状；建议；技术；椎骨数 |

续表

| 聚类 | 主要关键词 |
| --- | --- |
| C10 | 毒性；需要量；蛋氨酸羟基类似物；畜牧学；北京鸭 |
| C11 | 填饲；体脂沉积；血液指标；胴体品质；肝脏组织学；生长性能；北京鸭；北京填鸭；骡鸭；酶制剂 |
| C12 | 全基因组关联分析；连城白鸭；建议；MS；ROAV；SELENOT 基因；SPME；产业；北京鸭；固相微萃取气质联用 |

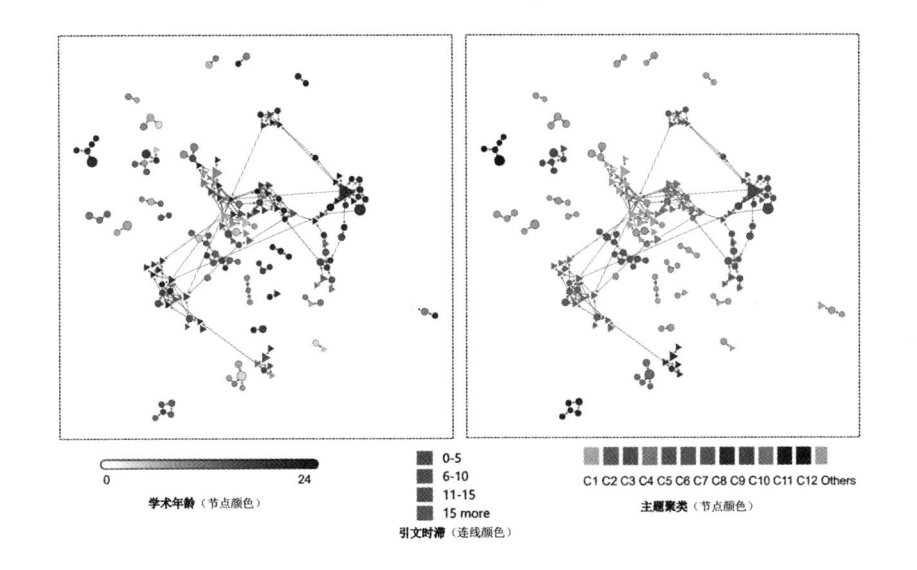

图 6-16 侯院士的自引网络

侯院士发表的中英文论文为 400 余篇，发表时间前后持续 24 年，我们以此表征其学术生涯的长度。由自引网络的分析结果来看，我们从中识别出了 12 个聚类，分别代表 12 个不同的研究方向。比照文献的发表时间来看，在学术生涯初期该学者的研究主题并不聚焦，早期发表的文献彼此之间的引文关系比较稀疏，未能呈现出明显的聚类。

C1 是在学术生涯早期阶段出现的聚类，也是整个自引网络中规模最大的聚类，又是持续时间最长的聚类，当中有较大比例的文献是侯院士以非主导者身份发表的，这些文献的学术影响力普遍很高，该聚类主要从事蛋氨酸和赖氨酸对鸭子生长性能的影响以及雏鸭毒性方面的研究，代表着该学者在其学术生涯早期阶段最重要的研究方向。C1 聚类与多个聚类之间存在着自引关系，随后演化出了 C4 和 C6 两个聚类。C4 出现在学术生涯的中期阶段，主要关注北京鸭的苏氨酸、蛋白质、脂肪等方面。在 C4 的基础之上又演化出 C2 聚类，该聚类出现在其学术生涯的中后期，主要研究核黄素对鸭子生长性能的影响，以及鸭子的肝脏脂肪代谢问题。可见，从 C1 聚类到 C4 聚类，再到 C2 聚类，这几个方向的研究主题和内容存在着很强的关联性和延续性，所包含的关键词存在着很多的交叉。C8 聚类与 C2 聚类之间存在着一定的关联，C8 聚类的规模较小，是对鸭子生长发育中足部发育受控问题以及喂养方式对鸭子生长性能的影响问题，C8 聚类中的文献基本上都是该学者以非主导者身份发表的。

C6 聚类出现在其学术生涯的中后期，是在 C1 聚类基础之上演化出的一个方向，该方向关注核黄素、维生素 b2、硫胺素等对鸭子生长性能的影响，在研究主题和内容上与 C1、C4、C5 等多个聚类都存在着一定的知识关联。C5 聚类的时间跨度覆盖了该学者学术生涯中期及以后的一段时期，主要关注北京鸭的基因研究。这一聚类为 C4 聚类和 C3 聚类都提供了重要的支撑。C4 聚类随后演化出 C3 聚类，C3 聚类出现于其学术生涯的后期阶段，延续了 C4 的研究方向，仍然是对鸭子的基因进行遗传学研究，包括基因组的表达、突变等问题。C3 聚类代表着该学者当前最主要的研究方向，并且在该方向上取得了一批具有高影响力的学术成果。

C7 聚类与 C1 和 C3 两个聚类都有关联，与 C3 的关联性更强，从关键词来看，C7 聚类主要研究北京鸭肝炎病毒。该聚类的规模虽小，但是也代表着该学者当前的研究方向之一。除此以外，C12 也代表着该学者当前的研究方向之一，是对北京鸭全基因组关联方面的研究以及相关技术在产业化当中的应用研究，这一聚类虽然规模很小，但是研究成果的影响力相对较大。

上述几个聚类之间存在着或强或弱的关联性，剩余 C9、C10、C11 等几个聚类是以独立子网的状态存在的，且规模都比较小。其中，C10 聚类出现的时间较早，代表着该学者学术生涯早期阶段的研究方向之一，主要是对北京鸭蛋氨酸需求量和毒性的研究。C9 聚类的规模虽小，但持续的时间较长，且具有较高的学术影响力。C11 聚类出现在学者学术生涯的中期阶段，规模较小。

综上所述，侯院士的所有研究方向都围绕着鸭子的生长性能这个主线，在不同时期形成了不同的研究方向，但大部分方向都保持着研究主题和内容上的知识关联性。从自引网络中可以识别出当中几个方向存在着明显的演化轨迹。

8. 医药卫生学部蒋院士

蒋院士是药理学家，主要致力于抗病毒，抗肿瘤以及抗代谢性疾病的新药研究。蒋院士发表论文共计 331 篇，自引证率和自引比例分别为 4.28% 和 47.43%。作为医药卫生学部的院士代表，蒋院士的自引网络如图 6-17 所示。基于引用网络，我们运用 LDA 模型对每个聚类进行主题识别，从中提取出能够表征各个主题的主要关键词，蒋院士的自引网络包含六个聚类，各个聚类的主要关键词如表 6-15 所示。

表 6-15　　　　　　蒋院士自引网络的聚类分析结果

| 聚类 | 主要关键词 |
| --- | --- |
| C1 | 药物；蛋白质；细胞；动物肝脏；激酶受体；血液；新陈代谢；胰岛素 |
| C2 | 病毒；蛋白质；药物；肝炎；细胞；Rna；人类；复制规则；肝炎病毒 |
| C3 | 细胞；药物；蛋白质；肿瘤；人类；细胞凋亡；循环；抗肿瘤药；癌症 |
| C4 | 动物；黄连素；新陈代谢；肠道疾病；动脉粥样硬化；血液光谱法；药物 |
| C5 | 蛋白质；药物；肺结核；分枝杆菌；细菌制剂；未分类 |
| C6 | 生物碱；吲哚；药物；核病毒；磁共振；人类；植物 |

蒋院士首次提出黄连素降血脂、降血糖的新作用机理，阐明其复杂系统中的化学与生物规律。其成果已在临床上得到验证，并获得广泛的应用，他所建立的药效云理论也被认为是中国原创药物研究的一个范例。此外，他还创建了先进的抗感染药物技术体系，并提出了以宿主细胞为调节机制的药物学理论，这一理论已经在实际应用中得到验证，为抗病毒治疗提供了新的策略和方法。蒋院士的学术生涯已有30余年，在此期间发表论文300余篇，其中近一半的论文存在着自引现象。他的自引网络共包含六个聚类，分别代表着六个不同的研究方向。

按照文献发表的时间先后顺序来看，C3聚类出现的时间相对较早，所包含的文献多发表于学术生涯的早期阶段，主要从事于肿瘤细胞的蛋白质代谢研究以及抗肿瘤药物研发，该聚类代表着学者学术生涯早期阶段最主要的研究方向，并为其学术生涯中后期阶段所开展的研究工作奠定了关键的基础。从自引网络中的自引关系及其聚类结构来看，由C3聚类演化出C2聚类，C2聚类出现在该学者学术生涯的中期及以后，主要关注于肝炎病毒，研究肝炎病毒对蛋白质代谢的影响、Rna控制肝炎病毒复制等，以及抗肝炎药物的药理及研发。

C1聚类是整个自引网络中规模最大的聚类，所包含的文献数量最多，持续的时间也较长，这些文献有些发表于其学术生涯的中期前后，也有后期发表的，当中还包含了一些具有较高学术影响力的文献。C1聚类所代表的研究方向主要关注胰岛素等降糖药物的药理，包括胰岛素受体激酶以及胰岛素调控肝细胞代谢等问题。C1聚类代表的研究方向在该学者学术生涯中持续的时间比较长，也是最具活跃度和影响力的研究方向。这一方向与C2聚类有一定的自引关系，但关联性并不是很强，C1聚类与C4聚类之间的自引关系最为紧密。

C4聚类主要研究的是黄连素（也称小檗碱）药物的降脂降糖新功效，血液光谱法是这一研究方向重点采用的方法，黄连素具有抑菌作用，原本多用于治疗肠道疾病，但蒋院士发现了该药物对于治疗动脉粥样硬化疾病的有效性，从而发掘出该药物所具有的降脂降糖，改善人体新陈代谢的新功能,这也是蒋院士学术生涯当中十分重要的成就之一,曾就此发现获得国家自然科学奖二等奖。从自引关系来看以及从聚类出现的时间先后顺序可以判断,C4 聚类的出现源于 C1 聚类,换言之,由 C1 聚类所代表的研究方向演化出了 C4 聚类所代表的研究方向,并且这两个研究方向目前同时存在,也就是说,当 C1 方向演化出 C4 方向以后,C1 方向并没有就此消失,或者被 C4 所取代,而是作为两个高度接近的方向共存,这两个方向在研究主题和研究内容上具有交叉重叠性,彼此之间存在着高强度的知识关联。

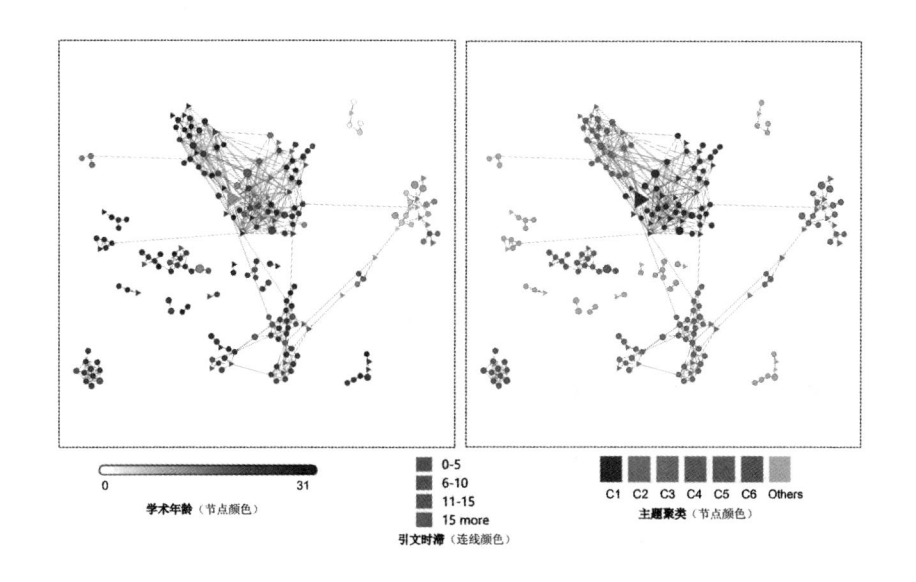

**图 6-17 蒋院士的自引网络**

C5 聚类代表着学者学术生涯后期及近期出现的一个研究方向,主要围绕着肺结核分枝杆菌进行研究,进行细菌制剂的药物研发。这是一个相对独立的研究方向,与其他聚类之间不存在自引关联。C6 聚类主要研究吲哚生物碱的抗病毒性能以及相关药物的研发,吲哚生物碱具有抗癌、抗病毒、抗菌等生物活性,可以通过核磁共振和质谱测定方法进行测定。

C6 聚类所代表的研究方向出现在学术生涯的后期阶段，也是一个相对独立的研究方向，与其他聚类之间不存在自引关联性，说明 C5、C6 两个研究方向在研究主题和内容上与其他四个方向具有较高的区分度。

综上所述，蒋院士一直从事药理学研究以及药物的研发和制备，非常注重中国原创新药研究、开发及理论探索。从自引网络的聚类结构来看，其研究方向不多，但每个方向各有侧重，分别从事不同类型病毒、疾病及药物的研究，但各个方向之间有着或强或弱的知识关联性。自引网络中存在着一批较长时滞的自引关系，在各个聚类当中以及各个聚类之间，存在着一些超过 5 年、10 年乃至 15 年的自引关系，说明蒋院士的研究方向具有较强的连续性和一致性，其学术生涯早期和中期的研究成果对于其后期阶段的研究工作仍具有重要的参考借鉴和支撑作用。

9. 工程管理学部王院士

王院士是可靠性系统工程技术专家，长期从事可靠性系统工程理论研究与重大工程管理实践。王院士发表论文共计293篇，自引证率和自引比例分别为 1.67% 和 28.50%。作为工程管理学部的院士代表，王院士的自引网络如图 6-18 所示。基于该引用网络，我们运用 LDA 模型对每个聚类进行主题识别，从中提取出能够表征各个主题的主要关键词，王院士的自引网络共包含七个聚类，各个聚类所包含的主要关键词如表 6-16 所示。

表 6-16　　　　　　王院士自引网络的聚类分析结果

| 聚类 | 主要关键词 |
| --- | --- |
| C1 | 网络分析；方法论；故障；复杂流动；动力学理论 |
| C2 | 分解；液压值；矢量；奇异支集；泵机健康评估 |
| C3 | 优化；代理人；智能维护；弹性；可靠性；多部件；栅格启发算法 |
| C4 | 故障测试；诊断模型；聚类算法；假位；树算法 |
| C5 | 可靠性；分组网络；锂离子；随机性；寿命评估；神经网络 |

续表

| 聚类 | 主要关键词 |
|---|---|
| C6 | 模拟；故障排除；预测；补偿数据；设计；评估；沉浸式；集成；运动 |
| C7 | 应力加速；退化检测；发光二极管；预测；分布估计 |

王院士在可靠性系统工程领域有着卓越的贡献。他创新性地构建了基于故障/缺陷预防、诊断和治疗的可靠性综合集成理论，研发了相应的综合集成平台。这一平台被成功应用于多个重大型号的研制，有效解决了功能性能设计与可靠性设计相互脱节的技术难题。王院士迄今为止发表学术论文近300篇，发文量并不低，但自引网络比较稀疏，当中包含了七个聚类，大部分的聚类保持着独立状态，彼此之间不存在自引关系。

从各个聚类中文献发表的时间来看，早期的研究成果在自引网络中呈零散分布状态，未能形成聚类。在已形成的七个聚类当中，C2聚类出现的时间相对较早，代表着其学术生涯早期的一个研究方向，该方向持续的时间比较长，覆盖了他学术生涯初期至中后期的较长时期，该聚类所代表的研究方向主要关注液压泵健康状态评估问题，该学者在此方向上取得了一些具有高影响力的学术成果，这一方向从其学术生涯初期持续至后期，体现出较强的传承性和延续性。C6聚类出现在其学术生涯的早期阶段，规模比较小，主要关注故障诊断和故障预测数据集、故障模拟及排除等方面的研究。C1聚类的规模最大，也是自其学术生涯早期便已出现，一直持续至后期阶段，覆盖了其学术生涯较长的一段时期，该聚类所代表的研究方向主要从事复杂网络与网络动力学研究及其在故障分析与检测中的应用研究。

C7聚类的规模很小，大致出现在学者学术生涯的中期阶段，主要研究应力加速退化试验、发光二极管寿命预测等问题。C4聚类大约出现在其学术生涯中期及以后的阶段，主要研究故障诊断与测试的算法和模型，包括聚类算法、树算法等。C3、C5两个聚类出现时间以及持续的时间基本相当，各自包含了一些具有高影响力的学术成果，在一定程度上代表着该学者在学术生涯后期及当前正在从事的两个主要研究方向，C3 聚类所代表的研究方向主要研究智能优化算法的可靠性及其在智能维护中的应用，C5 聚类所代表的研究方向主要关注基于分组、神经网络等的可靠性和随机性检验以及寿命评估问题。在所有的聚类当中，只有 C3、C5 两个聚类之间存在着自引关联，其他所有的聚类都保持着相对独立的状态，说明这两个方向在研究主题和内容上存在着一定的知识关联。

王院士一直从事面向航空航天装备的故障检测、诊断、预测方面的研究，沿着这一条主线形成了几个不同的研究方向，各个方向的区分度较高，各自都关注于不同的研究主题。这些表现在自引网络当中，虽结成了几个聚类，我们借此可以观测到该学者在其学术生涯的不同阶段所从事的研究方向，但大部分聚类之间并不存在自引关联，未能呈现出研究方向的演化与迁移轨迹。自引网络中绝大部分自引关系的时滞都在 5 年以内，超过 5 年的自引关系极为罕见。

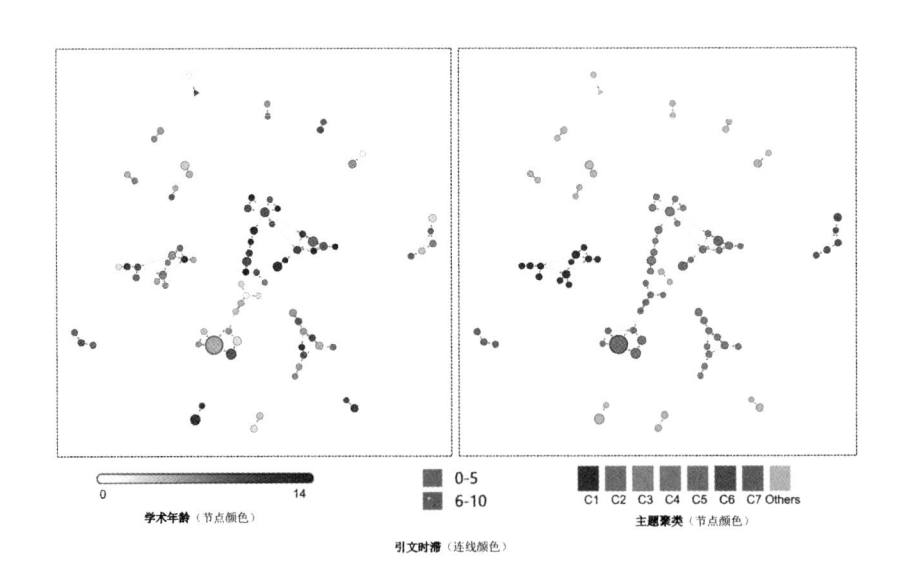

图 6-18　王院士的自引网络

## 四 自引视角下杰出学者学术生涯的发展历程

本章以2021年度新增的147名院士作为研究对象，其中有8名院士发表的论文中不存在自引行为，无法进行自引分析，我们以其他139名存在自引行为的院士为例，分别构建自引网络并进行计量分析，从每个学部选择一名院士进行可视化展示分析，共展示和分析了来自中国科学院6个学部和来自中国工程院9个学部的15位院士代表的自引网络，并通过聚类分析和LDA主题分析考察了每位学者在其学术生涯不同阶段的主要研究方向及其历时演化情况。先是逐个分析每位学者的学术生涯发展历程及其自引网络所呈现出的特征和规律，再对所有样本学者的特征和规律进行归纳和总结，从中提炼出杰出学者学术生涯的一般性特征和规律，据此描绘国内杰出学者成长成才的轨迹。

### （一）杰出学者学术生涯的共性特征

**1. 杰出学者多拥有极高的科研生产力和学术影响力**

在本书所选取的样本对象中，近1/3的院士发文量在500篇以上，2/3的院士发文量在200篇以上，近80%的院士发文量在100篇以上，有6位院士发文量超过千篇，可见，院士们大多具有非常突出的科研生产力。相应地，院士们普遍表现出极高的学术影响力，总被引频次和篇均被引频次指标领先于普通学者，约1/3的院士总被引超过万次，平均值接近10000次，篇均被引频次为24次，从引文指标来看也是领先于普通学者的。院士们之所以有极高的科研生产力和学术影响力，固然是因为他们异于常人的创新能力和学术造诣，当中也有一个很重要的原因是他们拥有很长的学术生涯，本书将学者发表首篇论文的时间视为其学术生涯起点，计算首篇论文发表距离最近一篇论文发表的时间差，以此来表征学者学术生涯的长短。统计结果显示，在样本集合中院士们的学术生涯普遍超过20年，近一半的院士从事科研工作已超过30年，其学术生涯平均值为 28 年。当然,这批新增院士的自然年龄多在 55—60 岁,目前仍带领其团队从事研究工作,在各自领域中的科研活动仍十分活跃,也就是说,其学术生涯仍在继续,所以他们预期的学术生涯长度必然远大于此。在其超长的学术生涯中,他们在各自的学科领域中持续而专注地从事于科技创新工作,不间断地发表论文,并持续地获得引用,论文和被引频次的积累实际上就是学术资本的积累,它们就像是一块块的砖石,构筑起他们学术生涯上升的台阶,最终为其攀上学术高峰打下坚实的基础。

2. 自引是普遍的引文现象,杰出学者也有自引行为

本书选取了 147 位院士作为样本对象,其中,只有 8 位院士的论文中不存在自引,其余 95% 的院士都在他们自己的论文中有不同比例和不同程度的自引行为。在整个样本数据集合中,38.37% 的论文都存在着自引证现象,也就是在院士们所发表的论文集合当中近 40% 的论文都引用了他们自己前期所发表的成果。可见,自引确实是一种普遍的引文现象,院士们作为杰出学者的代表,同样存在着普遍的自引行为。尽管如此,各个院士所发表论文的自引比例存在较大差别,从 0 到 78.11% 不等,平均值为 34.52%。从自引证率指标来看,院士们的自引程度也存在明显差异,自引证率指标值从 0 到 26.33% 不等,平均值仅为 4.71%。可见,自引现象虽然普遍,但是自引在整个引文体系中所占的比例非常有限,院士们在科研过程中仍然是以其他学者发表的文献作为知识来源,而来自本人知识库的引用比例尚不足 5%。在整个样本群体当中,并不存在过度自引和不当自引的现象,也就是说,大家都是出于合理引用之目的进行自引的,自引比例和自引证率指标值基本上分布在合理的区间之内。之所以各个学者的自引比例和自引程度不同,主要是因为:第一,学者所属学科专业的差异;第二,学者研究工作的连续性不同;第三,学者个人引用习惯的差异。

3. 自引程度存在着学科差异,这与各个学科的知识更新速度有一定关系

不同学科的自引程度确实存在着一定的差异,自引证率与自引比例

两个指标的学科分布并不完全一致。整体而言，地学部的自引比例和自引证率均最高，分别为59.72%和6.09%，而化学部的自引比例和自引证率均最低，分别为21.63%和2.64%。自引比例和程度上的学科差异，从根本上说是各个学科专业的研究特点所导致的，一方面是不同学科专业知识更新的速度差异。一般来说，知识更新速度快的学科专业，新的理论、方法及研究范式层出不穷，新的研究主题也不断涌现，学者的研究方向和主题会更为频繁地转换和更新，如此必然削弱学者所从事的研究工作的前后连续性，导致自引率低。例如，在15个学部中，信息技术科学，信息与电子工程，化学、化工冶金与材料工程等学部的自引率指标较低。这些学科领域非常活跃，知识更新速度普遍较快。另一方面，不同学科专业的知识开放程度和知识体系的封闭程度不同，如果一个学科专业的开放度很低，研究主题和内容会表现出较强的封闭性特征，与其他学科专业的知识关联也较弱，该学科在研究过程中无法从其他学科获取必要的知识，所以不得不从本学科获取所需的知识，必然导致自引率偏高。例如，相比较而言，地学部在15个学部当中的学科独立性最强，其自引率指标也是15个学部当中最高的一个。

### （二）杰出学者成长成才的基本轨迹

萌芽期：学术生涯初期阶段，学者的科研生产力和学术影响力通常未能展现出异于常人的领先特质，在此阶段，学者的研究方向并不明确。即使是院士级别的杰出学者，在学术生涯初期其研究兴趣也并不清晰和明朗，只是在对各种主题进行探讨和尝试。在自引网络中表现为，大部分学者在学术生涯初期也发表了一定数量的论文，但这些论文的自引关系比较松散，不能呈现出明显的聚类结构，这在一定程度上说明这些论文的主题不够聚焦，没有形成一个相对一致和明确的研究方向。学术生涯至少在5年，甚至在10年以后，他们的文献才呈现出一定的聚类结构，说明学者在经过5—10年的尝试和探索以后，开始形成明确的研究方向，但是研究方向并非一成不变，也并非单一孤立。

发展期：从早期阶段一点一滴地铺垫和积累，至学术生涯的中期阶段，杰出学者的科研事业已经迈入快速发展的阶段，在科研生产力和学术影响力上的优势开始显现出来。在此阶段，大部分学者会同时拥有两个及以上的研究方向，虽然在对各个方向上的活跃度不尽相同，但是必然在某个或少数几个方向上表现出较高的活跃度，并且取得了一批具有高影响力的学术成果，这将为其后期进入学术高峰打下坚实的基础。此时，学者的研究方向已经非常明确和清晰，当然，这些方向会在他们学术生涯的某段时期保持一定的稳定性，存续期或长或短，之后必然还会发生转变或迁移。这个阶段的研究方向往往和后期出现的其他几个研究方向保持着一定程度的知识关联性，当中也会有一些成果对学术生涯后期乃至当前的研究方向存在长远的影响和支撑作用。

高峰期：至学术生涯的后期，学者的科研生产力和学术影响力优势经过尝试期的累积和巩固，已经开始处于学科领域的领先地位。研究活动异常活跃，大部分学者的研究方向都呈现出多元化的特征，即同时拥有多个研究方向，当然，这些方向通常围绕着一个共同的主线，但就研究主题和研究内容来说还是各有侧重的，有清晰的区分度和相对的独立性。这些研究方向出现的先后顺序不同，有些是从学术生涯早期或中期持续至今的传统方向，也有些是新近产生的研究方向，当然，它们的存续期或长或短，有些持续至当前，仍保持着较高的活跃度，有些研究兴趣已趋于衰减或者演化出了其他新的方向。可以肯定的是，学术生涯后期的每个研究方向都不是凭空产生的，借助自引关系的脉络，我们能够看出这些方向在研究主题和内容上与学者在学术生涯早期或者中期的研究方向的传承性与关联性。

至学术生涯后期阶段，杰出学者已经迈入了职业高峰期，处于学术金字塔顶端，回溯其学术生涯中学术轨迹以及研究方向的演化脉络可以看出，"不积跬步，无以至千里；不积小流，无以成江海"。学者在学术生涯后期的研究工作及其突出的成就与其学术生涯早期和中期的铺垫性工作密不可分，只有数十年如一日地耕耘，才能厚积薄发，成就最后的实力和地位。在较长的学术生涯中,学者在研究方向上也呈现出继承性与创新性的有机统一,概言之,没有凭空突然产生的研究兴趣,也没有一成不变的研究兴趣,既需要传承原有的研究,也要不断地开拓创新,在自引网络中表现为一以贯之的研究主线和结构清晰的聚类结构。

在此需要声明的是,按照生命周期理论,学术生涯最后不可避免地会进入衰退期,但遗憾的是我们选择了 2021 年新增选的院士作为样本对象,这些院士无论自然年龄还是学术年龄都正值当打之年,目前正处于学术高峰期,在各自的研究领域当中仍然十分活跃,并未呈现出衰退迹象,所以,我们无法通过这些样本对象的自引网络观测到学术生涯至衰退期学者的学术轨迹和研究方向所呈现出的特征和规律。

### (三) 研究兴趣演化迁移的一般规律

本书所选择的样本对象的发文量多少不等,自引比例和自引证率也大小不一,自引网络的规模或大或小,但无一例外都形成了数量不等的聚类,每个自引网络的聚类数量在 3—18 个不等,平均值约为 10 个;每个聚类覆盖的时间周期也不等,大部分都在 5—12 年,存续期超过 15 年甚至 20 年的情况也有,但比例相对有限。本书以聚类代表研究方向,证实了每个学者在其学术生涯中均具有数量不等的研究方向。这些研究方向是学者研究兴趣的外化形式,它们分别出现在学者学术生涯的不同阶段,每个方向上的活跃度和存续期也各不相同。一般而言,在学术生涯早期阶段,学者的研究方向很少,而到了学术生涯中期及以后,其研究方向越来越多,且在很多方向上的研究活动也越来越活跃,学术影响力越来越大。研究方向总是在某个时期内保持着相对稳定,而在一段时期以后必然会发生迁移。

研究兴趣的迁移总是在原有研究方向的基础之上进行的,准确来说,是沿着原有的研究方向发生跃迁。所以,前后两个研究方向之间在研究主题上是相似的或接近的,在研究内容上也总会有交叉重叠,后来的研究方向往往需要参考借鉴前期成果。尽管如此,前期成果对后期研究的支撑和影响也是有一定有效期的，所以自引时滞通常较短。在自引网络中主要表现为，大部分的自引关系时滞都在 5 年以内，在这一时间区间内，学者的研究方向仍保持着相对一致性和稳定性，研究主题是相似的，前期成果对后期研究的支撑作用较强，超过 5 年的比例较低，超过 10 年的情况更少，此时学者的研究工作已经转向了新的方向，前期成果已难以支撑后续的研究。

学术生涯初期的尝试和探索是必要的，哪怕是杰出的学者，也并非与生俱来便有着清晰和稳定的研究方向，都需要经过5—10 年的摸索，才能找到适合他们自己的兴趣和方向。之后，研究方向也并非一成不变，而是每隔一段时期，研究方向就会发生迁移或者演化出新的方向。由自引网络中的自引关系、网络结构及其演化路径来看，学者研究方向的形成不是凭空突然出现的，也不是突然改变的。每个研究方向的出现都离不开前期的积累，在其研究主题和内容上都能找到以往研究方向的影子，也都需要有前期研究工作及成果作为铺垫和支撑。尽管如此，所有样本对象的研究方向的演化路径和迁移规律都体现出一个共同的特征，即无论研究兴趣如何演化和迁移，始终是沿着一个明确的主线进行的，而该主线往往会贯穿学者整个学术生涯。所以，学者并不是漫无目的地游走，也不是随心所欲地切换研究方向，而始终是沿着一个清晰明确的主线开展他们自己的研究工作。可以说，学者的研究兴趣是持续稳定的，只不过，当学者置身于不同时期，由于学科发展、研究工作、团队建设、职业发展的需要等各种现实原因，而将其研究主题和内容进行拓展与更新、丰富与完善。

我们将学者研究兴趣的演化与迁移比作挖矿的过程，没有预定的图纸，不太可能一下子找到一个富矿深挖到底，所以，一位学者来到某个矿区作业，一开始的时候并不十分清楚埋藏位置，此时不能盲目地给他自己画个圈，而是需要在多个位置进行勘探性采挖，在一番尝试之后确立一个相对明确的位置，然后开始深挖。在挖掘的过程中，会形成他自己的团队，并且带领他自己的团队开挖出多个矿洞，这些矿洞之间总是有一定程度上的相似之处或者关联性,从全局来看,各个矿洞之间其实是相辅相成、环环相扣的。尽管有些是富矿,有些是贫矿,但是在挖掘之前并不清楚哪个是富有的哪个是贫瘠的,所以需要挖矿的人数十年如一日地多挖、深挖加巧挖。挖矿者在选择新的矿洞时也总是参照原有的矿洞位置及结构,在此过程中,挖矿的方法、技术和工具不断进步,所以挖矿工作也在不断进步和更新,但是,当中最本质的东西却是一以贯之的。杰出学者之于一般学者,之所以他们最终的成就有着天壤之别,他们在天赋和能力上的差别固然是存在的,但更重要的是因为异乎寻常的勤奋和专注才是通向成功的必由之路。

第七章

# 学者研究兴趣的演化与迁移

兴趣是人们对客观事物的选择性态度，也是人们积极探索某种事物的认知倾向，在科学研究活动中，往往直接转化为人们对某个研究主题或研究领域始终如一、坚持不懈的探索精神。兴趣不仅是一种个体心理特征，也是科研选题时的重要因素。研究兴趣既源于学者个人的主观喜好，但并非完全是个人喜好使然，又会受到学者个人学术生涯发展的客观需要的影响与制约。学者的研究兴趣在科研活动中外化为其研究成果的主题和方向，因此，本书将通过聚类分析和主题分析识别出的研究方向视为学者研究兴趣的外化形式，即以研究方向表征其研究兴趣。前一章实证研究部分以 2021 年度新增院士作为研究对象，通过对学者自引网络进行可视化展示和主题分析，识别每位学者在学术生涯的不同阶段发表的论文所呈现出的研究方向，以此表征学者的研究兴趣，考察了学者成长成才的基本轨迹，提炼出研究兴趣的演化与迁移的一般规律。事实上，关于学者研究兴趣的演化与迁移问题仍存在诸多未解之惑，例如，研究兴趣演化受何种力量驱动、演化与迁移的内在关联如何、如何迁移、为何迁移、迁移有何影响等。鉴于此，本章将进一步阐释研究兴趣演化与迁移的机理，分析研究兴趣迁移的原因，并揭示其对学者学术绩效所产生的影响，力求全方位地考察学者研究兴趣与其学术生涯的发展变迁。对科研人员的职业发展及其研究课题的演变规律进行探索，不仅有助于揭示科学生产力发展的内在机制，也能为科学事业的发展提供更好的政策引导和支持。

# 一 学者研究兴趣的演化

研究兴趣是学者从事科学研究的根本动力，体现在学者选择的研究方向和主题上。研究兴趣伴随着学术生涯的整个发展历程，兼具相对稳定性和持续变化性特征，即在某个时期内保持相对的稳定性和连续性，而在其内部实际上一直孕育着变革的能量，在一段时期以后必然实现由量变到质变，表现为研究兴趣的迁移。

**（一）研究兴趣的演化路径**

本书以2021年新增的中国科学院和中国工程院院士为样本对象，借助自引分析考察这些杰出学者在其学术生涯中所留下的轨迹，并通过自引网络的结构分析和时序分析以及主题分析，识别和追踪学者的研究方向及其演化特征。在此基础之上透过现象探寻本质，由个体特征总结群体规律，采用定性与定量相结合的方法，采用归纳法实现特殊到一般、从个体实证研究到群体规律的归纳推理。从个例来看，每位学者的学术生涯都呈现出各自鲜明的特色，杰出学者成功的经验并非千篇一律，成长的道路不具有可复制性。杰出学者的学术生涯长短不一，科研生产力大小不一，学术影响力高低不等，研究兴趣千差万别，所呈现出的自引网络的结构也是各不相同，但是整体而言，大部分杰出学者都有着长达数十年的学术生涯，他们的科研生产力和学术影响力也普遍领先于一般学者，其研究方向大多呈现出多元化特征，研究兴趣总是处于动态演化当中，并导致阶段性的迁移与跃迁。

管仲在《管子·权修》中曰："一年之计，莫如树谷；十年之计，莫如树木；终身之计，莫如树人。一树一获者，谷也；一树十获者，木也；一树百获者，人也。"后世常谓之"十年树木，百年树人"。这句话的本义是强调培养人才的重要性，同时也暗示了培养人才是一项长期而艰巨的任务，隐喻了人才的成长与培养需要足够的时间和耐心，不是一蹴而就的事情。实际上，学者成长成才的过程和规律也可以借由树木的生长周期及发育规律来形象地加以类比（如图7-1所示）。

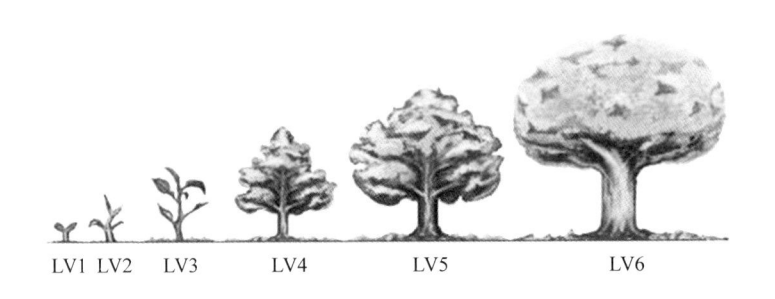

LV1 LV2 LV3　　LV4　　　LV5　　　　LV6

图7-1　树木生长过程示意

树木的品种千差万别，其生长速度、高低大小、生活习性等虽然各不相同，但是它在生长发育的过程中会呈现出一些共性的规律性特征，总会经历扎根、发芽、幼苗、快速生长直至枝繁叶茂的完整过程，这与人才的成长成才过程是高度相似的。以树木成长特征来描绘学者研究兴趣的演化路径，可将本书以新增院士们为样本对象开展的实证研究所获得的主要结论和发现归纳如下。

1. 树高千尺，其根必深

树木的根系是其生长发育的基础，它从根本上决定了树木后期会长成何种面貌。学者在大学期间所学习的学科专业，特别是在攻读硕博士学位期间所学习的专业及其科研经历，构筑起其学术根系，直接决定和影响着其日后的研究兴趣和方向。本书所选取的院士们，基本上都经历过本硕博系统完整的学术训练，且大部分学者在本硕博阶段所从事的学科专业都保持着一致性，其间也会有国内外的留学和访学经历，仍在同一学科专业下进行，专业背景具有较强的一致性。他们的教育背景和在大学教育期间所受的学术训练，不仅从根本上决定着学者的科研能力及素质高低，也直接养成了学者最初的研究兴趣，从而圈定了学者日后所从事的研究方向。与此同时，在此期间他们所拥有的师承关系对其日后的成长来说也是非常重要的资源，这些都在一定程度上决定着学者的学术根系是否强壮有力。学者在研究生毕业以后，大部分仍会继续从事与硕博士学科专业相一致的研究工作，其研究方向会与硕博士期间的研究方向保持不同程度的相似性或相关性。

2. 枝叶伸展，树干通直

由根系所萌生的幼苗会持续长高长大，不断蔓延出新的枝叶，但是主干部分是唯一的，且是笔直向上的。在树干之上不断生出新的枝叶，随着树木的生长，枝叶越来越多，树冠越来越大。枝叶之间也存在着资源竞争，有些树枝会变得更加粗壮，继而生长出新的枝叶，有些枝叶则会在资源争夺中处于劣势而变得很弱小甚至被淘汰，树木的生长结果不只是主干部分越来越粗壮，同时枝叶也会越来越繁茂，这与学者研究方向的形成过程非常相似。由学术根系萌发出初始的研究兴趣和方向，在学术生涯起步阶段，其研究方向并不清晰和明确，学者需要经过数年的探索和尝试，才会逐渐确立清晰明确的方向，主干渐趋形成，然后开始延伸出新的枝叶，至学术生涯中后期，往往会同时拥有多个研究方向，但是每个方向的关注度和活跃度不等，在有些方向上成果更丰硕、学术影响力更大，而在有些方向上的科研生产力和学术影响力相对小一些。至学者达到学术事业高峰期，必定是枝繁叶茂，多个方向之间既存在着资源竞争，因为学者及其团队的精力和资源是有限的，不可能对所有方向等同视之；同时多个方向之间也是相互支撑和映衬的，共同构成一个巨大的树冠。每位学者在其学术生涯中所从事的研究方向多少不等，但是所有的研究方向都是围绕着一个共同的主线进行的，就像所有的枝叶都沿着同一个树干生长和蔓延一样。学者的研究主题不断拓展、研究内容不断丰富、研究方法不断升级、研究理论不断革新，由此也会形成新的研究方向，但是核心的主题和内容在学术生涯中是一以贯之的。

3. 十年树木，百年树人

树木生长往往需要数年甚至数十年、数百年才能长成参天大树，人才的成长成才同样需要数十年如一日地坚持不懈和努力探索。科学研究是马拉松比赛，耐力和努力才是成功的关键。杰出学者未必一定会比一般学者更聪明、更幸运，但一定要比一般学者更努力、更勤奋。杰出学者在接近和达到学术生涯中期时，一般是在从事科学研究10年以后，学术成果的数量和被引频次会达到较高的水平，并且普遍取得了一批具有高影响力的成果。此时他的研究方向也开始呈现出多元化的特征。因此，学术资源的积累不只包括研究成果和学术影响力的积累，也包括不断地探索新的研究主题和开拓新的研究领域。正如一棵大树，努力长出更多的树枝，并将它自己的枝叶向周围伸展，以求更大范围地获得阳光的照耀，以便保持更加旺盛的生命力。杰出学者在其学术生涯的后期阶段，其学术事业大多呈现出枝繁叶茂之态，不仅科研成果的数量和影响力都很高，而且研究主题比较丰富，研究视野非常开阔，多元化的研究方向沿着同一条主线彼此关联、相互支撑，使得学者能一直保持旺盛的活力和创新力，学术事业扶级而上、欣欣向荣。

## （二）研究兴趣的演化过程

研究兴趣的演化，就其本质而言，是学者研究方向以及研究主题和内容的进化过程，是一种渐进的、持续向上的升级与跃迁，源于科学研究工作继承性与创新性的基本特质。我们可以借鉴物种进化论，参照生物的可遗传变异机制来阐释学者研究兴趣的演化过程。

生物学家认为，地球上的所有生命都是从亿万年前的共同祖先演化而来，并在演化过程中形成了不同的物种。生物进化的主要机制包括可遗传变异、适应环境以及物种间的竞争。自然选择的过程可以导致物种特征的保留或消除，甚至可能产生新物种或者使现有物种灭绝。1859年达尔文出版的《物种起源》提出了生物进化论学说。100多年后，基因理论出现，解释了物种进化的内在机制，即基因的遗传变异。

亲代产生与其自己相似的后代的现象称为遗传。遗传物质以脱氧核糖核酸（DNA）为基础，亲代可将其遗传信息传递给后代，维持其遗传特征以及种群的相对稳定性。生命之所以能够代代相传，在很大程度上是由于基因物质通过生物遗传进程一代一代地传递下去，从而使后代保留了与上一代类似的特征。但是，亲代与后代之间，总会有不同程度的差别，即变异。所以，遗传就是指亲代与后代的相似度，变异性则是指亲代与后代性状和特征的差别。遗传与变异对立统一，遗传使得物种得以延续，而变异则推动物种得以进化。

生物界普遍存在着遗传和变异现象，它们在物种的形成与演化中起着重要的作用。生物学上的变异包括基因重组、基因突变、染色体变异等，它们是产生新的生物基因的根本来源，也就是产生生物多样性的根本来源。而来自外部环境的诱导和刺激也可以使基因发生改变，例如辐射、激光、病毒、一些化学物质的刺激等都可以使基因产生不同程度的变异。生物的变异分为可遗传和不可遗传两种。可遗传变异就是有机体把其自身的变异遗传给下一代的能力，这种变异是由基因材料的改变造成的。

学者研究兴趣的演化过程堪比物种的遗传变异，只不过前者是知识的遗传变化，而后者是生物基因的遗传变异。科学研究的本质是知识的创新和创造，学者的研究兴趣及方向是其在知识创造过程中所形成并呈现出来的相对稳定性和明确指向性的特征。在科学研究的过程中，知识单元就像是生物基因一样，是最基本的组成要素，研究兴趣及方向实际上也可以视为学者从事科研工作所依托和创造的知识的属种类别。在科学研究的过程中，既需要依赖于已有的知识，同时也在源源不断地生产新知识。本书所揭示的学者研究兴趣的演化，其实就是知识基因的遗传和变异。

一方面，学者研究兴趣的演化过程首先表现为遗传，学者在其学术生涯不同阶段所开展的研究工作是代代相承的，前项研究的遗传物质传递给后项研究（自引即为一种显性的传递行为），使得前后的研究具有相似的性状和特征（前项研究和后项研究的主题与内容具有相似性或相关性），在实证研究部分我们看到，在一段时期内，学者的研究方向通常具有稳定性和连续性，而且无论学者的研究方向如何变化，总是与之前的研究方向具有不同程度的相似性与相关性，这些体现出学者研究兴趣的遗传性。另一方面，学者研究兴趣在演化过程中也无时无刻不发生着变异，知识基因的突变和重组使得学者的研究工作不断延伸出新的内容或者拓展出新的主题，从而创造出新的知识、开拓出新的领地、形成新的研究方向。在上一章实证研究部分我们发现，每位学者在其学术生涯中都会形成多少不等的研究方向，而且每个研究方向经过一段时期以后会发生变化或演化为新的方向。尽管如此，每位学者都有一条清晰而明确的研究主线贯穿于整个学术生涯中，所有的研究兴趣及方向都沿着这条主线展开，会不断开辟或拓展出新的主题和领地，但是不会突然切换至另一个完全陌生的领域，这也直接体现出学者研究兴趣的遗传与变异。

我们之所以将学者研究兴趣的演化比喻为生物的进化，除了遗传与变异特性以外，还因为两者之间有一个很重要的相似点——通过优胜劣汰的法则去实现物种的优化与改进。出于自然界巨大的竞争压力和生存挑战，每个物种都会保留自己的优良属性特征，淘汰那些落后的无用的属性特征，以便获得更好的生存和发展。所以进化的总体趋势是积极向上的，是让物种朝着更好的方向发展。学者研究兴趣的演化，更准确来说，实际上是学者研究兴趣的进化。学界和自然界一样面临着残酷的竞争，学者要竞争有限的资源，要攀爬学术金字塔，面临着生存和发展的巨大压力，当中被淘汰者不计其数，学术生涯的长度实际上就是学者的学术寿命。生存和竞争的筹码就是产出更多更好的科研成果。

在现行的学术资源分配机制之下，只有那些更具新颖性和开拓性、具有较强的理论价值和现实意义的研究主题才能获得资助，才能取得更易于被同行认可、更具影响力的优秀成果，享有在优质出版平台上发表和传播的机会。出于竞争的压力，学者必然要精心挑选更有利的研究主题，而淘汰那些落后的、不符合社会需要或者偏离学科前沿的研究主题，如此便实现了研究方向的更新和升级，只有这样，学者才能在激烈的学术竞争中存活下来，并获得更大的发展。在前一章实证研究部分，我们确实看到那些杰出学者一般会对社会需求和学科前沿保持高度的敏感性，主动迎合和及时跟进，甚至积极引领学科专业的发展趋势。学者研究兴趣的演化总是朝着更符合时代发展需要和社会现实需求、更贴合学科前沿动态的趋势发展，所以，学者研究兴趣的演化过程实际上是研究主题、研究内容、研究范式等持续性优化和升级的进化过程，如同物种进化一样，不仅学者是适者生存，学者的研究方向同样是优胜劣汰的，呈现出由简单到复杂、由低级到高级螺旋式上升的进化趋势。

## 二 学者研究兴趣的迁移

如果说研究兴趣的演化是一个持续的过程，而研究兴趣的迁移则是阶段性的变化与跃迁，是量变引发的质变，在自引网络当中表现为一个新的聚类的产生，并且该聚类的主题明显区别于其他聚类。研究兴趣的迁移是学者学术生涯中的一项重要变化，意味着学者所从事的研究工作在研究主题、研究内容以及研究范式等方面发生了较大的变化，研究兴趣为何会发生迁移？研究兴趣的迁移对于学者的学术生涯，尤其是对学者的科研生产力和学术影响力产生何种影响？这些是我们关注的重要方面，也是我们揭示研究兴趣演化与迁移规律的关键环节。

### （一）研究兴趣迁移的原因

在第六章实证研究部分，我们以 139 名存在自引行为的学者为对象，基于自引数据构建了每位学者的自引网络，通过聚类分析和主题分析识别出每个自引网络所包含的聚类及其表征的研究方向，根据每个聚类中所包含文献的发表时间来确定聚类出现和存续的时间区间，以此表征该聚类所代表的研究方向产生和存续的时间区间。例如，中国科学院化学部的迟院士，从其自引网络中共识别出七个研究方向，给每个方向添加存续时间区间标签。在此基础之上，我们分别从机构网站、个人主页等公开渠道获取该学者的相关特征信息，包括学术背景、社会关系、学缘关系、行政职务、学术任职、机构变迁等各类信息。再标识出在每个研究方向存续期内学者所拥有的特征信息，重点关注在每个研究方向产生之时，学者的特征信息有无变化以及发生何种变化，试图从中捕捉可能导致学者研究方向变化的原因。此外，我们还从本课题组成员所熟识并且从事化学专业研究的同事及朋友中挑选1—2名对迟院士的自引网络进行解读，征询其对迟院士研究方向变化的看法，并从学科专业发展的角度给出一个或者多个可能导致迟院士研究方向变化的原因。对每位样本对象均做如是分析。最后，我们再对每位学者的情况进行汇总整理，归纳出共性原因和个性原因，据此来解释学者研究兴趣迁移的主要原因。按照这些原因出现的频次高低，我们将其中主要的一些原因及解释分类列举如下。

首先，必须肯定的是，学科专业的发展是导致学者研究兴趣演化的首要原因，当然也是根本性的驱动力。每个学科专业都处于动态的发展中，其研究疆域不断扩张，研究内容日趋深入，研究范式持续更新，与其他学科不断交叉融合，新的研究议题、理念、方法和工具不断涌现，每个学科专业更新的速度或快或慢，但无一例外都发生着变化，这就要求身处本学科专业的学者必须与时俱进，跟上学科专业发展的节奏，尤其是那些杰出学者不仅总是站在学科专业的最前沿，而且常常作为开拓者引领本学科专业的发展变革。例如，纳米科学的出现带来了化学化工、材料科学与工程、能源等多个领域的重大变革，身处在这些学科专业的学者必然会对其有所响应，尝试对纳米科学进行研究或者将纳米科学的某些方面不同程度地引入他们自己的研究方向，也有学者会独辟蹊径地从新的维度对纳米科学及其相关技术和应用进行探索。

其次，不同的时代背景所产生的社会需求，会对科学研究提出新的要求。如恩格斯所言："一旦社会有了某种需要，则这种需要会比十所大学更能把科学推向前进。"现代科学的一个重要特征是以需求为导向、面向应用，无论基础研究，还是应用研究，均对社会需求保持着较高的敏感性和响应度。学者也有责任和义务响应社会需求，使他们自己的科学研究能够更好地满足社会需求，尤其是那些杰出学者多具有强烈的使命和情怀，将其自身发展与国家民族的发展紧密结合，让他们自己所从事的科学研究融入时代、服务社会、造福人民。例如，环境问题引发了全球科学家对气候、能源、经济模式、可持续发展等问题的关注。再如，近年来西方国家频频对我国实施技术封锁和限制也迫使我国学者对"卡脖子"技术进行重点攻关。此外，一些重大突发事件的出现，也会导致学者研究兴趣的迁移，例如，突如其来的新冠疫情快速引发了各个学科专业学者的普遍关注和高度重视。

除了学科发展和社会需求这样的外部原因以外，学者个人的一些原因也会导致研究兴趣的迁移，我们将其中几个主要原因列举如下。

1. 学者个人的能力和兴趣。科研的动机可分为学术动机和职业动机两种，其中，科研动机是内在的驱动力，即人类本能的好奇心和求知欲，所以学者对某个科学或技术问题的兴趣和爱好，以及由此所燃起的热情是其开展科研工作的基本动力；职业动机则来自外部力量的推动，诸如科研考核、职称、奖励等来自职业发展的需要迫使其不得不开展某个方面的研究。此外，个人的能力直接限定了学者可从事的研究领域的范围，学者个人所接受的专业知识、研究方法等方面的学习和训练，学者的学术经历和经验等，决定了该学者适合于或者擅长于从事何种研究。

2. 学者工作单位的变化。当学者加盟一个新的机构时，其研究方向通常会发生一定的变化。不只表现为学者的工作调动，还包括学者到国内外学术机构做博士后或者进行访学交流等，此时学者进入新的学术环境中，面临着新的任务或加入新的团队，拥有了新的研究资源和条件，或者面临着新机构对其研究工作提出的新的要求，研究方向自然会发生相应的调整和变化。

3. 团队及合作伙伴的重大变化。当学者加入或组建新的团队时，或者当团队成员及其合作伙伴有重大调整时，学者的研究方向也会发生一定的变化。当学者加入一个新的团队时，研究方向的变化幅度更大，会将他自己的研究方向调整至与团队方向一致，以便能够更快更好地融入其中。当学者作为团队领袖组建一个新的团队时，一般会在该学者已有研究方向的基础之上延伸出一个与原方向具有较大连续性的新方向，新的团队成员能够带来新的主题、理念和范式，所以当合作伙伴发生变化时，学者的研究方向也会相应地有所调整。

4. 学者建立起新的学缘或业缘关系。这一类原因在青年学者的身上表现得更为明显，在学术生涯的初级阶段，当学者遇到了身份和地位都远高于他自己的权威学者时，该学者会主动服从于权威学者的研究方向，或者调整他自己的研究方向向权威学者的方向靠拢，如此便于融入权威学者的团队，与其开展合作，也更易于获得权威学者的资源和帮助。当然，这对于仍在苦苦寻找合适的研究方向的青年学者来说，也是比较安全和便捷的一种方式，可以最大程度地降低寻找方向时可能面临的不确定性和失败风险。

5. 学者的行政职务和学术职务有变化。身份和地位的改变对于学者的研究方向同样会产生不同程度的影响。例如，当有些学者担任院长或校长等行政职务以后，因其承担的责任、掌握的资源等发生了变化，可能会更多地出于所在单位学科发展的客观需要，而主动调整他自己的研究方向，也会因拥有了更多的团队成员以及合作伙伴而被动地接受研究方向的变化。总的来说，学者行政职务和学术职务的变化对其研究方向的影响并不十分直接和显著，具有一定的滞后性。

6. 学者当期承担的主要科研项目。本书主要是根据学者发表的论文而识别其研究方向的，各个研究方向与学者在相应时期内所承担的主要科研项目是密切相关的。学者所开展的科学研究实际上是以科研项目作为载体，这些科研项目不仅提供了开展科学研究所需的经费资助，而且直接框定了研究周期内该学者的研究主题及研究目标和任务，该学者在该段时期内发表的论文即为项目阶段性研究成果，在研究主题上必然会与科研项目保持高度的一致性。当前一项科研项目完成以后，该学者在切换至下一个科研项目时，此时研究主题也随之发生了转换。前后承担的科研项目具有不同程度的连续性和相关性，但是出于创新性的要求，后继项目也会在研究主题和目标上明显区别于上一个项目，一般而言，后继项目的研究主题会体现出显著的升级与开拓，由此也直接导致了学者研究方向的迁移。

7. 学者拥有的研究资源和条件。学者可选择的研究方向和主题在一定程度上受制于当前阶段学者所拥有的研究资源和条件，包括资金、人力、物力等各个方面。例如，大型的实验设备、特殊的研究条件、高昂的研究经费，以及一定规模和结构的团队等，并非人人都可具备，优质的研究资源总是稀缺的，从而成为一些高精尖研究的门槛条件。学者所在的机构和团队的等级和资质在很大程度上决定其能够掌握或者享受的研究资源的多寡，这在一定程度上制约着学者所能从事的研究方向。所以当其所拥有或享有的研究资源和条件发生较大变动时，学者的研究方向也将随之发生变化。

综上所述，当前我国的科学研究事业整体上遵循"鼓励探索，突出原创；聚焦前沿，独辟蹊径；需求牵引，突破瓶颈；共性导向，交叉融通"的原则，国家自然科学基金委对承担自然科学基金项目的学者也提出了如是的导向和要求。这些原则遂成为国内各学科领域学者开展科学研究的基本行为准则，也是学者探索和选择研究方向的主要行动依据。因此，研究兴趣并非单纯的个人喜好，而是学者出于学科发展之需要、社会发展之现实需要、个人学术事业发展之需要等多个方面的综合考虑和权衡，从个人擅长或者熟悉的某个专业领域之内寻找合适的研究方向，并且要与时俱进地进行开拓创新。学者研究兴趣的迁移不是随机和随意的，也不是盲目或偶然的，任何一个看似偶然的机遇背后都是一个有准备的头脑以及长久的酝酿和积淀。

### （二）研究兴趣迁移的影响

本书关注研究兴趣迁移对学者的科研生产力和学术影响力是否产生影响以及产生何种影响。主要考察139名样本学者在研究兴趣迁移前后的发文量、总被引频次和篇均被引频次是否发生显著变化，以此为据来判断研究兴趣迁移对学者学术活动所产生的影响。

1. 研究兴趣迁移对学者科研生产力和学术生产力的影响

学者在学术生涯中从事的研究方向越多，其发文量越多，篇均被引频次越低，对于总被引频次来说并不会产生影响。这一现象可以解读为，当学者的研究兴趣不断发生迁移，进而产生更多的研究方向时，意味着学者涉猎的研究主题更为多元、研究领域更为宽广，持续不断的探索与尝试有助于提升学者的科研生产力，使其能够发表更多的论文。学者的时间、精力和资源毕竟是有限的，而研究兴趣的频繁迁移，不断探索和尝试新的研究主题和研究领域，在一定程度上干扰和限制了研究工作的专注力和深度，在一些方向上必然无法深耕和沉淀，不利于其在这些方向上积累更多的影响力，由此可能导致其发表论文的被引频次下降。可见，纵观整个学术生涯，就整体而言，学者研究兴趣的迁移及其呈现出的多元化的研究方向实际上是一把双刃剑，虽有利于提升科研生产力，却抑制了学术影响力。

2. 研究兴趣迁移前后学者科研生产力和学术生产力的比较

当学者研究兴趣迁移时，意味着产生出一个新的研究方向或者开拓出一个新的研究领域，每一次的探索和尝试未必一定能够成功，我们注意到学者在有些研究方向上的科研生产力和学术影响力都低于之前的研究方向，尤其是在刚开始进入一个新的方向时，其初期发表的论文的数量和被引频次都相对有限，需要经过一段时期以后才能在该方向上获得更大的活跃度和影响力，而有些研究方向甚至在持续数年以后就终止了，说明在该方向上的探索与尝试并不十分成功。所以，学者研究兴趣的每次迁移并不必然保证其一定能够提升科研生产力和学术影响力，更不意味着频繁地切换研究方向必然能够正向地推动学者学术生涯的发展，但是本书所获得的样本数据集中的139名杰出学者所呈现出的一般状况却是，研究兴趣迁移后的科研生产力和学术影响力的平均值整体上大于迁移之前的水平，我们也注意到这些杰出学者在其数十年的学术生涯中拥有的研究方向的数量都分布在合理的区间之内。

本节我们根据实证研究结果所获得的主要结论是：学者适时合理地进行研究兴趣迁移，探索和开拓新的研究主题和领域，这对于其学术成长来说，起码对于其保持科研生产力和学术影响力来说，发挥着积极的功效，这使得学者所开展的研究工作始终保持与时俱进的创新状态。事实上，当学者所处的外部环境发生日新月异的变化时，这种变化同时来自学科专业的发展、时代的变迁、社会需求的变化，以及学者个人境况的变化等多个方面，如果学者总是囿于旧的研究方向和领域，必然会在激烈的学术竞争中惨遭淘汰。因此，从学术进化论的角度来说，学者研究兴趣适时合理地迁移是其生存和发展的客观需要，是应对外部环境变化的必然举措。每次迁移并不必然导致成功，未必一定能够提升学术科研生产力和学术影响力，但是整体而言并且从长远来看，对于学者的学术生长来说是积极的，应当给予鼓励和肯定。

## 三 研究兴趣演化与迁移的机理

自引分析让我们从一个全新的视角识别学者的研究兴趣，基于自引网络的聚类分析及主题分析，我们识别出了学者在其学术生涯中所拥有的主要研究方向，并以学者的学术生涯作为基本的时间轴，描绘了这些研究方向的历时变化情况，以此来表征学者研究兴趣的演化与迁移。而本书旨在揭示研究兴趣的演化轨迹和转移模式，探讨学者学术生涯转变的一般规律和共同特征，重点关注杰出学者的成长模式。

前文分别针对研究兴趣演化与迁移两个方面，综合采用理论和实证两类方法对演化路径与演化过程、迁移原因与迁移影响等几个问题进行分析。根据前文获得的研究结论与发现，我们对研究兴趣的演化路径与迁移规律有了一定的认识和把握，并且发现学者研究兴趣的演化与迁移实际上是不可分割的统一体。依据本书目前的研究发现，只有剖析学者研究兴趣演化与迁移的机理，才能深入认识和把握学者研究兴趣的演化与迁移，才能进一步解读学者学术生涯的发展与变迁。

### （一）演化与迁移的内在联系

1. 演化与迁移是包含与被包含的关系

英文中的"evolution"一词源自拉丁文的"evolvere"，意为"展开或解开被卷曲的事物"，也可以指任何事物的生长、变化或发展。自19世纪以来，这个词通常被用来指生物学代际外貌和基因频率的转变。"evolution"一词有演化和进化两种翻译形式，后者一般呈现出向前向上不断优化的趋势，而达尔文认为，演化是由"自然选择"所驱动，包括生物体的进步（advance）或者退步（retrogression）。从哲学的角度来看，"演化"被定义为在特定时间和空间内所有运动和变化的综合体现。因为事件是某些相关联运动的集合，所以演化也可以定义为某个特定时空内所有事件之和。由此可见，无论是演化的本义，还是生物学或哲学中关于演化的定义，均显示出演化是一个持续的变化过程，变化性和连续性是其主要特征。

"迁移"一词涵盖了多种含义，它不仅指物体从一个地点转移到另一个地点，还包括人类族群、文化、消费偏好等方面的迁移。在心理学领域，迁移是指一种学习经验对另一种学习所产生的影响。这意味着个体在一个情境中获得的知识技能，可能会影响他在另一个情境中的学习效果。而在遗传学领域，迁移是指在较大的种群中，由于新的外部个体进入而引起的遗传频率的改变。例如混群、杂交、引种等，都会引起群体中的基因频率发生变化。这种现象被称为迁移，它与个体的迁徙和种群结构的变化密切相关。需要注意的是，迁移并不等同于转移。迁移通常指的是一种有规律或周期性的大规模迁徙，例如季节性的迁徙或周期性的迁徙。而转移则是指在某些突发情况下临时作出的决定，例如因自然灾害或战争等因素而进行的紧急转移。

本书将演化定义为一个渐进的探索和累积过程，当中既有传承又有革新，迁移是从一个研究方向向另一个研究方向的转变；演化的过程包含迁移，而迁移标识了演化的关键节点。演化是一个持续的过程，而迁移则包含在演化过程中，表现为阶段性的跃迁。结合本书在理论和实证研究部分所获得结论和发现，我们首先可以把学者研究兴趣的演化与迁移视为包含与被包含的关系，学者研究兴趣的演化实际上是一个覆盖整个学术生涯的持续变化的过程，学者所从事的研究工作的方向、主题、内容以及研究范式等，无时无刻不在发生不同程度的更新变化，哪怕是细微的变化在经过一段时期的积累以后，也会呈现出研究方向上的显著改变，我们将其称为学者研究兴趣的迁移。从某种意义上说，迁移既是演化的组成部分，也是演化所导致的阶段性结果。

2. 演化与迁移表现为量变与质变的辩证性

就本质而言，演化与迁移均包含变化之义，但是演化过程中所发生的变化细微到难以察觉，而迁移则是可以明显察觉到的较为显著的变化。演化与迁移皆有变化之义，二者表现为量变与质变的差异。演化是一个渐进的过程，通过不断的量变积累而发生。当这种量变积累到一定程度时，就会引发质的变化，即发生迁移。从学者研究兴趣演化与迁移的规律来看，学者在某段时期之内的研究方向具有一定的稳定性，但这种稳定性并不意味着其开展的研究活动没有任何变化，事实上，变化是无处不在的，只不过是研究主题、研究内容、研究方法和工具等的局部的、细微的变化，不足以带来研究方向上的显著变化，所以一般难以察觉，包括学者本人常常都无法清晰地意识到这种变化，从而形成了所谓的稳定期。在此阶段，学者的研究方向更多地表现出连续性和继承性的特征，实际上正是量变的积累过程。当学者由原来的研究方向迁移至另一方向时或者新的研究方向出现时，便是之前的量化积累到一定程度所导致的必然的结果。所以，任何一个新的研究方向的出现都不是偶然的，更不是突然出现的。我们在实证研究部分曾结合样本学者的自引网络结构看到，每个研究方向的存续期为数年或十数年不等，但必然会消退或者迁移至新的研究方向。每个研究方向的形成都与学者之前的研究方向或者同时期所从事的其他研究方向存在着不同程度的关联性。这便是量变与质变交替所呈现出的结果，具体表现为学者的研究方向在一段时期内的相对稳定性（量变）和一段时期以后的迁移（质变），在迁移至新的研究方向以后再保持一段时期的相对稳定性（量变），而后又会发生新的迁移（质变），如此循环往复、交替进行，贯穿于学者学术生涯的全过程。

3. 演化与迁移反映出继承与创新的统一性

科学研究是继承与创新的有机统一体，两者相辅相成、融为一体，所谓继承既表现为"站在前人的肩膀上前行"，即对他人已创造知识的继承与利用，也表现为"站在自己铺就的砖石上攀登"，即对自己前期成果的利用，以及与自己之前所从事的研究方向和研究工作保持连续性；所谓创新是对研究主题、研究内容、研究范式、研究方法和工具的拓展、深化和革新，通常表现出不同于以往的新变化，这种创新既包含了细微的量变，也包含了显著的质变。学者研究兴趣的演化与迁移实际上是科学研究继承性与创新性的一种表现形式，其中，演化更多地表现出继承性，即沿着原有的研究方向开展连续性的研究，尽管在这一过程中也必然有创新，只不过是渐变性的创新而已；迁移则将创新性体现得更充分更明显，多表现为明显区别于原有研究方向的重大的或根本性的改变与变革，例如，出现了新的研究方向，这意味着学者进入了新的研究领地，或者研究主题、研究范式等发生了重大的改变。因此，从科学研究的一般规律来看，学者研究兴趣的演化与迁移反映出科学研究的继承与创新的统一性，也受到科学研究继承性与创新性的驱使。科学研究的继承与创新是螺旋式上升的科学演进模式，学者研究兴趣的演化与迁移同样也使得学者学术生涯呈现出螺旋式上升的演进路径。

在此需要说明的是，无论是量变还是质变，是继承还是创新，首先肯定的是学者的研究兴趣总是处在动态的变化当中。但万变不离其宗，我们注意到每位学者研究兴趣的演化与迁移，始终围绕着一个共同的主线进行。所有的变化均为学者沿着始终如一的主线进行的探索与尝试，以便寻求新的更好的方案来解决这条主线所表征的重大基础性或应用性问题。这就直接决定了学者的研究兴趣无论是演化还是迁移，都不是盲目的、随意的，尽管学者具有充分的主观能动性，但是演化与迁移总是沿着一定的路径呈现出规律性的特征。

### （二）演化与迁移的驱动力

1. 科学发展：推陈出新、饶有别致

科学的生命力在于创新。西方科学和哲学之祖泰勒斯提出"世界的本原是什么"这一伟大的问题距今已有2500余年，科学在曲折和磨砺中不断前行。纵观科学发展史，除了经院哲学这一特殊时期的科学停滞不前以外，人类的科学事业一直保持着前进的状态，归根结底是科学创新推动了科学的进步和发展，而长达数百年的经院哲学，也正是因为科学家们放弃了质疑和探索，致使科学终因缺乏创新而陷入停滞不前。任何一项重要的科技创新都是对科学理论体系和结构的重构，使科学得到空前迅速的发展。科学技术的发展，形成了一股强大的物质动力，使世界发生了翻天覆地的变化，促进了经济的发展和社会的进步。

科学是永无止境的接力赛，每位科学家都在奋力奔跑，独辟蹊径地获得不同于以往的创新性发现和成果，但总是在一定的轨道上的自由探索与创新。这个轨道既来自科学家所从事学科专业的限制，尤其是当科学分化越来越细、科学创新越来越复杂时，一个人不太可能像那些生活在科学分化之前，如亚里士多德、毕达哥拉斯等早期的圣贤那样，同时涉猎多个学科领域，而只能在有限的时间和精力内、在他们自己拥有的专业背景以及已有积淀的某个专业领域内进行研究，即便是研究领域有所拓展也一般是在相关和相近的领域内进行适当的延伸。与此同时，前人的积累与铺垫也直接限定了科学家所能施展的创新和创造的范围。简而言之，创新并非凭空出现或者偶然所得，其本质是发展，是在继承中不断发展的过程。创新是学者在已经充分掌握的知识基础之上加入自己的创新性思维，进而生成新知识的过程。

科学史上著名的米利都学派三位哲学家针对泰勒斯所提出的"世界

的本原是什么"这一问题,给出了不同的答案。泰勒斯认为万物源于水,而他的学生阿那克西曼德并不认同这种观点,提出了万物的本原是一种没有规定的东西,称为 apeiron。阿那克西曼德的学生阿那克西美尼,是米利都学派前两位哲学家思想的一个综合者,他提出气是万物的本原。从这三位哲学家身上,我们可以看到科学的本质不仅仅是单一的创新,而且是继承与创新的统一体,创新离不开继承,而继承则在创新中得以发展。从水源说到气源说,科学不是简单地否定和推翻过往,而是从已有的知识和学说当中取其精华去其糟粕,涵养出新的知识和学说;科学更不是一味强调继承,若总是迷信于权威和圣贤,必定无法获得新的知识,继承也便成了限制科学发展的桎梏。从某种意义上看,科学家的成功和成就既取决于对前人知识遗产的掌握和利用的程度与效率,也取决于他们自己的创新意识和创新能力的高低。牛顿一生中有诸多伟大的科学成就,在力学、光学、天文学、数学等方面作出了巨大的贡献,这些都与牛顿的个人智慧与能力密不可分。牛顿综合了培根的经验主义归纳逻辑和笛卡尔的理性主义演绎逻辑,并充分继承和利用了伽利略的科学实验手段,创立了实验和数学相结合的科学研究方法,从而成功地建立了以三大运动定律和万有引力定律为核心的经典力学体系。

学者研究兴趣演化与迁移体现着科学研究的一般规律,科学研究的继承性与创新性是学者研究兴趣演化与迁移的基本驱动力。"守正"是前提、基础,意味着坚守正道、遵循真理,遵循事物的本质要求和客观规律来思考和行动。"创新"则是动力、发展,意味着革故鼎新、推陈出新,是人们有意识、有目的地进行创造性认识和实践,创造出新生事物的过程。只有坚守正道,创新才有明确的方向和依据;也只有持续创新,守正才能保持其基础和活力。要将守正和创新有机地结合起来,推陈出新、饶有别致,从人类科学事业的全局来看,才能推动科学研究不断发展;从学者个人的发展来看,才能确保其在学术生涯中行稳致远。

2. 学术竞争:物竞天择、适者生存

物竞天择,适者生存,是指生物在生存环境中,物种之间以及生物

第七章　学者研究兴趣的演化与迁移

内部之间会进行激烈的竞争，与自然环境之间也会进行抗争。只有那些能够适应自然环境、在竞争中获胜的物种或个体，才能被自然选择而得以存留下来，这便是自然界的丛林法则。丛林法则同样适用于人类社会，学术界的选择和淘汰机制同样可以用丛林法则来解释。拥有一定的学术资源是每位科学家生存和发展的必要条件，但是学术资源总是有限的，并且随着科学家人数的持续快速攀升而表现出极大的稀缺性。学术资源包括学术平台、科研经费、发表权、话语权以及开展研究工作所需的工具、文献、数据、场地等，当然也包括学术地位和声誉。学术资源不是坐等分配，而是需要竞争才能获得，尤其是优质的学术资源，总要通过异常激烈的竞争才能获得。学者拥有的学术资源的丰裕程度直接影响着其学术成果的多寡，而学术成果的多寡又决定了下一轮资源分配中该学者获得的学术资源的数量和质量。丛林法则与马太效应并存，使得有些学者能够在竞争中获胜，从而获得长远的更好的发展和提升，诸如作为本书样本对象的院士们毫无疑问就是学术界丛林法则的胜利者，并且能够登顶学术金字塔尖；也有一些学者能够获得基本满足生存需要的学术资源，居于学术金字塔的中间位置；更有大批的学者在学术竞争中失利甚至惨遭淘汰，实际上，金字塔底的人数要远大于塔尖。

前文我们曾借鉴生物的演化机制阐释学者学术兴趣的演化与迁移规律，将其描绘为学者在激烈的学术竞争中为满足生存与发展的需要而不断尝试和探索，无论是探索新的研究方向，还是拥有多元化的研究方向，均是出于竞争以及生存和发展的客观需要，是学者在努力选择一种最适合的、最有利于生存和发展的研究模式。这种选择首先表现为天择。在达尔文的《物种起源》一书中，天择第一次被提出作为演化的机制。演化，也被称为进化，是指一个有机体内的基因特征在世代间的变化。性状是指有机体通过复制遗传给后代的基因表达所确定的特征。基因突变可引起性状变化，也可能引起新性状，造成不同个体间遗传差异。新的性状会通过群体间的迁徙或跨种间的基因而传播。当遗传变异受到非随机的自然选择的作用或随机的遗传漂变的影响，导致某些变异在生物族群中变得更为普遍或稀少时，即表明演化正在发生。

自然选择能使有利于生存与繁殖的遗传性状变得更为普遍，并使有害的性状变得更为稀有。这是因为随着时间的推移，那些拥有着有利性状的个体能够将它们的基因传递给更多的后代，这些基因在繁殖过程中会发生微小的变异。这些变异在自然选择的作用下，会逐渐适应环境的变化，从而使得整个物种的适应能力得到提高。相对而言，遗传漂变是一种随机的、不可预测的变异过程，它可能会导致族群中某种性状的比例发生变化。这种变化是偶然的，取决于个体的繁殖能力和环境条件等因素。学者在学术生涯的不同阶段出现的多个研究方向及其迁移现象，就是自然选择的过程及结果，同样遵从于遗传特性。如果将每个研究方向比喻为学者研究工作的"代"，它们都或多或少地遗传了以往研究方向以及前期研究工作的性状，并尽可能地将前代的优良属性保留下来，以便能更好地适应生存和竞争的需要。与此同时，在遗传的基础之上，新的研究方向也会出现一些变异，并且这种变异更多地来自学科、社会、平台等外部环境变化所引发的客观需要，而突发的、偶然的、随机的变化比例极小。

3. 主观能动性：乐趣、兴趣与志趣

学者研究兴趣的演化与迁移是天择的结果，但是不能否定学者在选择过程中的主观能动性。科学创新是人们在科学活动中的一种精神劳动，它体现在科学家的创新思想、创新精神、创新能力等方面，也包括科学活动中的整个环境，即创新的氛围。科学创新的成果涵盖了知识、概念、原理、假说和理论等多个方面。科学家通常具备强烈的创新意识和创新精神，同时，良好的创新环境与氛围也是必不可少的。探究自然之谜是科学创造的出发点与源头，以追求知识、破除无知为其根本宗旨。科学家致力于探究自然界的"理"，这种追求使得科技创新之源永不枯竭。科学创造的持续发展，也依赖于浓厚的质疑与批判精神。最后，重视个人自由和平等则是营造科学创新良好氛围的关键要素。在研究兴趣演化与迁移的过程中，学者的创新精神是基本驱动力，在"天择"之外学者的

## 第七章 学者研究兴趣的演化与迁移

主观能动性主要表现为乐趣、兴趣与志趣综合权衡之下的选择。

兴趣是我们对某件事情的感知和欲望,它会激发我们产生行动的冲动。当我们对某件事情感兴趣时,会想要采取行动,并且愿意投入时间和精力去探索和尝试。乐趣则是在我们开始做某件事情后,能够从中获得快乐和满足感。当我们能够做某件事情,并且把它做好时,我们会感到快乐和满足。这种快乐和满足感来自我们在做事情的过程中所获得的成就感和自我肯定。志趣则是在我们不仅能够做好某件事情,还能不断追求进步和提高的过程中产生的。当我们能够不断超越自己,做到更好和最好时,我们会感受到成就感。这种成就感会激励我们继续努力和奋斗,不断追求更高的目标和成就。从境界层次来看,兴趣是基础,乐趣是发展,志趣是最高境界。本书对兴趣的定义是将其视为"三趣"综合体,即乐趣和志趣融入兴趣之中。"天择"限定了学者所能作出选择的区间,在此区间范围内,学者在"三趣"的驱使下进行选择和探索,最终表现为学者对某类问题或主题倾向性的关注与研究,并外化为在实证研究部分我们通过主题分析方法所识别出的研究方向。

兴趣是人对外部客观事物的选择性关注和投入,它表现为一个人积极、主动地探究和了解某种事物的内在愿望。在科学研究中,兴趣往往能够转化为一种持久的、坚定的探索精神。兴趣作为构成个性的一个重要的心理特征,也是在选择科研选题时不可忽视的因素。纵观科学史,取得重大成就的科学家大多把科学创造视为人生的最大乐趣。地理学家克鲁泡特金说过:"一个人只要一生中体验过一次科学创造的欢乐,就会终生难忘。"这句话实际上代表着所有热爱科学事业的科学工作者的共同体验,在社会科学领域同样存在。兴趣和乐趣互为条件,不可分割,因为一个人只有做一件真正感兴趣的事,才能感到莫大的乐趣;也只有从中得到了乐趣,才能越发感兴趣,凡是从科学创造中得到乐趣者,基本上都是对科学研究抱有浓厚兴趣的人。兴趣在科学研究中的作用和意义主要体现在两个方面:一是兴趣可以激发研究者的内在动力,促使他们克服一切困难,最终取得成功;二是兴趣可以调动研究者心理活动的积极性。

实际上，在选题时要重视兴趣的因素，不仅直接出于科学研究的需要，而且有来自选题原则自身的原因。兴趣并非天生而来，也不是一成不变的，它有着自身产生和发展的客观基础。在科学研究中，研究者的兴趣主要来源于对课题的客观意义和个人能力状况的深刻认识，并能直观地反映它们。首先，客体的客观价值是兴趣产生的基本因素，任何一个有头脑、有责任感、有学术洞察力的研究者，都不会对毫无实际意义的课题发生兴趣；其次，兴趣的产生也常与研究者的能力密切相关。人们感兴趣的问题通常既不会是他们自己全然不了解的问题，也不会是已了如指掌的问题，而一般是既有一定的了解，且同已有的知识结构有联系，但又给人以新鲜感、神秘感，仍然需要进一步探讨的问题。必要的知识积累和对问题在一定程度上的了解，是产生研究兴趣的前提条件。另外，人们对之产生兴趣的课题，也常常是便于发挥个人智能结构和方法结构优势的研究课题。心理学的研究成果表明：当人们不具备客观事物中某些方面的知识时，他就不能产生对这方面的兴趣；对于他所从事的活动很难胜任，他也就不会对这方面的活动产生浓厚兴趣。由此可见，必要的知识和技能是产生相应的兴趣、提高和丰富人们的兴趣所不可缺少的条件。兴趣具有自发性的特点，它与研究者的能力系统密切相关。人们感兴趣的课题往往与他们自己的能力相匹配，因此能够充分地反映研究者的能力特点。

与此同时，我们也要认识到兴趣本身具有一定的独立性、模糊性和局限性。因此，在选择研究课题时，我们不能仅依据兴趣来选择，而是需要综合考虑其他因素，不可只凭兴趣办事。有时候，研究者找到了一个具有客观意义，并且经过主观努力也有可能完成的课题，但由于某种原因，开始时并未对这一课题发生兴趣，兴趣的倾向性出现了偏颇，表现出不准确性和不确定性，没有同其他因素统一起来。这时，如仅仅相信兴趣，只以兴趣为选题导向，就可能错过一个取得成功的良机。为了避免选题的失误，一定要冷静分析，全面衡量，大胆选择并依靠意志的力量抓住它，钻进去，随着科学研究的全面展开，逐步培养起对课题的兴趣。

兴趣是对某物或某人的新奇感，当外界事物与个人意愿相吻合时，个人会产生强烈的感受和偏好，进而产生关切情绪。心理学家认为，兴趣是人们努力去了解某种事物和从事某项活动的有意识倾向，表现为对某一事物或活动的选择性态度和积极的情绪反应。而志趣则带有人的价值取向，是人们较高理想追求的表现。科学家不仅是出于个人追求成功和成才的需求而进行研究，而且要具有造福人类、泽被世界的情怀与使命。在科学研究的过程中将乐趣和兴趣上升为志趣的高度，瞄准人类社会面临的重大现实问题进行选题，利用他们自己的科研成果推动科学事业和人类社会的发展与进步。所以，研究兴趣的演化与迁移不只是出于学者的乐趣和兴趣，更是其志趣的体现。在对乐趣、兴趣和志趣的综合权衡之下，学者进行研究方向的选择与迁移；也正是在"三趣"的融合和共同作用之下，学者才会对其从事的研究工作始终充满热情和动力。

### （三）研究兴趣与学术生长

马克斯·韦伯在《学术与政治》中指出，学术职业是一种具有"精神特质"的职业。[①] 研究兴趣伴随着学者的学术生涯始终，当中会有持续性的演化与阶段性的迁移，这种演化与迁移是"天择"与学者"自择"共同作用的结果，一般是朝着更有利于科学发展和更有利于学者个人成长的方向努力，研究兴趣的演化与迁移是学者所开展的学术研究能够保持生机和活力的关键所在，同时也是学者的学术生涯积极向上、充满活力的重要支撑。本节我们以享誉海内外的农业科学专家、中国工程院院士、杂交水稻之父袁隆平（1930.9.7—2021.5.22）的学术生涯为例，通过广泛收集袁院士的生平事迹和学术履历，沿时间线梳理其学术生涯中的关键时间节点及事件，再结合本书所获得的结论与启示，进一步阐释学者的研究兴趣与其学术成长之间的关系。

---

① ［德］马克斯·韦伯：《学术与政治——韦伯的两篇演说》，冯克利译，生活·读书·新知三联书店 2005 年版。

袁隆平于 1953 年 8 月从西南农业学院（今称西南大学）农学系毕业。毕业后服从国家统一分配，到湖南省怀化市安江农校任教。同年，他又被调往边远落后的湘西雪峰山区的安江农校任教。

1960 年 7 月，在安江农校的试验田中，袁隆平意外地观察到了一株具有独特性状的水稻。他利用这株水稻进行试种，发现其子代展现出了不同的特性。考虑到水稻一般采用自花授粉，理论上不会出现性状分离，因此他推断这株水稻可能是天然杂交的结果。随后，袁隆平进行了一项创新实验：他手动去除了雌雄同体的水稻的雄花，并为其授粉了另一个品种的花粉，旨在创造杂交品种。1961 年春，他把那株变异植株的种子播撒到试验田中，并证实了 1960 年的发现，那株"与众不同"的水稻确实是"天然杂交稻"。正值三年困难时期，尽管当时的袁隆平只是一位安江农校的教师，但他深感饥荒给人们带来的巨大威胁和灾难，所以立志利用农业科学技术来战胜饥饿。为此，他致力于水稻雄性不育的研究。

1964 年 7 月 5 日，袁隆平偶然在试验田里发现了一株"天然雄性不育株"。通过人工授粉，成功培育出了数百粒第一代雄性不育株的种子。此后两年间，袁隆平和他的团队进行了杂交试验。经过不懈努力，他们在稻田中发现了 6 株天然雄性不育的植株。通过两年多的仔细观测与科学试验，他们对水稻雄性不育材料有了较为全面的了解。于 1966 年在《科学通报》第 17 卷第 4 期上发表了他们自己的研究成果。

1965 年 7 月，袁隆平在安江农校旁的稻田里逐穗调查了南特号、早粳 4 号和胜利籼等水稻品种，从 14000 多个稻穗中逐一筛选，最后确定了 6 个不育品种。通过两年的种植与观测，共有 4 株成功繁殖了 1—2 代。这一发现对米丘林和李森科"无性杂交"的传统学说产生了重大的冲击，同时证实了水稻也存在杂交优势。袁隆平通过"三系法"，即雄性不育系、雄性不育保持系以及雄性不育恢复系，获得了显著的增产效果。

## 第七章 学者研究兴趣的演化与迁移

1966年2月28日,袁隆平在《科学通报》第17卷第4期发表了一篇名为《水稻的雄性不孕性》的文章。同年5月,国家科委九局局长赵石英获悉此事后,对此予以重视,并向湖南省科委与安江农校发出信函,支持袁隆平进行水稻雄性不育研究,并指出这项研究的重要性和潜在的巨大价值。不久,"文化大革命"爆发,袁隆平受到牵连,他的水稻雄性不育试验也被迫中断。

1967年4月,袁隆平提出"安江农校水稻雄性不孕系选育计划",并将该计划呈送至黔阳地区科委。同年6月,以袁隆平、李必湖、尹华奇等为核心的"黔阳地区农校(原安江农校改名)水稻雄性不育研究团队"正式成立。1968年4月30日,袁隆平把700余份宝贵的不育素材,移栽到安江农校古盘7号田里。但是到了5月18日傍晚,所有的秧苗被连根拔起,成为一桩未解之谜。袁隆平对此感到极度心痛。事故发生后第四天,他在一座废弃的井中发现了仅存的五株幼苗,并继续进行试验。

1969年冬季,为加速不育材料的繁殖,袁隆平一行人前往云南省元江县考察。次年夏季,袁隆平自云南引入野生稻,拟在靖县(安江农校迁到靖县后)开展杂交试验,但因缺乏短光条件而失败。秋季,袁隆平院士率领李必湖、尹华奇等人到海南岛南江农场,充分利用当地优良的栽培环境,开展了一系列试验研究。在此期间,他们还向当地的农业技术人员和工作人员调查了野生稻的分布情况。

1971年春,湖南省农科院组建了杂交水稻科研合作小组,袁隆平就是其中的一员。到1973年,合作小组利用测交试验筛选出恢复系,"三系"配套问题得以解决。同年10月,袁隆平在苏州召开的水稻科研会议上,发表论文《利用"野稗"选育三系的进展》,宣告了中国籼型杂交水稻的"三系"已经成功研发配套。

1975年,袁隆平攻克了"制种关",并总结了制种技术。在党和国家的大力支持下,全国各地的科研协作组积极开展了群众科学试验,成功育成了杂交水稻。1976年,杂交水稻在全国范围内得到推广。1977年,《杂交水稻培育的实践和理论》和《杂交水稻制种与高产的关键技术》两篇有重大影响的文章分别发表。1978年3月21日,袁隆平在国家科学会议上作重要发言。1980年10月,经过十余年的不懈努力,袁隆平与多所科研院所合作,成功解决了杂交水稻的制种难题。

1995年袁隆平当选中国工程院院士,2000年获得国家最高科学技术奖,2006年当选美国国家科学院外籍院士。

2010年3月,袁隆平和张启发的研究小组开始了对转基因水稻的研究。袁隆平在3月12日的讲座中,就转基因稻米的安全性试验,以及抗除草剂转基因农作物的除草剂减量问题与张启发进行了深入讨论,并对政府关于转基因作物研发的决策表达了强烈的赞同之意。2017年9月,袁隆平院士在全国水稻新品种和新技术演示现场观摩会上,宣布了一种去除稻米中重金属镉的新方法。

2012年,袁隆平院士成立青岛海稻研发小组,开展水稻耐盐碱育种工作。经过多年的努力,青岛海稻研发中心于2017年9月在6‰盐度灌溉下,成功获得4个耐盐碱优良品种,并对其进行了小面积产量测试。其中表现最佳的水稻材料每亩产量高达620.95公斤,这一成果标志着"海水稻"的研究已有了阶段性的重大突破。袁隆平的"海水稻"研究小组,已经在全国五大类盐碱地区建立了试验和示范的栽培基地。其中,江苏如东枅茶方凌垦区作为东部沿海地区的盐碱地类型,土壤盐分含量为2‰—6‰,是我国重要的农业生产基地。10月14日,袁隆平的"海水稻"团队与江苏省农技推广总站合作,在江苏如东枅茶方凌垦区开展了耐盐水稻的测产试验。通过对三个水稻品种的机采试验,发现"超优千号"的耐盐水稻亩产为802.9公斤。在盐碱地上创造了一个新的高产纪录。而在2020年10月12日,山东东营垦利永安基地的"海水稻"的产量更是令人咂舌,最高亩产可达860公斤,刷新了我国"海水稻"单位面积产量的纪录。2020年3月,由袁隆平院士亲自选址、筹划并命名的隆平国际现代化农业公园在广州市黄埔区正式开工。一期项目大吉沙岛水稻公园的水稻种植工作也同期启动。6月，袁隆平团队在青海柴达木盆地的盐碱地试种的高寒耐盐碱水稻（也被称为"海水稻"）成功长出了水稻。

袁隆平院士于2021年5月22日在长沙病逝后，他的科研团队并未停止前进步伐，而是继续努力，交出了令人瞩目的成绩单。他们成功实现了双季稻亩产突破1600公斤的壮举，同时率先在近海地区种植了耐盐碱水稻。此外，低镉水稻品种也开始在大面积范围内进行示范栽种。

自1953年年仅23岁的袁隆平大学毕业，直至2021年91岁高龄离世，在长达68年的时间内，袁隆平一直从事着农业科学教学和研究工作。数十年如一日的勤奋和专注，使其作出了一系列令国人感动、令世界瞩目的伟大成就。在此期间，袁隆平从一名普通的农校教员逐渐成长为世界闻名的杂交水稻之父和中国工程院院士。借由其学术生涯的主要发展脉络，我们不仅仅感悟到一位杰出的学者在成长成才过程中所付出的异于常人的艰辛与努力，更看到了研究兴趣在支撑学者一路前行的过程中不断演化与迁移的轨迹，这些对于青年学者的成长成才来说具有重要的借鉴和启示意义。

1. 专注与勤奋。无论是袁隆平还是本书选作样本的147名院士，都拥有较长的学术生涯，数十年如一日地从事科学研究。他们在不同时期所发表的学术论文成为记录其科研进程及成果的重要档案，也提供了追踪和考察其学术生涯的关键线索，这些论文标识了各个阶段学者所从事的主要研究工作。袁隆平院士在近70年的时间里一直专注于科研事业，在90岁高龄之时仍奋战在稻田亲自进行试验。尽管在"文化大革命"期间，袁隆平的研究工作受到了干扰和阻碍，但他从未中断过对不育材料秧苗的试验。即使在秧苗被人蓄意破坏后，他仍然不放弃努力，找到残存的几株秧苗继续进行试验。

2. 专一与执着。袁隆平院士一生都在进行农业科学研究，专注于"杂交水稻育种"这一条主线，在研究方向上表现出极大的连续性和一致性。其研究工作表现出了从简单到复杂、从初级到高级的不断升级与跃迁，从最开始找到特殊形状的水稻，到发现天然杂交稻，再到杂交、育种和配套，后来又和张启发院士团队合作，共同研究转基因水稻，不断优化和提升水稻的抗虫、耐碱等性能，进而提高水稻产量。从"三系"杂交水稻开始，逐步发展至"两系"杂交水稻，最终成功培育出"超级稻"，培育出在极端环境下生存且能够大面积推广种植的海水稻，以及坚持推广杂交水稻。袁隆平院士所从事的研究工作在不同的时期会有不同的研究重点和主题，但无一例外都是围绕着"杂交水稻"这一核心主题进行的。尽管在其学术生涯的不同阶段，袁隆平院士关注的主题、采用的研究方法、研究的重心等会有变化和革新，但总是沿着一条主线进行创新，在相对稳定的轨道上升级和跃迁。研究兴趣的演化与迁移不是漫无目的，更不是随心所欲地任意切换和跳跃发展。

3. 兴趣是科研的根本动力。职业选择并不是一次性的行为，而是一个动态的、不断发展的过程。它也不是一个孤立的决定，而是同时受到多种因素的综合影响。对于期望从事学术研究的人来说，"生涯决策"相对"职业决策"来说，或许能够更准确地描述他们的职业选择问题。在科学发展史上，无数科学家执着于科学，无私地献身于科学，最大的原因就是科学中包含了能使人产生兴趣和激情的成分。科学与兴趣存在着内在的统一性和依存关系。因此，就整个科学而言，科学家所从事的科学发现活动在某种程度上可以被视为一种追求真理和快感的高级活动①。科学史上的众多实例已充分表明，兴趣是科学发现的源泉和起点，它对于推动科学的发展和进步具有重要的价值和意义。哈贝马斯的认知兴趣理论认为，兴趣本身必然包含着适用于它自己的知识范畴，这就决定了它对认识具有指导作用，所以他把兴趣视为认识的组成要素，是内在于

---

① 张磊、张之沧：《兴趣与科学》，《洛阳师范学院学报》2010 年第 4 期。

认识之中且横亘在认识的基底之中，他所说的兴趣既不是个人的特殊嗜好，又不是群体的利益动机，而是人类先天的普遍的认识取向或知识构成的心理意向①。

4. 研究兴趣是动态变化的。1953年，袁隆平从农学系毕业，被分配到农校任教。直到1960年他发现了一株具有特殊性质的水稻，并利用这株水稻进行试种。经过观察和试验，他发现子代的水稻性状与父代有所不同，自此正式开启了长达60多年的水稻杂交育种工作。可见，学者的研究方向并非与生俱来的或是妙手偶得的，在学术生涯初期，都需要数年甚至十数年摸索，才能逐渐明确方向，确立他自己的研究兴趣。1960年，袁隆平院士在农校试验田发现了一株具有特殊性质的水稻，看似是偶然的发现，实际上是他凭借着早有的知识储备和敏锐的观察力，长期致力于水稻研究的结果。专业背景（农学系毕业）、岗位需要（农校教员的身份）、平台资源（农校试验田且具备水稻育种条件）、社会需求（当时全国面临严重饥荒）、个人志趣（立志用农业科学技术击败饥饿威胁）和兴趣（对杂交育种有着浓厚的兴趣），多种因素的综合使得袁隆平开始从事水稻雄性不育试验。袁隆平的研究工作始于水稻雄性不育试验，之后他的研究兴趣不断演化和迁移，迁移不是出于他个人的喜好，而主要源于他研究工作的客观需要，为确保国家的粮食安全、为解决世界上许多国家和地区共同面临的饥饿问题，必然要不断提升粮食产量，并培育能够在各种恶劣环境下都适宜种植且确保产量的水稻品种；在全球耕地面积不断减少的现实情况下，积极开拓在海域种植的海水稻；随着转基因新技术出现并被应用于农业科学领域，袁隆平院士也积极响应这一趋势。他带领团队与张启发院士团队合作，共同研究转基因水稻。此外，国家的支持、成立新的团队和科研协作组、建立新的试验基地等分别从政策、团队、资源条件等不同方面为其研究兴趣的迁移提供了必要的支

---

① 钱厚诚：《哈贝马斯的知识类型观》，《南京航空航天大学学报》（社会科学版）2006年第3期。

撑。伴随着研究兴趣的演化与迁移,袁隆平院士及其科研团队始终站在水稻杂交的最前沿,保持着极高的创新力。这一过程也充分印证了前文所提及的学者研究兴趣的演化与迁移是"天择"和学者"自择"的共同结果。

5. 兴趣与志趣。众所周知,袁隆平院士有两个"梦"和一个心愿:"禾下乘凉梦""杂交水稻覆盖全球梦"和"海水稻推广1亿亩,亩产达到300公斤"的心愿。从袁隆平院士身上,我们不仅看到了杰出学者所拥有的科学精神,更看到了杰出学者感人至深的家国情怀和为全人类幸福而奋斗的宏大格局。袁隆平院士的研究兴趣,更多地表现为高层级的志趣,而非一般层级的个人喜好。其研究兴趣的演化与迁移,更多地表现为主动将个人的研究工作融入国家和民族发展的大局中,表现出对重大社会现实问题和人类疾苦(不只本国人民,还包括世界各国人民)的深切关注,个人的成功成才反而成为追逐梦想的过程中的副产品。当下一些学者在学术之路上似有舍本逐末、缘木求鱼之倾向,奉行功利主义的学术动机,将追逐个人所谓的成功(更多地以功、名、利定义)凌驾于国家和民族发展、社会需求和人民福祉之上,与求真、求善、求美的科学初心与本义完全背道而驰。这类学者和这种现象不利于科学事业的发展与进步,近年来,国家一直在强调"回归学术初心,净化学术风气,优化学术生态"。

6. 正向回馈与向上攀登。1973年,"三系"杂交水稻宣告成功配套。平均亩产达500多公斤,1976年在全国快速得到推广应用,大获成功,被国际上誉为"东方魔稻"。1995年,两系法杂交水稻的研究取得了重大进展,并在农业生产中得到广泛应用。2004年,袁隆平提出了"超级稻"的概念,并设定了新的选育目标,即杂交水稻的每亩产量要达到800公斤甚至900公斤。到了2013年,多个省份的水稻品种如湖南、浙江等地的亩产潜力已超过800公斤。袁隆平再次提出了"种三产四"的超级稻示范推广计划,即种植3亩超级稻的产量等于4亩普通稻的产量。每当一个重大目标达成以后,袁隆平院士马上向下一个更高的目标努力,由此形成了正向的回馈和激励机制,这使其能够始终保持极高的热情不断向新的高地发起冲击。在科研的过程中需要不断地摸索,包括出错、试错、纠错的过程都是通向成功的必由之路。人们通常只看到了成功者收获的鲜花和掌声,而忽视了他曾经经历的苦难与失败,可以肯定的是,每一条通向成功的道路都是崎岖艰险的。每一项重大成果都需要数年、十数年、数十年乃至几代人持之不懈地坚持努力才能获得,而反观当下的学术风气和评价机制,并不利于青年学者的成长成才,反而容易滋生急功近利之风气和短视极端之作为。习近平总书记曾在讲话中指出:"创新从来都是九死一生,但我们必须有'亦余心之所善兮,虽九死其犹未悔'的豪情。"全社会都应该为学者,尤其是正处于初级摸索阶段的青年学者提供宽容的氛围和机制,允许失败、宽容失败。

# 第八章

# 管理启示与对策建议

习近平总书记在中国科学院第十九次院士大会和中国工程院第十四次院士大会上说过:"创新之道,唯在得人。得人之要,必广其途以储之。"他在中国科学院第十七次院士大会和中国工程院第十二次院士大会上提出了"顺木之天,以致其性"的要求,强调要按照人才成长规律不断完善我国的人才培养机制。创新人才培养与开发的成效有赖于对人才成长规律的理解和尊重。只有认识科学研究中的客观规律,了解学者的行为特征,才能有效地评价科研成果、奖励科研发现、资助科研工作、培养科技人才。本章通过对前面几章关于学者研究兴趣演化与迁移以及学术生涯发展变迁的客观规律的总结梳理,得出管理启示、提出相关对策建议,以期为国家制定切实可行的人才培养方案、为机构选拔人才提供借鉴,为青年科技人才培养机制的完善、科技管理制度与政策的完善提供科学依据。

## 一 管理启示

基于前文各个章节所获得的研究发现和结论,尤其是在实证研究部分,通过对院士这一类杰出学者的科研产出及影响力、自引行为及自引网络所开展的计量分析和可视化展示,在个案分析的基础之上所归纳出的共性特征与一般规律,为科研管理和青年学者的成长提供了一定的参考和借鉴。

### (一) 科学发展是继承与创新的有机统一体

马克思关于科技发展的方式和动力问题，指出了科学发展的总趋向，即继承和创造相结合。继承是科学知识的延续、扩展和深化，是科学知识在发展过程中发生的量变。科学是个开放系统，在时间上有继承性，在空间上有积累性。只有继承已发现的科学事实、已有理论中的正确东西，科学才能不断发展、完善。创新是指人们对自然界的理解发生了质的变化，从而使科学发展发生了质的变化。创新是历史发展的必然趋向，也是传承的归宿。从纵向来看，科学的发展是渐进性和跳跃性的统一。科学发展的渐进形态即为科学演化的形态，表现为原始的科学规范、框架内科学理论的扩展，局部的新的规律的发现，对已有的理论进行局部的修改与深化。科学发展的跳跃形态即为"科学革命"，主要是指对科学基本规律进行新的发现、对科学进行新的大综合、突破已有的理论架构、构建核心理论体系等。从横向来看，科学的发展是"分化"和"整合"的统一。从大的方面来看，科学的发展是一种继承和革新的统一。在继承和创新的同时，人类对自然界的理解将会有一个新的跨越，从而实现科学发展的质的飞跃，创新是继承的必然趋势和目的。

自 19 世纪引文标注制度正式形成以来，引文（参考文献）作为科学论文的重要组成部分，一直为广大研究者所重视。由于研究工作的延续性或科学论文的相关性，作为学术界的一种常见的引文现象，自引往往是不可避免的，它反映了科学知识的连续性、稳定性和继承性，也是马太效应和最省力法则的体现，同时反映了学者在发文和引用过程中的选择偏好性。这种不断发展的轨迹是内在继承与创新相结合的过程，科学家们通过创新逐步扩展和深化他们的研究，在他们漫长的职业生涯中关注一个研究领域，同时也和他们以前的工作密切相关，在继承他们自己原有的理论、观点和方法的同时也在创新。同样，科学发展的继承和创新还体现在学术谱系中，良好的学术传承和创新是一个优秀学术谱系不断繁衍的内在动力，它能够突破科学史研究的边界从而不断发展。

引文是因为科学研究的继承性而产生的,也为我们考察科学研究的继承性特征提供了重要的线索和依据。自然生态系统中的遗传和变异是环境对生物个体进行"自然选择"的结果,是生物个体提升其自身适应力的途径,是优化其自身以适应环境并战胜对手的过程体现。① 本研究发现,在知识生态系统中自引是知识个体实现知识基因遗传和变异的途径。在自引行为机制中知识基因的遗传和变异协调统一,从而形成知识个体自身的一种螺旋状、自循环发展。自引是对作者以往研究及其成果的补充说明、延伸扩展、修正引错,它既反映了知识继承也反映了知识变革。自引行为机制中既包含了知识基因片段的复制和重组,也包含知识基因片段的舍弃和修改。自引是知识个体引用其自身产出的前期知识资源的行为,是知识生产者与知识环境之间的适应性调控。②

本书从自引视角切入,追踪学者研究兴趣的演化与迁移,发现学者的研究兴趣及其外在表现的研究方向同样呈现出继承性与创新性相统一的基本特征。自引可以类比为自然生态系统中遗传和变异的综合体,自引既体现着学者对他们自己已有知识的自我继承和繁衍,也体现着对其自身知识的自我颠覆和突破。学者的自引行为可以综合描述为技术知识基因遗传和变异协调统一的螺旋式演进过程。在此过程中,学者的研究方向在一段时期内会保持相对的稳定性和连续性,自引即代表着学者对以往研究成果的继承性参考和使用,但是演化的内部无时无刻不在进行创新,在孕育新的突破和升级,这是一个量变的积累过程。当量变积累到一定程度时就会发生质变,此时学者的研究方向发生了显著的变化和迁移,研究兴趣发生了迁移,出现了新的研究方向,新的方向与以往的研究方向之间存在着内在的关联性,也有明显的区分度,新旧方向常常还会并存一段时期,而不是新方向立即取代旧方向。

---

① 李睿、周维、王雪:《引文生态视角下标准必要专利的引文特征研究》,《情报学报》2018 年第 9 期。
② 杨思洛:《引文分析存在的问题及其原因探究》,《中国图书馆学报》2011 年第 3 期。

一方面，学者研究兴趣的演化与迁移表现出的特征和规律，持续性的演化与阶段性的迁移，充分体现出科学研究的继承性与创新性相统一的基本特点；另一方面，学者研究兴趣演化与迁移也正是由科学研究继承性与创新性相统一的内在发展规律所导致的结果，所以，我们认为科学研究的继承性与创新性的发展规律构成了学者研究兴趣的演化与迁移的基本驱动力。这也为我们认识和把握人才成长的规律提供了基本的参照，人才成长的规律必定与科学发展的规律相一致，相应地，科技创新人才的培养、开发、评价、激励等必定要符合科学发展的基本规律。

### （二）自引为追踪学者学术轨迹提供了新线索

学术轨迹是指科学研究在时间序列上的发展演变过程，梳理和回顾某个学科、重要理论、学派、研究主题、期刊的学术轨迹，能够展现学术研究的发展历程，把握未来的研究态势和趋向。个人学术成果亦具有连续性和不平衡性，学者在不同阶段所产出的不同主题的学术成果正是学者研究特点的具体体现。绘制学者的个人学术轨迹，能够把握学者的研究全貌，了解其研究工作的来龙去脉，凸显其学术生涯的关键节点，在学术画像、科学评价、代表作遴选等工作中有着良好的应用前景。早在20世纪80年代，国内学者王崇德就证实了自引是研究学科、期刊、科学论文作者、科学合作等相关问题的重要入口。从自引出发，可以定量考察科学社会中的著述动态和征兆，并以此来剖明一些科学社会的趋势和规律。[1] 自引是作者对前期文献的延伸扩展、创新应用或批评修正，反映了科研环境的连续性、继承性、相关性。[2] 但是，由于知识主体的主动性、"知识生态"等因素，以及"知识基因"与"知识环境"的交互作用，使"知识基因"可能在原有的基础上发生突变。

---

[1] 王崇德：《科技文献的自引》，《情报学刊》1984年第1期。
[2] 苑彬成、方曙、刘清：《国内外引文分析研究进展综述》，《情报科学》2010年第1期。

## 自引视角下学者研究兴趣的演化与迁移

### 1. 自引是特殊的知识扩散形式

自引是建立在知识生产的连续性和继承性基础之上的科学交流行为，与他引一样，自引反映了文献之间的知识关联性和内容相似性，是科学交流与传播不可分割的一部分。自引是学者过去和现在研究的交流与对话，反映了学者认知和创造的过程，也是知识经由学者本人进行扩散的一种特殊形式。关于自引通常存在着争议和质疑，支持者认为，自引反映了科学研究的继承性和一致性；反对者则认为，自引通过人为地放大一些基于引用的指标，对科学影响的评价产生了负面影响。人们从不同的角度审视自引便获得了不同的结论和发现。正如加菲尔德所言，自引本无所谓好坏，关键是我们如何看待它以及我们如何使用它。

引文在记录研究人员如何利用已有知识方面发挥了关键作用，并被认为是科学知识扩散的主要驱动因素和表现形式之一。其中，自引促进了知识的流动和扩散。以往学界过于关注自引在科学评价方面的表现，总是质疑和担心自引对引文指标的干扰，而忽视了自引在知识扩散方面的积极功效。事实上，自引便于读者掌握研究进展及学术动态，通过"溯源追踪"把握研究起源与演化轨迹，是知识扩散的一种有效机制。一个由自引和自引论文组成的封闭网络可以揭示科学工作发展的脉络与进程。因此，通过自引关系联系起来的连续论文构成了一个可以展示科学进化的链。这意味着自引可以被用于显示学者的研究轨迹，并跟踪他们研究工作的连续性与继承性。一位学者，特别是学术生涯及发表历史相对较长的杰出学者，通常有一组连续的论文记录能够反映他在学术生涯的不同阶段的研究情况。

### 2. 自引展示了科学演进的过程

引文反映了不同文献所包含的科学观念、方法等之间的互动，展示了科学演进过程，自引也是如此。[①] 作者自引是科学家研究方向稳定性和

---

① Liu, Y., Rousseau, R., "Interestingness and the Essence of Citation", *Journal of Documentation*, Vol. 69, No. 4, 2013, pp. 580–589.

研究成果连续性的标志，体现出研究工作的延续与扩展①。自引网络已经被用于描述学者的学术轨迹，挖掘研究主题，揭示学科知识的结构等。引文时序分析是引文网络的重要方法，能够清晰地展示研究工作的来龙去脉，自引网络中亦可加入时间标签，构建自引时序网络，以便呈现学者研究脉络的发展过程，展示学术成果链及其关系。学术轨迹是指科学研究在一定的时间序列上的发展演变过程。梳理和回顾学科、学派、重要理论、研究主题、期刊等的学术轨迹，能够展现学术研究的发展历程，把握未来研究态势。个人的学术成果亦具有连续性和不平衡性，不同阶段、不同主题的学术成果是学者研究特点的具体体现；学者的单项研究成果对于其学术生涯的影响程度是不同的。绘制学者的个人学术发展轨迹，有助于全面把握其研究工作的全貌，客观展现其研究工作的演化进程，突出其学术生涯发展及其所开展的研究工作的关键节点。

自引是研究的拓展和延伸，能够用来衡量研究范围被扩展的可能性。科学家们不仅站在巨人的肩膀上，而且踩在他们自己铺就的砖石之上。极少有学者从来不利用其自己的成果。适度的自我引用是科学交流和研究进化的自然和合理的结果。此外，自引可以作为衡量科学家研究工作的连贯性和一致性的一个指标。学者总是在已开展的研究工作的基础之上进一步拓展与创新来形成新的研究成果，在此过程中，他们有必要以自引的形式，运用他们自己在以往研究中提出的思想、观点、理论和方法。自引为追踪学者科学研究的发展提供了一种新的途径：如果把一个科学家的学术生涯比作一栋科学大楼，那么他（她）发表的每一篇文献都可以被视为一块砖石。所有的砖石都不是无序堆积的，而是相互关联、彼此支撑，共同组成了一栋完整的建筑。引文不仅是一种联系，也是一种互动，不仅是发生在学者与他人之间，也是发生在学者与他自己以往的研究成果之间的交流与对话。在当前的研究中提及前期的研究或者借

---

① Mubin, O., Arsalan, M., Mahmud, A., "Tracking the Follow-Up of Work in Progress Papers", *Scientometrics*, Vol. 114, No. 3, 2018, pp. 1159–1174.

助以往的研究成果来对比和佐证当前的研究发现。因此,自引代表了一位学者在不同时期的思想和观点的相互作用与发展演变。自引是自我参考借鉴和启发的结果,它导致了研究的扩展或后续研究。当思想、理论和方法在连续性的研究中得到改进时,它们的内核和主线不会发生根本性的变化。因此,自引为我们提供了一种新的方法来跟踪科学家研究的发展过程,并识别通过自我引用链接扩展的研究进展轨迹。

3. 自引是追踪学术轨迹的线索

本书在对样本学者所发表的中外文论文的自引情况进行统计分析时发现,95%的样本学者存在自引行为,自引程度不等,自引比例指标的平均值为34.52%,自引证率的平均值为4.71%,基本在合理的范围之内。由此可见,自引确实是十分普遍的科学现象和引用行为,即使是具有卓越学术地位和声誉的作者,如本书所选择的院士群体,也经常引用他们自己的文献。另外,本书针对学者的自引动机所开展的调研和分析结果显示,绝大部分的受访者都有过自引行为,且对自引现象持正面的态度,认为自引动机是合理的,是出于科学研究之客观需要的,之所以自引多,是因为当前研究与前期研究存在关联性或连续性,使用他们自己之前发表的成果能更好地支撑其当前的研究工作。与此同时,本书在对自引和他引进行横向比较时发现,自引文献的知识关联性更强,引用时滞更短,表明自引在知识交流和扩散中更具优势。

综合各方面的研究成果和发现,我们认为自引为追踪学者的学术轨迹提供了新线索,并且这条线索在揭示学者研究工作的连续性和继承性方面具有他引无法比拟的优势和特色。自引轨迹是对学者研究历程的全面反映。数十年如一日持续研究,并在长期的学术生涯中积累一定数量的成果和引用是很重要的。科研是一项长期而又缓慢的工作,需要不断地积累知识、经验和实验证据。如果自引被认为可以维持自我推广之功效,那么当作者引用先前的假设、方法或结果时,科学的累积性质就可以证明它的合理性。知识和实验证据的积累可以削弱早期的怀疑论,鼓励更多的研究者认可该项成果,并作进一步的探索。

科学家们引用了他们自己在多年以前发表的论文，这表明了他们对早期研究重要性和正确性的非凡坚持和信念。毕竟，研究的稳定性和连续性是确保早期不受欢迎或不被认可的假设被接受和发展新的研究领域的重要组成部分。

### （三）学者在其学术生涯中需不断探索与尝试

学者在不同的职业生涯阶段，其创新能力存在着明显的差别，通过对其在不同时期的学术表现进行分析，理清其研究兴趣演变的轨迹，有助于科研管理者更好地了解人才成长规律与轨迹，为科技人才评价与管理政策提供依据。在科学技术飞速发展的今天，发现和揭示学者学术生涯发展过程中的模式、特征与规律，有助于揭示科学生产力发展机制，对于科研管理部门制定积极的科研政策，更好地指导科研工作者进行科学创新发挥着重要的推动作用。

1. 杰出学者的学术生涯呈现出持续向上的发展态势

杰出学者的共性特征是拥有一个相对较长的学术生涯，在学术生涯中持续地发表成果，其研究活动不曾夭折或中断，并且在大部分时期里都保持着较高的科研生产力，数十年如一日地坚守与耕耘才是攀登学术高峰的必由之路。而在学术生涯的不同阶段，学者的科研生产力、学术影响力、合作情况以及自引行为特征等都存在着一定的差距，这表明学者在学术生涯不同时期有着不同的成长特征。研究发现，在职业发展的头五年内，学者的科研生产力与学术影响力均较小，且一般是其研究成果的最大贡献者；在其学术生涯6—20年里，科研人员逐渐从科研主力过渡到研究团队领导的角色，学术影响力整体上呈现出稳定状态；在科研人员职业生涯的21—30年里，其生产率增长速度放缓，而其学术影响最大[1]。本书在院士这一类杰出学者身上看到，他们在其学术生涯后期并没

---

[1] 张丽华、吉璐、陈鑫:《科研人员职业生涯学术表现的差异性研究》，《科研管理》2021年第5期。

有呈现出所谓的倒"U"形衰退，随着院士率领的科研团队的不断壮大，无论其科研生产力还是学术影响力仍保持着较高的状态。

2. 学术生涯中必然伴随着研究兴趣的演化与迁移

科学研究的精髓就在于对未知的探索，必然伴随着一个长期的尝试、否定、再尝试的过程，在学术道路上，没有任何捷径可走，唯有坚持不懈地思考与探索，学者的研究兴趣及研究方向并非与生俱来，而是在学术生涯中不断探索与尝试，学者的研究兴趣在持续性演化与阶段性迁移当中保持着相对的稳定性与绝对的创新性，整体上朝着向上的趋势发展，并推动着学术生涯向前发展。

在实证研究部分我们发现，在学术生涯初期学者的研究方向并不明确，往往是多个主题的研究成果未能呈现出聚类，这反映出学者刚刚步入学术生涯之时，难以立即确立研究方向，而是必须经历一段时期的尝试和探索，短则3—5年，长则8—10年，才能逐渐明确他们自己的研究方向。早期的研究方向通常对其学术生涯中后期的研究工作产生着深远影响，甚至直接奠定了一生学术事业之主基调。学者的研究方向不是一成不变的，不同时期的研究工作存在着关联性和连续性，但是各个时期所聚焦的研究方向却呈现出阶段性的变化与迁移，在已有的研究方向之上会延伸或迁移出其他的方向，新的研究方向不断出现，每个方向出现的时间不同，也会有多个方向并存，即在一段时期内一名学者同时涉猎多个研究方向，但并存的方向不会太多，且在每个方向上的关注和活跃程度并不完全一致。总的来说，前后出现的研究方向之间，以及同时期内并存的方向之间，都会存在不同程度的知识关联性或主题相似性，并且拥有一条共同的主线。也就是说，无论学者的研究兴趣如何演化和迁移，始终是围绕着一条明确的主线进行的。

创新是科学研究的基本要义和首要任务，简单来说创新就是不断探索与尝试，学者需要在研究主题、研究内容、研究方法、研究范式等方面进行持续性的创新，先是量变的积累继而引发质变，研究方向发生迁移或者产生新的研究方向。因此，学者研究兴趣的演化与迁移反映出学者的研究工作由低级向高级、由简单向复杂、由传统向现代进化和跃迁的过程，当中，每一次研究方向的迁移，每一个新方向的出现，都标志着学者的研究主题、研究内容、研究方法、研究范式等的一次重大升级与创新，但是，研究工作的内核是始终如一的，这也是科学研究的继承性使然。此外，学者研究兴趣的迁移不是随意的、盲目的，每一次迁移、每一个新方向的诞生都与该学者前期的研究方向及研究工作密不可分，也是在原有研究方向的基础之上经过一段时期的积蓄和酝酿以后所导致的结果。

随着学科领域交叉和融合的加剧，学科领域知识系统表现出更多的复杂性和周期性，如一些研究主题不断得到强化，有些研究主题则在发展过程中从兴盛走向衰落，有些则不得不转型以适应新的变化。同时，科学的发展和技术的进步所带来的专业领域知识交叉与融合，也对学者如何选择和调整他们自己的研究兴趣提出了巨大挑战。一方面，选择与原来的研究方向跨度较大的专业领域很可能在交叉领域获得新颖的研究成果，但可能导致学者丧失了原本领域所积累的资源与优势。同时，进入新领域也可能需要付出较高的时间成本和学习成本，并且面临着极大的风险和不确定性。另一方面，如果一直停留在原有的研究方向上，无法适应学科发展及外部环境变化的需要，随着相关研究领域发展到成熟阶段必然会遭遇研究瓶颈，或者因不能适应外部变化而被淘汰。综上所述，学者研究兴趣的演化与迁移呈现出螺旋式上升的状态，既要"深耕"，即在一段时期内专注于某一个或少数几个研究方向，侧重于在相关研究领域开展深入系统的研究；也要"跃迁"，根据研究需要进行方向的拓展与调整，以便实现研究主题、研究范式等的升级与跃迁。

3. 学术生涯的累积优势效应导致了学术分层

累积优势效应（Cumulative Advantage）是指早期取得的发展优势会持续到后期阶段，使得早期处于优势地位的个体能够在后期获得更好更快的发展，而初期存在劣势的个体在后期发展中的劣势将更加明显，上述累积过程使得初期较小的发展差异被不断放大①。在学术界,累积优势效应通常表现为少数学者获得多数资源并转化为发表优势,并且随时间推移而持续扩大这种优势,逐渐形成学术分层的过程②。学术资源配置的进程,既是对过往成果的奖赏,也是对未来学术产出的激励,以往的学术成果和声望在很大程度上决定其今后可以得到的重视和支持,这在无形中扩大了高能力者和低能力者的奖励差距,大幅度提高了前者的竞争优势,并将之持续放大。科学研究的实质就是一种为获得更优先级别成果发表权而进行的竞争,在这一过程中,由于竞争的加剧,以及大量的竞争对手的存在,学术生产者不得不进行优先发表权的竞争,从而提高学术生产力。

随着科技精英等级制度的不断强化,科学界对精英人群不断给予科研资源与报酬,使其逐渐超过竞争对手,该现象即为科学精英社会化过程中的优势累积效应。在这种优势积累效应的影响下,科学创造出了大量的科技精英,实现了科学社会的分化,产生了等级的差异。杰出学者的学术生涯清晰地展现出了累积优势效应,在"成功导致成功"的机制下,科研生产力和学术影响力的优势持续累积,并助力其实现了学术阶层的跃迁。在此过程中,学者研究兴趣的变迁,在一定程度上也是源于优先发表权的竞争。

在学术生涯早期,学者会不断尝试新主题,试图寻找易于获得发表权的研究方向。在经历了职业高峰期之后,又会在不同的研究主题之间频繁地转换他们自己的研究方向。当然,这也从另一个侧面反映出,学者在达到职业高峰期之前,在研究主题上具有相对较高的专一程度。在到达职业高峰之前,学者更倾向于做他们自己擅长的或是这一时期专攻

---

① Diprete, A. T., Eirich, M. G., "Cumulative Advantage as a Mechanism for Inequality: A Review of Theoretical and Empirical Developments", *Annual Review of Sociology*, Vol. 32, No. 1, 2006, pp. 271 – 297.

② 赵万里、付连峰:《科学中的优势积累:经验检验与理论反思》,《科学与社会》2014 年第 2 期。

的某项研究；而在职业高峰之后，学者开始拥有更高的职业自由度，不再局限于曾经相对集中的研究主题和方向，此时研究兴趣的转换会更为频繁①。尽管如此，各个学科领域的大多数杰出学者都能够在学术高峰期之后仍然保持研究主题的连续性，即使发生一定程度的主题迁移，也依然选择与早期研究非常相近的主题。

**（四）研究兴趣迁移由内生外生因素共同驱动**

如布尔迪厄所说，"场域"是一种"空间比喻"，是一种"合法性之争"，而学界则是一种对知识合法性垄断权力的"战场"②。本书参照生物学进化理论来阐释学者研究兴趣演化与迁移的机理，将其比喻为知识基因遗传与变异的过程。科学发展的继承性与创新性是其内在的驱动力，学科专业发展、社会需求、学者个人的成长需要，以及学者所处的环境及资源条件等，都在不同程度上左右或者影响着学者研究兴趣的演化与迁移。"适者生存"的天择机制与学者个人"三趣融合"自择机制的综合作用共同导致了学者研究兴趣的迁移。在天择机制之下，学者研究方向中的优良基因得以保存，那些符合学科发展和社会需求的主题和内容在之后的研究中加以继承和延续，自引即被视为知识基因遗传的痕迹，为适应生存和发展需要，学者研究方向中的知识基因也会发生不同程度的变异，变异原因可以是学者研究工作的创新要求，也可能是外部因素的诱发。例如，重大突发社会事件的出现，学者工作单位、团队、平台等的变化，都可能会引发学者研究兴趣的变化。天择限定了学者研究兴趣变化的空间，在此空间范围内，学者可发挥主观能动性进行自择，即结合他们自己的乐趣、志趣、优势、特长等选择更适合其自己的研究方向。

在学者的整个学术生涯中，其研究兴趣通常不是一成不变的，例如，

---

① 陈立雪、滕广青、吕晶等：《科研人员职业高峰前后的研究主题转换特征识别》，《图书情报工作》2021年第16期。

② Wacquant, L. J. D., Bourdieu, P., *An Invitation to Reflexive Sociology*, Cambridge: Polity Press, 1992.

牛顿在力学、光学和微积分等多个领域都有卓越贡献,但是他早期的研究兴趣多与经典力学有关,后期发表的作品则侧重于微积分和光学。学者研究兴趣的演化与迁移是由多种因素综合驱动的,研究工作的客观需要是首要因素,学者所在的学科专业领域的发展变化,新的思想、理论、方法和工具等不断涌现,源源不断地为学者的研究工作注入新的能量和内容。其次是社会发展变迁所引发的新问题,为学者提出新的研究命题,要求学者的研究工作能够主动迎合社会发展的客观需要,不断面向新需求、解决新问题,尤其是一些重大突发事件的出现,如新冠疫情,会在短期之内对学者的研究工作产生比较大的冲击和影响,使得学者的研究方向有所改变。最后是来自学者个人的一些影响因素,学者的研究兴趣和科研行为选择会受到个体特征、科研环境、政策环境等多种因素的影响。

影响学者研究兴趣选择及迁移的各种微观因素(内生因素)包括有关学者的个体特征如从年龄到性别,再到培训和指导,从资助或合作机会到偶然发现,再到科学家的态度和能力,从学术大数据的运用、对科学规律认识的需求到学者的风险规避和创造力,都是影响学者研究兴趣的重要因素。此外还有学者研究兴趣选择和迁移的宏观影响因素(外生因素),主要包括科研环境、激励机制、科研风险、政策波动性、科研报酬和科研条件、财政激励机制、科研资源配置过程中的信息对称程度等。

在上述内生和外生两大类影响因素中,学者个体认知主要是指科技人才受其自身更为关注的外部因素的影响所形成的心理倾向。而个体认知又是形塑学者研究兴趣分配的内部因素,也就是个人的认知是一种激励和支持学者行为的内在动力,它会引导学者朝着某个目的前进。科技评价制度的"指挥棒"作用可以引导学者的行为选择。社会文化的熏陶使学者能够做到"真理"与"价值"相结合,"工具理性"与"价值理性"相结合,"逻辑性"与"目的性"相结合,坚守"科技伦理"的底线。科研组织的干预这种组织权威对科技人才的影响力在很大程度上取决于组织自身所提供刺激的特性和大小,而这往往要通过薪酬、激励、考核等要素来体现。学者的行为选择受到其自身追求的目标和所处组织环境的共同形塑。

以高校为例。身处组织中的学者作为具体的行动者既是制度人也是生活人。然而，有时候个人利益与组织利益并不是完全吻合的，甚至可能会相互冲突，学者行为选择可能会背离科技自主创新的组织导向。与此同时，组织导向也会直接对学者的选择产生影响，在不良的科研政策及学术生态环境例如"唯论文""唯帽子"的人才评价机制，"内卷化"的资源争夺与分配机制的导向下，必然会使学者尤其是青年学者尽可能地规避风险，选择相对保守的研究方向，或者长时期保持原有方向不做探索与尝试。因此，对于科研管理部门以及政策制定者来说，关注学者研究兴趣以及科研行为的影响因素，关注研究兴趣对学术创新的作用，更好地理解和把握学者研究兴趣的演化路径与迁移规律，有助于改进和优化科研管理政策与人才战略，充分激发学者的内生动力，为那些"虽九死其犹未悔"的创新者提供保障，推动青年学者更好地成长成才，推动科学研究事业更好地发展，推进教育、科技、人才"三位一体"协同融合发展。

### （五）研究兴趣适度迁移有利于学者职业成长

在学者的职业生涯发展中，如何选择合适的研究主题，如何适时地切换研究主题，是每个科研人员都非常关注的问题。关于这个问题，过往学术界有两种主张。一种主张认为，科学家的研究兴趣并非一成不变，而是会发生学科间或跨学科的主题转移。调研发现，美国的科研人员7—8年更换一次研究主题。[1] 另一种主张认为，研究主题不能随意转移。科研并不是一件简单的重复工作，它需要高度集中注意力，需要深入的思考和长时间的积累。屠呦呦先后试过380多种提取方法，又做了191次试

---

[1] Garfield, E., Merton, R. K., *Citation Indexing: Its Theory and Application in Science, Technology, and Humanities*, New York: Wiley Press, 1979.

验才发现了青蒿素的有效成分。

　　学者研究兴趣的演化与迁移是适应科学发展需要、保持创新状态的必然选择,对于学者的学术生涯发展来说,是十分必要的,而且在某些方面还是积极有益的。我们通过实证研究证实,学者在整个学术生涯中所从事的研究方向数量对其科研生产力有正向的影响,而对其学术生产力却有着负向的影响,其中,与学者的总被引频次不相关,对其篇均被引频次有负向的影响。在对比迁移前后的发文量和被引量时发现,研究兴趣迁移以后,无论科研生产力还是学术影响力,均高于迁移之前的水平,这种影响在短期内表现得并不十分明显,而从长期来看,其影响是非常显著的。也就是说,当学者刚刚迁移至一个新方向时,需要一段时间的探索与尝试,其间也会面临风险和不确定性,尤其是学者的学术影响力难以在短时期之内确立,当学者在新的方向上经过几年的探索之后,在此方向上的优势便会逐渐积累并显现出来,此时学者的科研生产力和学术影响力较之迁移之前会有更为显著的提升。此外,在实证研究部分我们还发现,学者在学术生涯早期若同时涉猎的研究方向的数量相对较少,往往会表现出更大的专注性,常聚焦于1—2个方向,而当其步入学术生涯中后期,其研究方向的多元化特征表现得非常明显,很多人会同时涉猎3—5个方向。

　　研究兴趣的演化与迁移在一定程度上驱动着学者学术生涯的发展变迁,一位学者在其学术生涯中必然会经历研究兴趣的迁移,转换不同的研究方向。虽然专注的研究可以带来稳定的产出,但却有可能影响成果的创新性,降低成果的影响力。因此,学者需要巧妙地平衡探索与发掘这两种不同科研模式中的风险和收益,在职业生涯中谨慎但合理地改变研究问题和研究方向、进行研究兴趣的迁移,提高学术成果的创新性和影响力,这对于学者自身的职业成长来说也是有益的。但是,研究兴趣的迁移并不是随意的切换,而是沿着一条主线进行的拓展、延伸、深化、升级,所有的迁移都是为了更好地解决主线问题。此外,研究方向并非越多越好,适时适度的迁移是积极有益的,但过于频繁的迁移或者盲目随意的切换,是有害而无益的。尤其是对于那些处于学术生涯早期阶段的学者来说,他们还是应该有足够的专注力,如若频繁切换研究方向,反而容易迷失方向,也不利于学术影响力的积累。

学者随着时间的推移选择和转移他们的研究重点,这将影响到学者的培训方式、科学的资助方式、知识的组织和发现方式,以及其卓越贡献的认可和回报。科学研究和个人职业生涯具有高度的规律性。事实上,职业发展,从晋升到获得资助,都需要源源不断地产出学术成果,而这通常是通过对现有既定研究进程不间断且不断增加的贡献来实现的。相比较之下,研究主题的频繁变化会带来失败的风险和生产力的下降。一方面,隐性文化、隐性积累的知识以及同行认可等因素会产生学科界限,另一方面,尽管稳定而专注的研究方向有助于学者保持科研生产力,但它可能会破坏获取独创性的机会,所以,学者需要在继承与创新之间寻求平衡,既要保持一个时期内研究方向的稳定性与专注力,也要致力于创新与开拓,其研究方向会出现阶段性的迁移现象。总的来说,适度地进行研究兴趣的迁移,对于学者的职业成长来说,是必要的,也是有益的。

## 二 对策建议

致天下之治者在人才。人才是事业之基,创新驱动发展战略的实施,科技强国目标的实现,都依赖于科技创新人才的引领和驱动。对于人才成长规律的认识和把握,尤其是以杰出学者为例,在其较长的学术生涯历程中捕捉发展规律和成功经验,以此为参照和借鉴指导科技人才开发与管理工作,并为科技创新管理工作提供决策依据和行动指南。构建基于诚信的人才使用机制和基于包容的人才评价机制,健全以科学家为中心的科学研究组织制度,深入推进人才发展制度和制度创新,授权用人主体,主动为人才松绑,完善人才评估制度,构建具有中国特色、具有国际竞争力的人才开发制度。要尊重科学技术人才的发展规律,努力培养高素质的创新型人才，广纳贤才。

**（一）以人才为抓手开展有组织科研**

功以才成，业由才广。国家实力的竞争，归根到底是人才的竞争。人才是衡量一国综合国力强弱的关键因素。党的十八大以来，我国坚定地实施科教兴国、人才强国战略，科技创新人才队伍不断壮大。2021年，按折合全时工作量计算的全国R&D人员总量达562万人年，是2012年的1.7倍；从2013年起，我国研发人才总量已经超越美国连续9年位居全球首位，成为国家科技创新的重要动力源①。在我国科研人才队伍日益壮大的背景下，科学技术管理工作面临着严峻的考验。作为我国科技创新的核心力量，科技人才的行为选择关乎科技创新事业的发展，关乎自主创新与国家科技自立自强目标的实现；个人目标与国家目标的偏差将削弱政策落实的效果。

近年来，党和国家对科学技术人才的评价和激励十分关注，政策目标围绕着人才流动的市场化、人才培养的高层次、评价机制的多维化等维度不断进行改革和优化，管理部门开始更多地关注人才个体的动态特征，并以此为据制定或调整相关政策。加强科技人才队伍建设，加强科技人才开发和管理，是有组织科研的重要抓手。2022年8月，教育部发布了《关于加强高校有组织科研 推动高水平自立自强的若干意见》，并在此基础上提出了强化高等学校有组织的科研工作的关键举措，而推动高层次的人才队伍建设，就是其中一种重要的措施。有组织科研严重依赖于人才队伍的建设质量，以及人才开发与利用的水平。

科技人才的注意力是稀缺且有限的，注意力表现为对特定事件的关注和重视程度。在新时代科技人才评价体制改革优化的进程中，对科技人才的评价与激励的改革与探索尚处于初级阶段，科技人才这一群体需要应对的评价标准、科研任务、学术生态等任务繁杂且艰巨。由于受到

---

① 邓大胜：《关于新时代人才强国战略的几点思考》，《中国科技人才》2022年第6期。

科研压力和生存压力的双重挤压，科技人才往往难以兼顾全面，大多数在有限理性范围内对注意力的不同用途进行权衡配置，从而实现其自身利益的最大化。理性分工和激励机制是科技人才行为选择框定的重要工具，可以将科技人才在科技创新活动中分散的注意力拉回科研组织框定的轨道，也就是说，要符合科技创新的组织目的与国家战略需要。因此，相关管理部门及政策制定者必须通过有效的管理、优化组织设计、建立健全激励机制来保障组织的有效治理，建立与之相适应的制度与文化环境，才能有效地调动科研人员的自主创新能力。

为激发我国科技人才科技创新活力，激励重大创新成果的产生，我们提出如下建议：第一，充分尊重科技人才生存和发展的诉求，完善科技人才保障体系，规避科技人才生存风险；增强科技人员的底线与风险意识，推动制度约束与个人自律的有机统一。第二，用好科技评价制度的"指挥棒"，破除"五唯"的科技评价价值取向。第三，重视社会文化对科技创新潜移默化的积极影响，建立鼓励创新探索、包容失败、勇于承担责任、保持良好的社会文化环境，促进科技创新健康有序发展；弘扬科学家精神与创新文化，有效抑制急功近利的社会风气；通过"伦理先行"来解决"伦理滞后"问题，健全科技伦理管理制度，提高科技伦理管理能力，充分利用科技伦理道德标准的公共权威力量。第四，发挥科研组织的中间环节作用，建立合适的激励机制以激发科技人才的创新活力，鼓励科技人才进行科研探索；压实科研组织科技伦理管理的主体责任，发挥其行业自律和教育引导的作用，将科技伦理形塑为组织内部的行为规范。第五，运用学者研究兴趣的聚焦、转移和强化的客观规律，有效引导科技人才的行为选择，遵循科学发展继承与创新螺旋式上升的基本原则，帮助科技人才在专注与迁移之间做好平衡，探索既能迎合科学发展需要和社会现实需求，又能满足个人志趣和成长需求的研究方向，适时适度迁移方向，激发其科技创新的活力。

### （二）提供宽容的人才成长成才环境

"荆岫之玉，必含纤瑕，骊龙之珠，亦有微隙。"习近平总书记在欧美同学会百年庆典上指出："环境好，则人才聚、事业兴；环境不好，则人才散、事业衰。"良好的环境，才能吸引人才，才能发展。一个坏的环境，会导致人才流失，企业衰败。要用慧眼识才，爱才真诚，用才之勇，容才之量，广纳贤才，吸纳海内外各界的优秀人才，凝聚在一起，努力营造人人想要成才，人人都能成才，人人都能发挥好他们自己的才能的良好局面。

不同于科技评价制度的刚性约束，社会文化表现为道德软约束。随着时间的推移，社会文化对科技人才产生了潜移默化的影响，譬如集体主义文化推动了科技人才进行科学研究的协同与合作。负责任的、风清气正的、宽松的、自由的社会文化氛围，有助于激发自主科学技术的活力；反之，则有可能抑制科技人才创新的积极性。2021年通过的《中华人民共和国科学技术进步法》明确提出，要建立尊重人才、关爱人才的社会生态，建立公平、公正、竞争择优的体制机制，鼓励科研人员大胆探索，勇于承担风险，形成一种鼓励创新、宽容失败的良好风气。这意味着从法律层面为科技人员更好地从事科技创新工作提供了坚实的保障，通过健全科技创新保障措施、破除科技人才自主创新的障碍因素，创造一个"自由探索，勇于承担风险，鼓励创新，宽容失败"的科学研究环境，让科技人才得到更好的发展。

"人才自古要养成，放使干霄战风雨"，道出了成才的不易、用才的必要、留才的宽容。成才不易，我们要学会用才、留才。整个社会应该为人才创造一个良好的环境，鼓励他们勇于创新，在这个过程中，我们不仅要注重成功，而且要创造一个大的平台，为人们提供一个相对宽松、包容尝试的大环境。科技人才的创新活动，特别是高层次人才的创造性活动，常常是一个反复试验、艰苦求索的过程，其成果产出期难以预测，尤其是在某些基础与前沿研究领域，其研究工作周期长、风险大、难度高，科研人员要做到心无旁骛、长时间坚持、持续攻关，很多重要的原创性研究成果，都要经过好几代人的不懈努力才能做到。

要留住、用好优秀人才，充分调动人才的积极性、创造性，建立包容的人才环境是非常必要的。在怎样为引才工作创造一个更好的外部环境方面，一些管理部门和企业还没有作出长期的考虑和积极的行动，最明显的就是一些用人单位对引进的人才采取了行政绩效的考核方式，并且在聘期的各个阶段都有严格的要求，比如论文、著作、专利、奖项的数量，创造的经济效益等，半年一催，一年一次考评，如果达不到预期的效果，就会被辞退，并追究引才工作的责任。这既违反了科学研究的根本规律，也不符合人才创新的根本法则，直接造成了学术泡沫的出现，滋生了学术腐败，极易影响人才的创新积极性和情绪，也影响到了整个社会对引才工作的评估以及对人才工作者的信心。急功近利的评价机制必然会抑制科技人才的创新热情，使其主动规避风险，拒绝探索与尝试，选择相对保守的研究领域，以短平快的方式获得能够达到考评要求的成果，甚至铤而走险，挑战学术道德的底线。

首先，对人才的成果产出期限要更宽容。在提供良好的科研环境和创业条件的同时，要注意给引进人才足够的环境磨合和治学创业时间。有些人认为，目前某些对引进人才采用的管理和业绩评价方式，虽避免了惰性人才的产生，但与此同时也让那些最具潜质的杰出科学家，因为忙于应付，而抛弃了正确的科学规律；在不容忍平庸、懒惰和失败的同时，也放弃了对卓越成就的追求和发现。在人才培训与成果输出方面，客观上出现了"防止出现差的但同时却难以催生好的"的尴尬局面。科学研究是一种创造性的劳动，这种劳动来自长时间的积累和对科学的热爱，也来自"众里寻他千百度，蓦然回首，那人却在灯火阑珊处"的一瞬灵感。特别是在对科研人员的工作要求上需克服急功近利的浮躁心态，在某些基础研究和前沿研究中，要鼓励他们"板凳要坐十年冷，文章不写一句空"，允许他们"十载磨一剑，滴水终穿石"。

其次，完善容错免责机制。科技创新是揭示未来的特殊领域，失利、失误、失败都是寻常之事。正是这些失败的经历才促成了最后的成功。

在科技人才创新失败时,从政策层面,不应对其有严厉的惩罚;从氛围角度来看,旁人不应该责备、冷眼和嘲笑,而要多给他们一些安慰和鼓励,这会让科技人才更加积极地探索,去面对困难、迎难而上,使他们能够继续专注于他们自己的研究领域。比如,对那些具有较高探索性和高风险的研究课题,如果目标明确,方案合理,已经勤勉尽责地履行了他们自己的职责,但是仍未按期完成,则可以被认定为结题,并不会对其后续研究产生任何影响。

最后,要对引才工作的评价更宽容。人才的基础性质、战略性质和风险特征,使其具有长期的风险性。在对待引才工作上,既不能因为人才一时的创新失败就失去了对他的耐心,更不能因为引才失败的个案就否定整个引才工作。只有多一分包容,少一分严厉,多一分了解,少一分怨言,科技人才工作才会蒸蒸日上。要进一步完善科研成果评估的指标体系,优化评价内容,使科研人员能够专心工作,不断积累知识。要以包容、开放的态度来尊重知识、尊重技术、尊重人才,为发展创造良好的环境,构建完善的人才培训体系,才能使人才培养工作取得长足的发展。要拥有宽容的胸怀,对人才的个性宽容,对人才的缺点宽容,对人才的失败宽容。

切实了解青年科技人才的实际需要,为他们解决发展中所遇到的实际问题提供帮助。我国青年科技人才存在担纲机会少、成长通道窄、生活压力大等问题。青年科技人才在职称评审、项目申报、"帽子"争夺等事项上花费了大量的时间和精力,在工资待遇、住房和子女入学等方面仍然有很多现实的问题。要将培养国家战略人才的重点放在青年科技人才身上,给他们更多的信任、更好和更多的帮助,支持他们勇挑大梁、成为中流砥柱。对各级各类科技人才培训与引进扶持项目,要加大扶持力度、完善扶持办法。注重帮助年轻科技人才解决实际问题,使他们能安身、能安心、能安业。①

---

① 姚凯:《全方位培养和用好青年科技人才》,《中国党政干部论坛》2023年第9期。

### （三）深化科技人才评价机制改革

科学技术人才制度的发展离不开它的评价和评估机制，现行的科技和人才评价机制对于我国的科学技术和人才发展起到了一定的促进作用。但是在进入新的发展阶段以后，我国在科技和人才领域面临着赶超发达国家、引领世界科技前沿的艰巨任务，想要彻底解决"卡脖子"问题，形成"世界级的发明创造人才"不断涌现的局面，现有的评估体系已经很难满足我国科学技术与人才事业发展的需求，当前存在的主要问题包括：考虑科技发展和人才成长的规律性不够充分；过分突出"数字化、定量化"的客观性；评价过程越来越倾向于简单化、算数化、格式化、多级化；评价手段严重"西化"，出现了"SCI至上""唯影响因子"等不良倾向；评价机制与职称、奖励等直接绑定，导致学术氛围浮躁肤浅，虚假繁荣之下是假创新、伪创新。面对上述问题，我们需要继续深化科技和人才评价机制的改革，破除人才事业发展的瓶颈，实现科技人才的高质量发展。

科技发展和人才成长有其自身的客观规律，揠苗助长必定难以获得高质量成果；而过分依赖以影响因子和h指数指标为代表的定量评价，忽视了对成果的现实意义和深远意义的理性化思考，容易误导科技工作者追求畸形化的数据潮流，过分片面地追求SCI论文数量以及高影响因子、高被引等引文指标；评价过程的简单化、算数化、格式化等，使得同行专家在评价中的作用、专业、责任等被忽视，专家不分内行外行，一律为一票专家；国家和地方的多级化评价带来了大大小小、形形色色的人才帽子，并且帽子与科技人才的职业发展紧紧捆绑在一起。

当前各种科学计量指标被广泛地应用于评价科研工作者的科研绩效，并且在很大程度上与项目经费、职位晋升、个人收入等相关。古德哈特法则指出，当一种标准一旦作为决策和政策制定的基础，就会慢慢失去效用。在科学研究中，科研工作者并不只是一个被动的接受者，而是能够根据相关的科研评价体系指标，积极地调整其自身的行动。学术领域内的反应行为对科学研究产生了深远的影响：在个人层次上，引起了目标的变化，即在评价体系中取得较高的得分，从而使科学研究的目的达到最大化；在群体层次上，会影响到基本的科学氛围，比如会导致从众的研究，或者会回避一些棘手的研究问题，偏向于短期见效的研究，这会给整个科学界带来巨大的损失。我国科研管理机构已经意识到这一问题的重要性，当前大力推进的破"五唯"行动正是对这一现象的纠正。然而需要注意的是，"破而未立"，在更为有效的新评价方案确立之前，量化指标仍然是衡量科研工作者科研绩效的重要工具。"五唯"问题的实质是"唯"而非指标本身，唯有对科研工作者的成果表现进行多维量化，方能切实做到破除"五唯"。有破就有立，"立新标"也显得尤为重要。

　　避免"只用一把尺子衡量"的弊端，更要避免"唯西方评价标准马首是瞻"的极端。要构建具有中国特色的科学评价体系和标准，以提升中国的学术话语权为目标，制定出真正符合中国科技发展实际、引领中国科技人才发展的评价方案。近年来，为促成科学计量指标在研究评价中客观、合理地使用，国际学界曾于2013年和2014年分别发布了具有广泛影响的《关于科研评价的旧金山宣言》[①] 和《莱顿宣言》[②]，建议科研基金、科研机构等相关各方在对其经费、任用、晋升等方面加以考虑，应不再采用以期刊为基础的标准，例如期刊的影响因子等。近年来，我国也在致力于探索科学评价体系的改革之路，自2020年开始，科技部、教育部、国家自然科学基金委员会等部门，接连发布旨在规范科技评价的文件，明确提出了破除"唯论文"的不良导向、规范高校SCI论文相关指标使用等意见，规定不能将论文的数量、引用次数、影响因子等指标与资源分配、物质奖励等因素简单挂钩。这些相继出台的政策性文件

---

① Hans, H., "The San Francisco Declaration on Research Assessment", *The Journal of Experimental Biology*, Vol. 216, No. 12, 2013, pp. 2163–2164.

② Diana, H., Paul, W., Ludo, W., et al., "Bibliometrics: The Leiden Manifesto for Research Metrics", *Nature*, Vol. 520, No. 7548, 2015, pp. 429–431.

有关破"五唯"的举措，有助于在各类研究评价中逐渐淡化SCI论文和影响因子的片面指标，促进我国研究评价机制的完善，虽在一定程度上有成效，但要实现标本兼治，还有很长的路要走。为进一步完善我国的科技和人才评价机制，本书提出了如下对策：

1. 对科技人才的评价应尊重学术领导权。充分体现"百花齐放、百家争鸣"的学术原则，营造自由开放的学术环境，使英才得以崭露头角。建立健全长期评价机制，注重科技人才的长期专注研究，营造求实求真、平等争鸣、鼓励探索、宽容失败的氛围和环境。规范评价程序，进一步确保评价在公平公正的环境下进行。特别是对于那些青年杰出人才，要宽容其失败、容许其失误，"给天才留空间"，为人才营造宽松、自由的成长环境。

2. 评价对象分类化，评价方式多元化。应当根据不同类别、不同层次的各类科技人才自身发展规律，建立各有侧重的分类评价标准和多元化评价方式。切实改进科技人才分类评价制度，要防止在科研项目评审、科技奖励评审、职称评定、职位聘用和薪酬待遇等方面，把"帽子"当作限制和约束。要对服务国家战略和国家使命的关键人才和关键团队进行精准激励，建立一套激励机制，使其能够承担国家重大任务，专注于重大基础前沿研究，突出业绩贡献，体现公平公正和激励约束。同时，要注意个体评估和团队评估的有机结合，加强过程评估和结果评估的联系。具体到高校的科学评价来说，可以从三个维度实施改革：一是服务对象维度。对于从事基础理论和探索性科技前沿研究的科技人才实行以代表性成果为主要评价标准。按照科技产出规律，科技前沿研究成果及社会效益并非能在短时期内呈现，应给予其充分的空间和时间长期积累，避免以科研经费额度、论文数量等进行量化评价，注重高水平科研论文或高质量学术专著等代表性成果评价，体现科技人才真实水平。对于服务国家战略需求的高校科技人才的评价标准以实现重大技术突破为主。围绕国家需求，以国家重大科研项目和重点工程为依托，注重关键技术突破及重大项目完成情况。改变以往注重项目第一完成人的评价方法，加强对团队的整体性评价，注重个人在团队中的实际贡献。对于从事社会服务、技术转移的高校科技人才，评价标准要着眼于技术推广和成果转化效益。随着我国经济增长方式的转变，市场对科学技术的需求越来越强，高校直接服务于企业的横向科研课题，其成果能直接为企业所用，经济效益和市场前景可以作为衡量成果转化的最优标准。引导高校科技人才，面向市场和产业需求，将科研成果转化为生产力，以解决现实问题为目标，兼顾经济效益和社会效益。二是学科分类维度。按照不同学科的固有特点和规律，构建能体现学科特色的差异化评价标准，转变"一刀切"的单一标准。在自然科学和工程技术等领域，要重视创新理论，技术应用评估；在人文社会学科领域，以服务管理决策需求和智囊团建设为评价标准，其评价过程需要更长的时间周期，成果评价不能简单地以论文数量为标准。三是协同创新维度。紧跟国际科技发展协同趋势，大力推进高校科技人才协同创新评价，建立学科交叉、国际合作的评价标准，鼓励和引导科技人才转变科研"个体户"模式，打破学科壁垒，积极参与国际重大科研计划，实现先进信息开放共享，产生创新性科研成果。在大科学时代，合作与协同已然成为科研活动的重要特征和趋势，注重第一作者、第一单位、第一完成人的做法亟须改变，要设计有利于促进、引导跨单位跨学科的协同交叉合作与协同评估的指标体系。

3. 完善同行评价机制，引入第三方评价机制。逐步改变以"大同行"为主导的评价方式，健全同行评价和第三方评价机制。作为科技人才评价"裁判"，评价专家的遴选至关重要，完善同行评价的目标是让最了解被评价者研究领域和作出实际贡献的专家来评价，以便实事求是地反映科技人才的实际贡献。一是建立专家数据库。整合各方资源，遴选国内外各学科领域的优秀专家学者等，逐步建立和完善科技人才评价专家数据库，所涉及学科领域甚至应细化到研究方向。加大海外专家信息收集，逐步扩大评审的国际化范畴，为科技人才评价专家遴选做好资源基础。二是大力加强"小同行"专家评价制度。基础研究类人才应以同行评价为主，逐步转变我国目前"大同行"为主的评价专家遴选机制，针对不同学科领域,加强研究方向"小同行"专家评价,将评价的重点真正转移到对科技成果的质量评价,提升同行评价的科学性和专业性。三是引入第三方评价机制。针对应用研究、社会服务和技术转移的专家,应由有关的第三方,如用户、市场和专家进行评估。在对用户评价、市场效益、发展前景进行评估的基础上,结合领域内专家的评价来鉴定人才水平,真正体现技术转移价值。

4. 注重学术生涯过程管理,遵循科技人才成长规律。对学术生涯过程的分析可以有效判断学者的学术积累、学术活跃性、学术发展潜力、学术素养、学术发展导向与前途等,这些要素显然是评价学者科研能力的重要组成部分。通过学术生涯过程分析,可以发现学术研究过程中的成本付出和资源支持等,为学者科研表现的影响因素和本质原因分析提供依据,并进一步为科研管理提供参考。学术生涯过程的考察分析要根据学者年龄层次进行有针对性的设计"目标导向",例如,针对较为年长的学者,主要考察其学术积累、学术贡献等,重在历史维度的学术活动分析;对于年轻学者,主要考察其发展潜力与前途等,淡化对学术积累的考察,适应哲学社会科学学术成果产生的特殊性,重在预见性的学术活动的前瞻分析。[①] 结合科研工作特点,应适当延长评价周期(可将一年一评改为3—5年评价一次),改变急功近利和数量化导向,避免频繁评价。在此基础上,还要按照各类人才的成长成才规律,科学、合理地设定评价周期,将过程评估与结果评估、短期评估与长期评估有机结合起来,以减少考核的频繁度。对于从事前沿研究的科技人才,淡化其年度绩效考核,给予其充分的时间去沉淀和积累,保障原始创新性强的代表性成果的产生。

5. 推进和完善动态评价体系建设。科技发展日新月异,科技人才的评价体系也要与时俱进,紧跟时代要求,不断调整优化、改革创新,要想充分调动科技人才的创造力,就必须根据各类人才的成长和发展规律,

---

[①] 李品、杨建林:《大数据时代哲学社会科学学术成果评价:问题、策略及指标体系》,《图书情报工作》2018年第16期。

科学合理地设定评价和考核体系，并将其重点放在短期和长期结合上，将改革和创新有机地结合起来，持续跟踪科技人才的最新科技成果和研究动向，开展动态评估、动态评价，构建更加公平合理的科技人才评价体系和机制。学术价值由三个主要因素组成：学术创新、学术影响和学术质量。其中，学术创新完全面向的是学术成果的内容，包括学术成果新颖度、学术成果前沿性和学术成果前瞻性。学术影响一方面是对学术成果传播的表征，另一方面体现了对于其他学术成果或他人研究行为的影响能力。因此在这一指标中，不仅包含了学术轨迹、会议引用与宣介、学术扩散等表达学术成果传播力的指标，也应包括学术竞争力、学术话语、学术争鸣等表现学术成果对于其他研究的影响能力的指标。学术质量包含两个方面，第一类是内容质量，反映学术成果的问题意识、专业性等；第二类是形式质量，反映研究成果的规范性、论证完备性等。此外，科学评价还要以时间为线索进行"学术存量"与"学术流量"相融合的分析，建立相应的跟踪机制。大数据背景下的学术生涯发展历程分析，既要对海量的各种静态数据进行集成分析，也要对其进行实时的、动态的抓取和处理。其最终的目标导向不仅在于对学者学术研究内在和外在基本状况的明确，而且更为重要的是发现不同类型学者学术生涯的基本特征，并结合社会发展数据的关联分析，预测其学术研究的发展空间和趋势，实现以学术能力提高为导向的学术评价。

### （四）注重科技人才培育的过程管理

学术职业是一个特殊的场域。布尔迪厄认为："每个'场域'都是资本的特殊形式构成的地方。……科学资本是一种符号资本的特殊形式（我们知道它总是建立在认识和承认行为的基础上），在于科学场内部所有竞争对手所给予的承认（声誉）。"[①] 对于学术职业来说，它拥有着教

---

① [法] 皮埃尔·布尔迪厄：《科学的社会用途——写给科学场的临床社会学》，刘成富、张艳译，南京大学出版社2005年版，第134页。

学与科研双重"承认"的期待，但是随着科学研究成为研究型大学中学术职业的首要任务，科学研究和创造性的学术越来越成为学术职业发展的关键所在。科学研究中的"承认"本质上蕴含着科学研究者对科学研究所做贡献和科学研究能力的双重认可；既是对独创性研究成果最高的褒奖，又是科学研究者所追求和所拥有的首要财富。在学术职业的发展中，在天职与职业之间，在不谋私利的真理探求和个人生存物质财富的谋求之间，学术职业追求的不是个人物质财富的登峰造极，而是在增进科学知识方面所做的贡献、所给予的承认和因此而获得的学术奖励、享有的社会声望。①

科学中的承认在功能上与财富相当，而且"承认"的权利对于科学家来说的确是不可剥夺的；同行的承认应该是现代科学中主要的激励因素。在现有的学术场域的运行规则之下，需要创新学术机制，给予年轻学者更宽松自由的学术发展空间，提供更有利的成长成才环境，使其在最适宜创造的年华获得最充分的脱颖而出的条件。例如，设立专项青年创新基金和学术研究项目，用心培育和呵护学术创新的萌芽，激发创新激情；构建更科学合理的学术评价机制，突破论资排辈的现行学术评价机制，以学术能力和学术水平为学术评价的尺度，为年轻学者的学术发展提供有效保障与合理激励，从而树立学术至上的学术氛围和价值追求；尊重学术成长的规律性和个体的差异性，为一些中长期基础研究项目、为那些耐得住寂寞的年轻学者留下足够的空间，保护学术研究产业化中更为珍贵的学术好奇心。

学术人才的成长是一个极其复杂的过程，其中既有必然因素的限定和制约，也受到偶然条件的影响。在这些因素中，早期的家庭环境因素是拔尖创新型人才成长过程中的一个关键性要素；不同阶段的教育中大学教育尤为关键；高水平的教育机构作为环境变量对人才的成长有重要

---

① 宋旭红、沈红：《学术职业发展中的学术声望与学术创新》，《科学学与科学技术管理》2008年第8期。

影响，同时还要依赖国家整体科研体制和灵活的用人制度。要想实现高水平的科技自立自强，就必须转变过去那种仅以结果为导向的人才管理方式，让他们在科学研究上有一个明确的目标，不以资历论能力，不以年龄论技能，激发科技人才创新活力和动力，为那些真正有能力、有抱负的人才提供施展才华的空间和舞台，研究"真问题"，真研究问题，实现科技人才事业的高质量发展。

1. 构建人才全周期培育计划。国内科学家们的成长历程出现了一个大约5年为一个阶段的学术生涯跃迁过渡，这个过程包括了初始、成长和成熟三个阶段，研究人员大约会在50岁时所获得的研究经费增长到顶峰。要让人才项目和科研项目回归解决问题和培养人才的本质，促进人才在承担重大项目攻关中获得快速成长，成为相应领域的骨干人才和领军人物。坚持"以人为本、以团队为本"、以"领军人物""传帮带"为核心，促进青年科技人才的创新能力迅速提升。全方位引进、培养和利用，汇聚世界各地的优秀人才。

2. 发挥用人单位的主体作用。精准识别人才。在确定战略性的科学和技术人才时，注重成果，注重解决目标问题，并对其进行适当的待遇激励和表彰。抛弃单纯将论文、专利与奖项和职称绑定起来的做法，健全以知识价值为核心的收入分配制度。提供高质量服务。制定完善的人才支持政策，在建设重大创新平台和职称评定上给予支持，让他们能够安心工作。为团队建设、开展创新活动和学术交流提供服务，培育青年人才的科研组织能力。把握人才规律，构建高层次的人才成长通道，促进高层次人才的快速发展，加速顶尖科技人才的形成。探索实行"助教"制度，选拔优秀的年轻研究人员承担起重要的学术责任，让他们在重大课题攻关和重大科技基础设施的建设中起到带头作用。保证科研人员的研究时间，减少因申报奖励课题等事项而占用的科研时间和精力。我们要扩大引进高层次人才的范围和类型，提高科研人员待遇。推进人才国际化进程，建立青年人才参与重大国际科技合作项目的机制，培养人才国际化视野，增强人才创新竞争力。举荐有能力的人员到国际性的科研机构担任职务，主持或参加国际性的重要科研项目，借助国际上优质的资源，为优秀的人才提供服务。通过设立"海外访问学者""博士后工作站"等机制，鼓励海外科研人员共同参与科研活动，加速打造全球一流的人才集聚与创新高地。

3. 把胸怀民族复兴融入科技创新人才培养当中。新中国成立后出现了一批胸怀家国之心的优秀人才，他们为祖国、民族的发展作出了历史性的贡献并在历史上留下了浓墨重彩的一笔。党的十八大以来我国的综合国力得到了极大的提高，同西方国家之间的结构性冲突也日益凸显，许多关键领域和关键技术已经成为"卡脖子"难题，需要广大的科技工作者对这一点保持清醒的认识，培养民族情怀，胸怀复兴之志，自觉担负起科学工作者应有的历史责任。

4. 建立完善科技创新人才竞相涌现的评价服务机制。通过体制保障，能够有效地将人才的个人追求、能力培养与国家和用人单位的需要相结合，从而创造出一个良性互动的环境。一要建立分类统筹的评价机制。以创新能力、质量、实效和贡献为核心，对科研成果和技术人员进行评价，改变过去单纯以论文、课题、经费、专利和奖励等为标准衡量人才的方式，防止片面地追逐"学术GDP"。二要建立精准高效的管理机制。尽量减少与学术无关的因素，指导人才由过分追逐荣誉转向追求创新本身，让创新成为整个社会的普遍价值追求；三要建立拴心留人的服务机制，使他们的长处、优势和智慧得到最大程度的发挥，真正为那些想干事的人提供一个平台，让他们有一个能干事的舞台，让他们能干成事，培养出更好的发展科技人才的原动力。

5. 培育和引进高水平科技人才还需要做好如下几方面工作：一是为科技人才提供优质的科研环境。在学术传承机制下，群体组织里往往会表现出一种优势的积累特征，尤其是著名的高校，其教育知识体系以及创新培育机制，为领域内不断输送着顶尖人才。因此，引育并举，在引进人才的同时，也要提高机构的科研环境，培育优良的团体组织，构建出有利于人才成长的和谐环境。二是要着力发展多样化的科研学术网络。

与领域内大师共事和学习的机会弥足珍贵,对于学者提升科研水平,并取得高质量研究成果有着重要意义。科技人才要努力创造和把握与大师级学者合作的机会,同时还要提高对重要研究文献的敏感度,这是科技人才快速接触不同科研资源的重要途径。在科研活动中,能够有效运用隐性学术网络,不拘泥于已有的学术资源,势必会为科技人才的学术发展带来新机遇。

### (五)持续优化科技创新管理政策

探究科研工作者的职业生涯发展状况和研究课题的演变规律,既能揭示科学生产力发展的内部机理,又能为科学事业的发展提供更好的政策指引和支撑。好的科技政策能够有效地保护科研人员的成长和成才,也有利于促进科研工作者更加积极地投身于科研事业,创造出更多更好的科研成果,最大限度地激发科研人才的创新性和创造力。习近平总书记指出,"我国科技队伍规模是世界上最大的,这是我们必须引以为豪的。但是,我们在科技队伍上也面对着严峻挑战,就是创新型科技人才结构性不足矛盾突出"[①]。因此,应当全面树立"择天下英才而用之"的人才观,尊重人才成长的客观规律,完善人才发展的顶层设计。当前,我国人才工作的重点之一,就是要做好顶层设计,建立起更科学、更灵活的人才管理体系,破除横亘在引进、使用、选拔和评估等各个方面、各个环节的制度障碍和壁垒,还要在全社会营造出一个"鼓励创新,宽容失败"的创新环境,允许科技人才在科学领域进行自由的想象、大胆的假设和严谨的求证,为科技人才提供一个宽松的外部环境。

1. 营造良好的科技创新氛围。科学技术的发展离不开高质量的人才,而人才的成长与发展又离不开科学技术的支撑与促进,科技创新与人才培育是互相依赖、互相促进的。与此同时,科学技术的发展又对人才提出了新的要求,必须持续地培养和引入符合时代发展要求的高质量人才。要增加投

---

① 《习近平谈治国理政》第 1 卷,外文出版社 2018 年版,第 127 页。

入，尽量为科技创新营造良好的制度、工作和生活条件，使科技工作者能集中全部的精力和心思去进行科技创新，提高科技创新的实力，确保科技命脉掌握在他们自己的手里。让那些有才能的人可以安心地从事研究工作，让他们在科研工作中扎根，在健康良好的环境中施展才华。

2. 教育、科技、人才"三位一体"推进。人才自主培养的质量取决于教育、行业、社会等多个层面的因素，要继续健全"政府主导，教育支持，科技推动，行业扶持，社会参与"的自主培养机制。鼓励各类各方力量共同参与协作育人，为高素质创新型人才的培养提供支持，为教育与科学技术的可持续发展创造良好的生态环境，进一步增强我国高等院校、科研院所、科技型企业等的科研支撑能力、创新创造水平与国际竞争力。探索建立长期的人才计划，对有探索精神和发展潜能的科研人员进行长期稳定的资助，对前沿科学问题进行研究，对交叉融合领域进行探索，对国际前沿的重大科学问题进行研究，推动形成有利于科技人才从事长周期、高风险、颠覆性基础研究工作的创新生态。抛弃"重业绩轻潜能、论资排辈"的旧思想，加大对青年人才的支持，进一步优化科技创新成果分配政策，以鼓励和支持科研机构、高校的科技人员，用他们的成果来创办、领办或合办科技型企业，以此激发他们创新和创业的活力。

3. 强化科研管理体制改革与创新。要进一步消除各种体制机制上的障碍，充分解放科学技术这一最大生产力的潜力，才能更好地发挥科学技术的作用。因此，要进一步完善我国的科研管理制度，就必须建立一套符合科学发展规律的科学管理制度。一是要在信任与包容的基础上优化并健全科学研究的管理机制。构建科技创新"质""功"与"效"相结合的"分级评审"与"评优评奖"机制，针对各类项目的特征，提炼评审指标体系，提升项目评审的科学性。科学研究的中心思想是要以研究人员为中心，对科研工程的全过程进行管理，在整个研究过程中，精简各种评价、检查、抽查、审计等活动，取消对短期的研究项目的过程检查，对重要的环节进行"里程碑"式的管理，并对项目验收流程进行优化。二是健全科技成果转移转化体系。培育专业技术转移转化机构，推动科技成果转移转化，促进科研成果与市场需求对接，针对不同创新主体进行制度安排和设计，对科研成果完成人以及为成果转化作出重大贡献的人员，可不受单位工资总薪酬、总绩效薪酬的约束，使其真正实现"人有功有量"的"功"。实施以知识价值增值为核心的分配政策，对科技创新成果的处置权和收益权进行更细致的界定，简化成果转化的过程，使科研工作者的积极性得到充分的发挥。三是完善科研诚信建设和管理。把科研信用制度纳入科研计划的管理体系，对严重违反科研信用的骗取挪用资金、弄虚作假等严重违反科研信用的行为实行"黑名单"制。要加强学术道德建设，培养新时代的科学家精神。

4. 优化科技创新投入结构。随着国家基础研究力量的日益强大，在产业革命大突破的关键历史时期，急需通过技术创新来抢占先机。加大科研投入，调整投资结构，是提高我国科技创新水平的"牛鼻子"。一是要加大对基础研究的投资力度。优化我国研发经费的投资结构，就需要大幅度提高对基础研究的投入。要按照基础研究与原创性创新的特征与规律，加强对基础研究长期稳定的资助，建立和完善加大基础研究投入机制。应用基础研究是连接基础研究与试验研究之间的桥梁，要加强对应用基础研究的投资，推动成果从基础研究向试验发展的转移和转化。在国家和地方政府加大对基础研究的投入力度的同时，也要鼓励和指导企业、社会等增加对基础研究的投资，扩大科研经费的来源，并积极探索多样化的科研投入方式。二是要积极探索产学研结合的新模式。鼓励企业以市场为导向，积极开展以需求为导向的基础研究项目，推动基础研究成果的深度开发与应用。在研究开发方面，企业是主要的参与者，应该鼓励它们加速建立其自己的研发中心与创新平台，并与上下游企业、大学、研究所等组织起来，形成一个创新联合体。同时，构建"企业出问题，大学和科研机构解决问题，政府帮助解决问题"的产学研融合新模式。三是要实现科技创新资源的优化配置。优化科技创新资源的分配，有助于构建一个富有生机和活力的科技管理运行体制，是推动创新驱动发展的重要保证。在尊重科学、技术和工程各自的运行规则的基础上，不断改善和改进资源分配的方法，制定出一套适合的评价制度，对科学成果进行多维度的评价，并按照科学的规律来对其进行全面的评价，优化资源配置。要健全技术市场化的体制，弄清楚政府和市场两者之间的界限，要对市场规则给予充分的尊重，创造一种公正的市场竞争氛围，保证创新要素的自由流通和有效分配。

5. 优化创新人才服务环境。要进一步健全科技人才培养、流动和评价机制，就必须改善我国科技创新管理体制。一是要继续改进人才的引进和培养方式，让他们能够更好地融入我们的工作中来。健全"领军人才+研发项目+创新团队+平台载体"的人才队伍引进制度和政策。通过重点工程和高层次研究基地的建设，培养能掌握世界科技发展动向、研判未来发展趋势的战略性科技人才，健全科技创新人才战略储备制度，使人才培养质量得到进一步提高。二是建立科技人才流动机制，探索人才异地合作交流制度，促进科技创新人才在高等学校、科研单位和企业之间的合理流动。要充分考虑人才的供给与需求，遵循科技人才与市场的供求关系，促进科技人才的合理有序流动。要让科技人才与创新链、产业链与市场需求有机结合起来，构建跨区域跨行业的"政产学研旋转大门"，实现政府、企业、高校、科研机构之间的多向顺畅流动。三是要完善科技人才的评价制度，针对不同学科、不同行业、不同层次的人才，采取分类分层的方法，逐步推进科技人才的专业化、规范化、社会化和市场化的评价方法。

# 第九章

# 结论与展望

本书从自引这一全新视角出发追本溯源、寻踪觅迹,以 2021 年度国内新增的中国科学院和中国工程院院士为例,构建自引网络,综合采用复杂网络分析、聚类分析、主题分析等方法,对杰出学者研究兴趣的演化路径与迁移规律进行定量分析和动态探测,揭示了科学研究的基本规律和创新人才成长规律,在此基础之上提出管理启示与对策建议,服务科研管理决策、指导青年学者成长。本书对完善创新人才培养机制、健全科技管理体制和政策体系来说具有一定的理论价值和现实意义。

## 一 主要结论

### (一)自引为考察学者研究兴趣的演化与迁移提供了新视角

以往国内外学者关于自引的研究多从科学评价的角度展开,聚焦自引在科学评价中的表现,探讨自引可能导致的引文指标膨胀或者利用自引操纵引文指标等现象和问题,学界对自引的质疑和否定整体上大于肯定和认可,以负面态度居多。相比之下,它忽视了自引在科学交流中所发挥的积极功效。本书通过定量方式对自引与他引的语义相似度、引文位置和引用时滞进行比较,发现自引较之他引,其语义相似度更强,引用时滞更短,引文位置的分布比较均衡,从而证实了自引作为科学交流与知识扩散的一种特殊形式,在知识关联性和传播速度方面更具优势。与此同时,本书还通过访谈法和扎根理论对学者的自引动机及行为进行调研和编码分析，研究结果肯定了自引的必要性与合理性，学者因研究工作的连续性而进行自引。通过定量和定性两个维度的分析，本书证实了自引是建立在学者知识生产的连续性和继承性基础之上的科学交流行为，与他引一样，自引反映了文献之间的知识关联性和内容相似性。在表征科学研究的继承性特征、追踪学术生涯的发展脉络方面，自引还具有他引无法比拟的优越性。

在此基础之上，本书提出了从自引视角出发考察学者研究兴趣演化与迁移的具体方案，再将其付诸实证研究。借助自引网络，综合采用复杂网络分析、聚类分析、主题分析和时间轴，识别出学者的研究方向作为其研究兴趣的外化表现，持续探索出研究者研究方向和研究兴趣是怎么演化的，迁移有没有什么普遍的规律。通过实证研究验证了本书所提出的研究方案的可行性与有效性，也证实了自引在考察学者的学术生涯发展变迁及研究兴趣演化与迁移方面的积极功效；构建了学者研究兴趣计量分析的新范式，开辟了自引分析及应用的新领域。与此同时，本书也唤起了学界对于自引之科学交流功能和价值的关注，带给后续研究者一定的参考和借鉴。获得的研究成果拓展和深化了学者学术生涯、研究兴趣、知识交流及引文分析等相关主题的研究思路与内容，丰富和完善了文献计量学、科学学等的理论和方法体系。

### （二）杰出学者的学术生涯大多呈现出一些共性的发展脉络

本书以国内院士为例，对其研究兴趣的演化与迁移状况进行计量分析，展示了他们的学术生涯的发展脉络。通过个案分析，我们看到"世界上没有完全相同的两片叶子"，每位学者都具有与众不同的学术轨迹，其自引网络也呈现出不同的结构特征。没有可供复制的所谓成功路径。尽管如此，在这些杰出学者的身上，我们还是发现了一些颇具共性的特征，能够带给青年学者一定的启示和借鉴。首先，杰出学者多具有较长的学术生涯，且一直处于科研第一线，在长达20—30年时间内能够连续发表学术论文；其次，杰出学者多具有较高的科研生产力和学术影响力，在数十年的学术生涯中发表数百篇乃至上千篇学术论文,拥有很高的总被引频次和篇均被引频次,拥有一大批高被引论文,无论科研生产力还是学术影响力均领先于一般学者;最后,数十年深耕于某个学科专业,在此领域内勇于探索、敢于开拓,拥有多元化的研究方向,其学术生涯的发展轨迹表现出继承与创新相结合的特征,其研究整体上呈现出一种螺旋式上升的发展态势,具体来说是从简单到复杂、从低级到高级、从传统到现代的演化路径与迁移规律。总之,没有可供复制的成功路径,没有万能的成功模式,没有捷径,没有幸运儿,只有数十年如一日的耕耘,唯有专注与勤奋、开拓与创新,才是成功之道。

### (三) 学者在其学术生涯中通常会经历研究兴趣的多次迁移

本书在实证部分借助自引网络分析发现,学者在长达数十年的学术生涯中会拥有多个研究方向,这些研究方向出现在学术生涯的不同阶段,在每个时期内一位学者一般只专注于某一个或者少数几个方向,各个方向之间,既有研究主题和内容上的继承性与关联性,也有明显的区分度。每个方向都不是凭空产生的,都是在原有研究方向的基础之上延伸或迁移至新的方向;每个方向都会在持续数年或十数年以后发生不同程度的改变,迁移至新的方向,或者由新方向取代旧方向,以此确保学者的研究工作能够与时俱进,始终保持创新的活力和动力。每位学者在其学术生涯中所拥有的研究方向多少不尽相同,经历的迁移次数也不等,并且在同一时段内学者涉猎的研究方向的多寡也不相同,有些学者会更为聚焦,而有些学者则会多点开花。

研究方向作为研究兴趣的外化表现,在学者学术生涯中呈现出多个方向并存以及阶段性的迁移现象,在一定程度上反映出学者的研究兴趣具有多元化的特征,但是研究兴趣的演化与迁移始终围绕着一条主线进行,准确来说,是在主线之上进行的探索与开拓。研究兴趣的迁移是在某个方向上深耕以后根据研究需要而自然地升级与迭代,而非浅尝辄止地、随意随机地切换。导致研究兴趣发生迁移的原因,并非出于学者个人的喜好，而是研究工作的客观需要，包括学科专业发展、社会需求、个人成长等多个方面的综合考虑，另外还有学者所处的内外部环境的变化，例如，工作单位、研究平台、身份地位、资源条件、团队及合作伙伴等发生的变化，都可能会导致学者的研究方向发生不同程度的变化。

**（四）学者研究兴趣的演化与迁移整体上呈现出向上的进化趋势**

学者在学术生涯中的研究兴趣呈现出持续性的演化与阶段性的迁移，本书借鉴了生物学的物种进化理论来阐释学者研究兴趣的演化与迁移机理。新物种的形成同时集合了遗传所带来的共性特征和变异所带来的个性特征。我们将研究兴趣的演化与迁移过程类比为知识基因的遗传与变异，演化是在遗传的基础之上量变的积累，迁移则是量变所引发的质变，所以，学者研究兴趣的演化与迁移既表现出新的研究方向对以往研究方向及其内容的继承性与连续性，又表现出新方向较之已有研究方向的变异性与突破性，表现为量变与质变的辩证性，也反映出继承与创新的统一性。遗传与变异的最终结果是学者的研究方向既能保持一定的连续性与稳定性，其研究主题和内容又总是保持着与时俱进的创新品格，因此，研究兴趣的演化与迁移本质上是学者的研究工作由简单到复杂、由低级到高级、由传统到现代的"螺旋式"进化过程。

研究兴趣的演化与迁移是学术界"物竞天择、适者生存"丛林法则的体现，在遗传和变异的过程中，优良的知识基因得以保存，劣质基因及时淘汰，再不断地产生更有利于生存和发展的新"性状"和新"物种"，这是学者出于竞争压力而采取的应对之策，通过不断地调整他们自己的研究方向及其主题和内容，以使他们自己的研究工作始终保持良好的适应性和创新性，以便及时地跟进学科专业升级的节奏、更好地迎合社会需求的更新，同时也让他们自己在激烈的学术竞争中能够获得更大的发展机会。就本质而言，科学研究的继承性与创新性是学者研究兴趣演化与迁移的基本驱动力。研究兴趣的演化与迁移是"天择"

与个人选择共同作用的结果。"天择"规定了可供学者选择的基本空间,学者在此过程中也发挥着主观能动性,表现为乐趣、兴趣、志趣"三趣"融合。

### (五) 研究兴趣迁移是必要的且有益于学者学术生涯发展

若专,必定深;若深,必定广。学者专注于某个研究领域,且在某个时期内保持研究方向的稳定性,才能开展深入的研究;而深入的研究往往需要学者具备广博的知识,采用更宽广的视野和更多元的方法对该研究领域进行深耕。本书在实证部分发现杰出学者均拥有多元化的研究兴趣,不仅表现为历时维度上研究方向的不断迁移,还表现为共时维度上同时涉猎多个研究方向,从研究主题及内容来看,这些研究方向彼此关联、相互支撑,其目的都是能够更好地解决主线问题。此外,本书还定量考察了学者研究兴趣的迁移对学者科研生产力和学术影响力产生着积极的作用,迁移以后学者的发文量和被引频次会高于迁移之前的水平。可见,研究兴趣迁移是十分必要的,也有益于学者学术生涯的发展。

尽管如此,我们并不鼓励非必要的迁移,学者的研究兴趣仍然是在保持稳定的基础之上进行适时的迁移,而且每个研究方向的出现都与之前的方向保持着不同程度的关联性或连续性。在前面章节中我们曾以实证研究方式证实,学者研究兴趣的迁移次数及其呈现出的多元化研究方向,虽有利于提升科研生产力,却在一定程度上抑制了学术影响力。所以说,研究兴趣的频繁迁移不是必然有利于学术生涯发展的,若违背科学发展规律而恣意切换研究方向或者单凭个人乐趣凡事浅尝辄止,反而会使研究者迷失方向或者提前被淘汰。尤其是对于尚未明确研究兴趣的青年学者来说,在学术生涯初始阶段探寻研究方向的过程中既要保持定力,能够沉下心去钻研,而不盲目地追逐所谓的热度,又不能画地为牢,拒绝进行新的探索与尝试。

## 二 研究不足

### (一) 研究结果严重依赖自引数据质量

本书是从自引角度考察学者研究兴趣演化与迁移的，主要基于论文中自引数据的计量分析识别出学者的研究兴趣，并追踪研究兴趣演化与迁移的轨迹，所获得的结论与发现严重依赖于自引数据的质量与数量。实际上，自引与学者个人的引用习惯密切相关，有些学者更乐于接受自引，也有部分学者会排斥自引，这使得不同学者的自引率和自引比例存在着较大差别，这必将影响自引数据的数量和质量，从而对本书获得的结论和发现产生影响。此外，本书所采用的方案要求样本学者拥有一定数量的发文，并且拥有一定比例的自引，才能生成自引网络，并且呈现出聚类结构，不能适用于那些低发文低自引的学者。例如，我们在实证研究部分选择的147位新增院士中就有9位因论文中不存在自引而无法开展实证研究。当然，不当自引、过度自引的情况也会破坏研究结果的准确性。因此，本书在实证部分以院士作为样本学者，就是为了能够尽可能地保证自引数据的数量与质量，以便获得可靠的结论与发现。但是，必须肯定的是本书方案的设计、实施及其应用确实具有一定的局限性。

### (二) 实证研究样本的代表性相对有限

我们以2021年国内新晋院士为例开展实证研究，是基于学者的代表性、发文量、自引行为、年龄、学科等多种因素综合考虑和权衡以后所作出的相对合理的选择，希望以院士作为国内杰出学者的典型代表，从成功者身上发掘研究兴趣演化与迁移的共性特征和一般规律，从而为青年学者成长成才提供参考和借鉴。但是，以院士为例必然会引发大家关于样本是否具有广泛代表性的质疑，毕竟，那些处于学术金字塔顶端的院士是十万百万里挑一的成功者，固然可以作为榜样去激励普通学者，但是从他们身上获得的研究结论与发现是否适用于一般学者,仍需在后续研究中加以比较和证实。

### (三) 研究结果未经样本学者本人确认

本书在实证部分借助自引网络所识别出的研究方向及其演化与迁移轨迹,是否能够完整准确地表征样本学者的真实状况?尤其是对于研究兴趣迁移原因的分析,我们只是通过个人主页、各类成果、个人简历及媒体报道等途径获取学者的相关信息,比照研究兴趣演化与迁移的时间轨迹,归纳可能导致研究兴趣迁移的一般原因,尽管其间也咨询了具有相应学科背景的同行专家的意见和建议。但是因无法获得院士本人的配合,上述结果都是以间接方式获得的,缺乏第一手资料的支撑,也未能向样本学者本人进行访谈和确认,所以,研究结果的准确性还有待进一步验证。

## 三 研究展望

### (一) 自引分析结果与其他计量分析结果的比较

本书仅以自引数据为基础进行计量分析,揭示学者研究兴趣的演化与迁移,展示学者学术生涯的发展轨迹。本研究方案从一个新的视角来分析问题,但若以传统的分析手段,如通过他引数据同样可以构建(直接)引证网络、共被引网络、引文耦合网络等,以此来展现学者的研究脉络;再如,利用学者所发表的全部论文的关键词信息构建共词网络,同样可以描绘学者所从事研究工作的研究方法和知识结构。如此一来,自引分析的结果与传统的计量方法所获得的研究结果存在哪些异同?在后续研究中,针对同一组样本学者及其发文和引文数据开展实证研究,可以分别采用上述几种不同的计量方案,对获得的结论和发现进行横向比较,找出其相同和相异之处,进一步验证本书方案的合理性和有效性,也有助于发现本研究方案的问题和不足,并对其不断地修正和完善。此外，利用本研究方案获得的结果，与采用访谈法和传记法对学者的学术生涯进行如实记录和描绘所获得的结果是否相符？毕竟计量研究常受制于数据的可获得性、准确性与完整性，会导致研究结果的片面性和局限性。后续研究仍需要结合访谈法、个人传记、学者本人确认等方式来对计量分析的结果加以深化和拓展，深入挖掘隐藏在数据背后的动机与机理。

### （二）研究兴趣迁移对学者学术生涯的全方位影响

本书仅仅考察了研究兴趣的迁移对学者的发文量和被引量所产生的影响，在一定程度上证实了研究兴趣迁移所产生的部分影响，但是对学者的科研生产力和学术影响力以外的其他方面所产生的影响尚不得而知。后续研究需要关注研究兴趣迁移对于学者的科学交流模式可能产生的影响，例如，是否会对学者的合作伙伴及其合作关系、团队的规模和结构、学者的引用行为等产生影响；还需关注研究兴趣迁移对学者学术生涯变迁的影响，例如，是否会加速职称晋升和职业流动。研究兴趣迁移对学者学术生涯的各个方面是否会产生影响？是正向影响还是负向影响？影响程度如何？其影响是否会因人而异、因时而异？在后续研究中我们需要采用定量和定性相结合的方法对上述问题加以分析和解答，全方位地考察研究兴趣迁移对学者学术生涯的各个方面所带来的影响。回答上述问题，有助于我们更好地理解和把握研究兴趣的迁移规律以及学者在学术生涯中的成长轨迹，也能够给青年学者的成长提供更多更具参考价值的借鉴与启示。

### （三）深入剖析自引的知识交流机理

作者自引代表着一种特殊的知识交流模式，自引分析提供了一种新的视角和思路，在揭示科学交流模式和知识结构方面具有他引难以比拟的优势和特色。本书从自引的知识交流功能出发，仅将自引分析应用于考察学者研究兴趣的演化与迁移，并描绘学者学术生涯的发展轨迹，拓展了自引的功能价值和应用领域，并且初步证实了开发和利用自引的知识交流功能的可行性与有效性。未来仍需要进一步发掘自引的知识交流价值，拓展自引分析的应用领域，将自引分析更广泛地应用于科学交流、知识结构、学科交叉等的计量分析当中。引文分析从不缺少实证研究和量化分析，也不是更大规模的样本、更多学科的再检验就能解决问题的，真正缺少的是理论上的支撑和依据，所以，后续研究更应该关注数据背后的东西，强化关于作者自引以及自引分析的理论研究和基础研究。未来我们需要深入剖析自引的知识交流机理，搞清楚自引如何产生，又承载着何种知识，自引与知识扩散之间是何种关系，自引与他引在内容和形式上有何异同等问题，只有先理清这些问题才能认清规律、抓住本质，才能提出更科学有效的自引分析方案，并将其应用至更广泛的领域，解决更多的实际问题。此外，对自引之知识交流机理的研究，使大家能够摒弃对自引的偏见和误解，更为客观和理性地认识自引及其可能导致的影响。只有这样，才有可能开启自引研究的新阶段，而不至于长久陷入单纯质疑和简单检验的重复循环当中。

### （四）预测学者研究兴趣未来的演化趋向

本书提出的自引分析方案，仅仅是借助学者已有的发文和引文数据的计量分析，展示学者的学术生涯过去和当前所呈现出的特征与规律，我们能够从中看到学者过去和现在的研究兴趣是什么以及如何演化和迁移的。但是整个研究方案并不具备预测功能，在对研究结果进行分析时也没有涉及与预测相关的内容，我们并不知道学者的研究兴趣未来将会朝着什么方向演化，又会在不远的将来迁移至哪个新的研究方向上。在后续研究中，我们将进一步优化本研究方案，在原有的复杂网络分析、聚类分析、主题分析及时间线的基础之上，加入预测分析的内容，以弥补当前研究方案尚不能实现预测功能的缺憾。后续研究不仅要能够追踪学者研究兴趣在过去和当前的演化与迁移规律，还要能够判断出每位学者研究兴趣演化的基本趋向，预测出未来可能出现的新方向。当然，这需要我们对学者研究兴趣演化与迁移的机理和原因有更充分的认识，尽可能全面细致地找出其影响因素，再依据其作用机理，构建演化预测模型，预判学者未来的研究兴趣变化，富有前瞻性地规划与展望学者学术生涯的发展趋向。

综上所述，本书提出了自引分析的新方案，开辟了自引的新应用，从作者自引这一全新视角出发考察学者研究兴趣的演化与迁移，也获得了一定的结论与启示。尽管如此，科学计量的思想、方法和工具处于快速的发展变化当中，在三年多的课题研究周期内，图书情报学（2022年已更名为信息资源管理学）和科学计量学领域的发展和变化日新月异，新的理论和方法层出不穷，我们会尽力捕捉前沿动态，力求将新的东西融入研究过程中，但限于资源条件和时间精力，未能完全及时地跟进学科及同行们的前进步伐。加之本人的学识和水平有限，对于部分问题的研究还不够深入，研究中不免存在错漏和不妥之处，在后续研究时将予以纠正和完善。自引分析有着广阔的应用前景，学者研究兴趣的演化与迁移以及学者学术生涯的发展变迁涉及面十分广泛，内容也纷繁复杂，本书只是一次初步的尝试和探索，借以抛砖引玉，希望能够引发同行们对于自引之知识交流功能的关注与兴趣，也期待着该研究领域能够涌现出更多的新成果和新发现。

# 参考文献

## 中文

巴志超、李纲、朱世伟：《基于语义网络的研究兴趣相似性度量方法》，《现代图书情报技术》2016年第4期。

查颖：《H指数与论文自引——以图书情报领域中国学者为例》，《图书馆理论与实践》2008年第6期。

陈立雪、滕广青、吕晶等：《科研人员职业高峰前后的研究主题转换特征识别》，《图书情报工作》2021年第16期。

陈欣、詹建军、叶春森等：《基于高校科学数据生命周期的社会科学数据特征研究》，《情报科学》2021年第2期。

仇鹏飞、孙建军、闵超：《科学研究中的师承关系评述与思考》，《图书与情报》2018年第5期。

淳姣、姜晓、刘莹等：《国外应用访谈法研究引用动机进展及对我国学术评价的启示》，《图书馆论坛》2016年第3期。

崔红：《我国科技人员自引现象分析》，《情报理论与实践》1998年第3期。

戴世强：《吃着碗里的，看着锅里的——小议科研方向的转换》，《科技导报》2011年第19期。

邓大胜：《关于新时代人才强国战略的几点思考》，《中国科技人才》2022年第6期。

狄冬梅、潘奎龙、孙危：《科学计量视域下学者学术生涯解析研究》，《情报科学》2019年第8期。

# 参考文献

丁敬达、陈一帆：《专注—持续—延伸：基于主题的诺贝尔奖获得者研究模式探析——以物理学领域为例》，《图书馆杂志》2023年第8期。

董文慧、熊回香、杜瑾等：《基于学者画像的科研合作者推荐研究》，《数据分析与知识发现》2022年第10期。

段庆锋、汪雪锋：《项目资助与科学人才成长——基于国家自然科学基金与973计划的回溯性关联分析》，《中国科技论坛》2011年第11期。

方勇、邵振权、冯勇：《国家杰出青年科学基金项目负责人成长特征研究——基于学术生命周期理论与数据分析》，《中国高校科技》2021年第7期。

冯小东、武森、王佳晔：《基于作者引用文献关系的潜在研究兴趣主题发现》，《中国科技论文》2014年第1期。

高芳祎：《华人精英科学家成长过程特征及影响因素研究》，博士学位论文，华东师范大学，2015年。

高志、陈兰杰、张志强：《顶尖科学家的学术影响力变化规律研究进展》，《图书情报工作》2016年第6期。

高志、张志强：《杰出科学家的科研合作与学术影响力的关系研究——基于诺贝尔自然科学奖获得者的面板数据分析》，《图书情报工作》2021年第20期。

顾佳云、熊回香、肖兵：《虚拟学术社区中融合用户动态兴趣与社交关系的学者推荐研究》，《图书情报工作》2022年第11期。

关鹏、王曰芬：《学科领域生命周期中作者研究兴趣演化分析》，《图书情报工作》2016年第19期。

关翩翩、李敏：《生涯建构理论：内涵、框架与应用》，《心理科学进展》2015年第12期。

郭晓兰：《引文及其自引与伪引》，《现代情报》2004年第4期。

韩瑞珍、吴烨、杨思洛：《学术期刊自引率与自被引率指标的改进与结合分析》，《中国科技期刊研究》2023年第4期。

韩旭、李寒、张丽敏等：《基于学术行为的学者排名技术及实现》，《电脑知识与技术》2019年第26期。

郝珍明：《我国图书馆学学者文献利用的调查与分析》，《中国图书馆学报》1996年第6期。

侯剑华：《基于引文出版年光谱的引文分析理论历史根源探测》，《情报学报》2017年第2期。

胡承芳、李季、王春芳等：《基于画像技术的澜湄水资源合作领域专家库构建研究》，《长江技术经济》2021年第6期。

胡志伟、裴雷：《基于自述研究兴趣相似性网络的机构潜在合作关系挖掘——以国内图书情报与档案管理教育机构为例》，《知识管理论坛》2022年第2期。

黄丽华：《企业知识生态系统内生与外生协同机制研究》，《郑州航空工业管理学院学报》2014年第4期。

蒋承：《博士生学术职业期望的影响因素研究——一个动态视角》，《北京大学教育评论》2011年第3期。

蒋鸿标：《再谈学术论文中的引文问题——兼与马恒通先生商榷》，《情报杂志》2004年第1期。

蒋鸿标、罗健雄：《关于学术论文中的引文问题》，《图书情报知识》2002年第4期。

蒋颖、金碧辉、刘筱敏：《期刊论文的作者合作度与合作作者的自引分析》，《图书情报工作》2000年第12期。

金伟：《广义上的作者自引问题及其控制》，《辽宁师范大学学报》（自然科学版）2007年第2期。

瞿羽扬、周立军、杨静、许丹：《基于技术标准生命周期的移动通信产业演化路径》，《情报杂志》2021年第5期。

李纲、李岚凤、毛进等：《作者合著网络中研究兴趣相似性实证研究》，《图书情报工作》2015年第2期。

李纲、徐健、毛进等：《合著作者研究兴趣相似性分布研究》，《图书情报工作》2017年第6期。

李江：《基于引文的知识扩散研究评述》，《情报资料工作》2013年第4期。

李培挺：《中国管理哲学30年：学术轨迹、焦点透视与逻辑理路》，《哈尔滨师范大学社会科学学报》2011年第1期。

李品、杨建林：《大数据时代哲学社会科学学术成果评价：问题、策略及指标体系》，《图书情报工作》2018年第16期。

李睿、周维、王雪：《引文生态视角下标准必要专利的引文特征研究》，《情报学报》2018年第9期。

李昕雨、雷佳琪、步一：《我国图书情报学作者自引行为研究初探》，《图书情报工作》2022年第20期。

李岩、刘志辉、高影繁：《面向科研人员兴趣画像的多语作者主题模型研究》，《情报学报》2020年第6期。

李宇佳、王益成：《基于用户动态画像的学术新媒体信息精准推荐模型研究》，《情报科学》2022年第1期。

梁立明：《关于〈自然辩证法研究〉的文献计量学研究》，《自然辩证法研究》1992年第8期。

梁燕玲：《信念、兴趣与制度——论中国高等教育研究文化》，《现代大学教育》2006年第5期。

刘崇俊、王超：《科学精英社会化中的优势累积》，《科学学研究》2008年第4期。

刘桂琴：《基于作者自引的知识扩散分析》，《情报杂志》2018年第7期。

刘盛博、丁堃、张春博：《引文分析的新阶段：从引文著录分析到引用内容分析》，《图书情报知识》2015年第3期。

罗式胜：《自引类型与分析》，《情报科学》1984年第3期。

马慧芳、胡东林、刘宇航等：《融合作者合作强度与研究兴趣的合作者推荐》，《计算机工程与科学》2021年第10期。

欧桂燕、岳名亮、吴江等：《杰出青年科研人员学术职业生涯科研合作特征演变分析——以化学领域为例》，《情报学报》2021年第7期。

钱厚诚：《哈贝马斯的知识类型观》，《南京航空航天大学学报》（社会科学版）2006年第3期。

秦成磊、章成志：《大数据环境下同行评议面临的问题与对策》，《情报理论与实践》2021年第4期。

邱均平：《科学文献自引的统计与分析》，《情报学刊》1989年第6期。

屈卫群：《国内图书情报学文献中的自引研究》，《情报理论与实践》1997年第6期。

荣国阳、李长玲、范晴晴等：《基于生命周期理论的跨学科知识生长点识别——以引文分析领域为例》，《情报理论与实践》2022年第6期。

盛怡瑾：《用户画像技术在学术期刊审稿人遴选中的应用》，《出版发行研究》2018年第8期。

石湘、刘萍：《学者研究兴趣识别综述》，《数据分析与知识发现》2022年第4期。

史庆伟、李艳妮、郭朋亮：《科技文献中作者研究兴趣动态发现》，《计算机应用》2013年第11期。

史庆伟、乔晓东、徐硕等：《作者主题演化模型及其在研究兴趣演化分析中的应用》，《情报学报》2013年第9期。

舒非、邱均平：《我国国际论文的真实影响力分析》，《中国图书馆学报》2022年第1期。

宋旭红、沈红：《学术职业发展中的学术声望与学术创新》，《科学学与科学技术管理》2008年第8期。

苏振芳：《论兴趣的方法论意义》，《福建师范大学学报》（哲学社会科学版）1996年第4期。

孙红梅、刘荣、米然等：《学术与评审：学术论文评审的演变及专家画像定量化指标的构建》，《中国科技期刊研究》2021年第11期。

孙赛美、林雪琴、彭博等：《一种基于信任度和研究兴趣的学者推荐方法》，《计算机与数字工程》2019年第3期。

王崇德：《科技文献的自引》，《情报学刊》1984年第1期。

王东、李青、张志刚等：《科研人员画像构建方法研究》，《情报学报》2022年第8期。

王露、乐小虬：《科技论文引用内容分析研究进展》，《数据分析与知识发现》2022年第4期。

王妞妞、熊回香、刘梦豪等：《基于多维决策属性的科研合作者推荐研究》，《情报科学》2022年第7期。

王仁武、张文慧：《学术用户画像的行为与兴趣标签构建与应用》，《现代情报》2019年第9期。

王双、赵筱媛、潘云涛等：《学术谱系视角下的科技人才成长研究——以图灵奖人工智能领域获奖者为例》，《情报学报》2018年第12期。

王天玉：《从黄淑娉教授的学术生涯看杰出女性学者的个人发展与成长规律》，《青海民族大学学报》（社会科学版）2020年第1期。

王喜玮、王煦法：《一种利用作者兴趣构建博客圈的方法》，《小型微型计算机系统》2009年第12期。

王向朝：《现行科研评价体系促生"短平快"行为》，《人民日报》2016年5月10日第20版。

王妍：《基于学者研究方向的科技论文推荐方法研究》，硕士学位论文，西安理工大学，2022年。

王永贵、张旭、任俊阳等：《结合微博关注特性的UF_AT模型用户兴趣挖掘研究》，《计算机应用研究》2015年第7期。

温芳芳：《期刊自引的知识扩散速度研究——基于自引与他引的引用延时比较》，《情报杂志》2020年第4期。

温芳芳：《自引研究综述：科学评价与科学交流中的质疑、求证与创新》，《图书情报工作》2019年第21期。

吴肃然、李名荟：《扎根理论的历史与逻辑》，《社会学研究》2020年第2期。

吴晓东：《诺贝尔生理学或医学奖得主的创造峰值年龄研究》，《中国科学院院刊》2009年第6期。

吴志祥、苏新宁：《国际顶级学术期刊〈Nature〉的发展轨迹及启示》，

《图书与情报》2015 年第 1 期。

武夷山：《文献引用的可控与不可控》，《科技导报》2008 年第 4 期。

夏义堃、管茜：《基于生命周期的生命科学数据质量控制体系研究》，《图书与情报》2021 年第 3 期。

向飒、杨媛媛：《基于用户画像的学术期刊精准化知识服务策略》，《科技与出版》2021 年第 2 期。

谢守美：《企业知识生态系统的稳态机制研究》，《图书情报工作》2010 年第 16 期。

谢珍、马建霞、胡文静：《多维度个人学术轨迹绘制与分析》，《数据分析与知识发现》2023 年第 2 期。

熊春茹：《参考文献自引评价指标的探讨》，《中国科技期刊研究》2002 年第 6 期。

熊回香、唐明月、叶佳鑫等：《融合加权异质网络与网络表示学习的学术信息推荐研究》，《现代情报》2023 年第 5 期。

熊回香、杨雪萍、蒋武轩等：《基于学术能力及合作关系网络的学者推荐研究》，《情报科学》2019 年第 5 期。

徐光宇：《中美地震学核心期刊文献近期引文特征分析比较》，《情报科学》1994 年第 4 期。

徐鸿飞、王海燕、缪宏建等：《科技论文中十对参考文献的正确引用》，《中国科技期刊研究》2003 年第 3 期。

徐健、毛进、叶光辉等：《基于核心作者研究兴趣相似性网络的社群隶属研究——以国内情报学领域为例》，《图书情报工作》2018 年第 12 期。

阎光才：《年龄变化与学术职业生涯展开的轨迹》，《高等教育研究》2014 年第 2 期。

杨梦婷、熊回香、肖兵等：《基于动态特征的学者推荐研究》，《情报理论与实践》2022 年第 4 期。

杨思洛：《引文分析存在的问题及其原因探究》，《中国图书馆学报》2011 年第 3 期。

姚建文、黄筱玲、吴丽萍：《论去除论文引用泡沫——基于客观公正评价科技人才的视角》，《情报理论与实践》2013 年第 8 期。

姚凯：《全方位培养和用好青年科技人才》，《中国党政干部论坛》2023 年第 9 期。

姚诗煌：《科学与兴趣》，《科学学与科学技术管理》1980 年第 1 期。

尹莉、邓红梅：《自引的新评价——引用极性、引用位置和引用密度的视角》，《情报杂志》2019 年第 9 期。

余传明、左宇恒、郭亚静等：《基于复合主题演化模型的作者研究兴趣动态发现》，《山东大学学报》（理学版）2018 年第 9 期。

袁润、王琦：《学术博客用户画像模型构建与实证——以科学网博客为例》，《图书情报工作》2019 年第 22 期。

苑彬成、方曙、刘清等：《国内外引文分析研究进展综述》，《情报科学》2010 年第 1 期。

岳泉：《三种情报学期刊的发文及其引文比较研究》，《情报杂志》1999 年第 2 期。

张冰冰、姚聪莉、张雪儿：《"双一流"高校博士延期毕业有损其长期学术生产力吗？》，《研究生教育研究》2022 年第 5 期。

张海齐：《从文献引文研究科学论文作者的文献利用》，《情报学刊》1992 年第 3 期。

张磊、张之沧：《兴趣与科学》，《洛阳师范学院学报》2010 年第 4 期。

张莉曼、张向先、吴雅威等：《基于小数据的社交类学术 App 用户动态画像模型构建研究》，《图书情报工作》2020 年第 5 期。

张丽华、吉璐、陈鑫：《科研人员职业生涯学术表现的差异性研究》，《科研管理》2021 年第 5 期。

张丽华、张康宁、赵迎光等：《科研人员职业生涯学术论文相似度及其对被引频次的影响分析》，《情报学报》2022 年第 8 期。

张燕、赵婉忻、董凯：《基于他引频次和贡献率的学者影响力评价》，《情报理论与实践》2021 年第 10 期。

张洋、林宇航、侯剑华：《基于融合数据和生命周期的技术预测方法：以病毒核酸检测技术为例》，《情报学报》2021 年第 5 期。

赵万里、付连峰：《科学中的优势积累：经验检验与理论反思》，《科学与社会》2014 年第 2 期。

赵越、肖仙桃：《基于生命周期理论的科研人员学术生涯特征及影响因素分析》，《知识管理论坛》2017 年第 2 期。

朱大明：《基金论文与非基金论文作者自引对比分析》，《编辑学报》2009 年第 3 期。

朱大明：《某作者多篇文献同被引现象简析》，《编辑学报》2012 年第 1 期。

朱大明：《他引或自引：关键是学术诚信》，《科技导报》2008 年第 16 期。

朱大明：《作者自引与其技术职称的相关性分析》，《中国科技期刊研究》2008 年第 1 期。

朱诗勇：《科学根本动力：理论兴趣还是实用精神？——兼论中国古代科学的文化之根》，《陕西行政学院学报》2009 年第 2 期。

子元：《广泛的兴趣与科学创造》，《医学与哲学》1980 年第 1 期。

[德] 韦伯：《学术与政治——韦伯的两篇演说》，冯克利译，生活·读书·新知三联书店 2005 年版。

[法] 皮埃尔·布尔迪厄：《科学的社会用途——写给科学场的临床社会学》，刘成富、张艳译，南京大学出版社 2005 年版。

## 外文

Aksnes, D. W., "A Macro Study of Self-Citation", *Scientometrics*, Vol. 56, No. 2, 2003.

Amjad, T., Daud, A., Song, M., "Measuring the Impact of Topic Drift in Scholarly Networks", *Companion Proceedings of the Web Conference*, 2018.

Arroyo-Machado, W., Torres-Salinas, D., Robinson-García, N., "Identifying and Characterizing Social Media Communities: A Socio-Semantic Network Approach to Altmetrics", *Scientometrics*, Vol. 126, No. 11, 2021.

Azoulay, P., Graff Zivin, J. S., Manso, G., "Incentives and Creativity: Evidence from the Academic Life Sciences", *The Rand Journal of Economics*, Vol. 42, No. 3, 2011.

Bakare, V., Lewison, G., "Country Over-Citation Ratios", *Scientometrics*, Vol. 113, No. 2, 2017.

Bandura, A., "Social Cognitive Theory: An Agentic Perspective", *Annual Review of Psychology*, Vol. 52, No. 1, 2001.

Bartneck, C., Kokkelmans, S., "Detecting H-Index Manipulation through Self-Citation Analysis", *Scientometrics*, Vol. 87, No. 1, 2011.

Blei, D. M., Ng, A. Y., Jordan, M. I., "Latent Dirichlet Allocation", *Journal of Machine Learning Research*, No. 3, 2003.

Blei, D. M., *Probabilistic Models of Text and Images*, Berkeley: University of California Press, 2004.

Bonzi, S., Snyder, H., "Motivations for Citation: A Comparison of Self-Citation and Citation to Others", *Scientometrics*, Vol. 21, No. 2, 2005.

Bookstein, A., Yitzhaki, M., "Own-Language Preference: A New Measure of Relative Language Self-Citation", *Scientometrics*, Vol. 46, No. 2, 1999.

Boothby, C., Milojevi, S., "An Exploratory Full-Text Analysis of Science Careers in a Changing Academic Job Market", *Scientometrics*, Vol. 126, No. 5, 2021.

Brogaard, J., Engelberg, J., Van Wesep, E., "Do Economists Swing for the Fences after Tenure?", *Journal of Economic Perspectives*, Vol. 32, No. 1, 2018.

Brown, C. J. R., "A Simple Method for Excluding Self-Citation from the H-Index: The B-Index", *Online Information Review*, Vol. 33, No. 6, 2009.

Bruce, H. W., "A Cognitive View of the Situational Dynamism of User-Centered Relevance Estimation", *Journal of the American Society for Information Science*, Vol. 45, No. 3, 1994.

Bulut, B., Kaya, B., Alhajj, R., et al., "A Paper Recommendation System Based on User's Research Interests", 2018 *IEEE/ACM International Conference on Advances in Social Networks Analysis and Mining (ASONAM)*, 2018.

Carley, S., Porter, L. A. Youtie, J., "Toward a More Precise Definition of Self-Citation", *Scientometrics*, Vol. 94, No. 2, 2013.

Chaiwanarom, P., Lursinsap, C., "Collaborator Recommendation in Interdisciplinary Computer Science Using Degrees of Collaborative Forces, Temporal Evolution of Research Interest, and Comparative Seniority Status", *Knowledge-Based Systems*, No. 75, 2015.

Clarage, J., "The Fuzzy Image", *Journal of Structural Biology*, Vol. 200, No. 3, 2017.

Copiello, S., "Research Interest: Another Undisclosed (And Redundant) Algorithm by Researchgate", *Scientometrics*, Vol. 120, No. 1, 2019.

Costas, R., Leeuwen, V. T., Bordons, M., "Self-Citations at the Meso and Individual Levels: Effects of Different Calculation Methods", *Scientometrics*, Vol. 82, No. 3, 2010.

Cronin, B., Shaw, D., "Identity-Creators and Image-Makers: Using Citation Analysis and Thick Description to Put Authors in Their Place", *Scientometrics*, Vol. 54, No. 1, 2002.

Daud, A., "Using Time Topic Modeling for Semantics-Based Dynamic Research Interest Finding", *Knowledge-Based Systems*, No. 26, 2011.

Diana, H., Paul, W., Ludo, W., et al., "Bibliometrics: The Leiden Manifesto for Research Metrics", *Nature*, Vol. 520, No. 7548, 2015.

Diprete, A. T., Eirich, M. G., "Cumulative Advantage as a Mechanism for Inequality: A Review of Theoretical and Empirical Developments", *Annual*

*Review of Sociology*, Vol. 32, No. 1, 2006.

Earle, P., Vickery, B., "Social Science Literature Use in the UK as Indicated by Citation", *Journal of Documentation*, Vol. 25, No. 2, 1969.

Egghe, L., Rousseau, R., Yitzhaki, M., "The 'Own-Language Preference': Measures of Relative Language Self-Citation", *Scientometrics*, Vol. 45, No. 2, 1999.

Fan, D., Lo, C. K. Y., Ching, V., et al., "Occupational Health and Safety Issues in Operations Management: A Systematic and Citation Network Analysis Review", *International Journal of Production Economics*, No. 158, 2014.

Fay, R. R., Coombs, S., Popper, A. N., "The Career and Research Contributions of Richard R. Fay", *The Journal of the Acoustical Society of America*, Vol. 153, No. 2, 2023.

Foster, J. G., Rzhetsky, A., Evans, J. A., "Tradition and Innovation in Scientists' Research Strategies", *American Sociological Review*, Vol. 80, No. 5, 2015.

Fowler, J., Aksnes, D., "Does Self-Citation Pay?", *Scientometrics*, Vol. 72, No. 3, 2007.

Garfield, E., "Historiographic Mapping of Knowledge Domains Literature", *Journal of Information Science*, Vol. 30, No. 2, 2004.

Garfield, E., "Journal Citation Studies XVII: Journal Self-Citation Rates—There Is a Difference", *Essays of An Information Scientist*, Vol. 52, No. 2, 1974.

Garfield, E., "Mapping the Output of Topical Searches in the Web of Knowledge and the Case of Watson-Crick", *Information Technology and Libraries*, Vol. 22, No. 4, 2003.

Garfield, E., Merton, R. K., *Citation Indexing: Its Theory and Application in Science, Technology, and Humanities*, New York: Wiley Press, 1979.

Gazni, A., Didegah, F., "Investigating Different Types of Research Collaboration and Citation Impact: A Case Study of Harvard University's Publications", *Scientometrics*, Vol. 87, No. 2, 2011.

Gingras, Y., Larivière, V., Macaluso, B., et al., "The Effects of Aging on Researchers' Publication and Citation Patterns", *Plos One*, 2008.

Glänzel, W., Bart, T., Balázs, S., "A Bibliometric Approach to the Role of Author Self-Citations in Scientific Communication", *Scientometrics*, Vol. 59, No. 1, 2004.

Glänzel, W., Thijs, B., "Does Co-Authorship Inflate the Share of Self-Citations?", *Scientometrics*, Vol. 61, No. 3, 2004.

Glänzel, W., Thijs, B., "The Influence of Author Self-Citations on Bibliometric Macro Indicators", *Scientometrics*, Vol. 59, No. 3, 2004.

Glänzel, R. H., "Assessing Author Self-Citation as a Mechanism of Relevant Knowledge Diffusion", *Scientometrics*, Vol. 111, No. 3, 2017.

Gross, P. L. K., Gross, E. M., "College Libraries and Chemical Education", *Science*, Vol. 66, No. 1713, 1927.

Guan, P., Wang, Y., "Personalized Scientific Literature Recommendation Based on User's Research Interest", 2016 *12th International Conference on Natural Computation, Fuzzy Systems and Knowledge Discovery (LCNC-FSKD)*, 2016.

Hans, H., "The San Francisco Declaration on Research Assessment", *The Journal of Experimental Biology*, Vol. 216, No. 12, 2013.

Hartley, J., "To Cite Or Not to Cite: Author Self-Citations and the Impact Factor", *Scientometrics*, Vol. 92, No. 2, 2011.

Hellsten, I., Lambiotte R, Scharnhorst A, et al., "Self-Citations, Co-Authorships and Keywords: A New Approach to Scientists' Field Mobility?", *Scientometrics*, Vol. 72, No. 3, 2007.

Herbertz, H., "Does it Pay to Cooperate? A Bibliometric Case Study in Molecular Biology", *Scientometrics*, Vol. 33, No. 1, 1995.

Hirsch, J., "An Index to Quantify an Individual's Scientific Research Output that Takes into Account the Effect of Multiple Co-Authorship", *Scientometrics, Vol. 85, No. 3, 2010.

Holland, J. L., "Making Vocational Choices: A Theory of Vocational Personalities and Work Environments", *Psychological Assessment Resources*, No. 5, 1997.

Huang, L., Chen, X., Zhang, Y., et al., "Dynamic Network Analytics for Recommending Scientific Collaborators", *Scientometrics*, Vol. 126, 2021.

Huang, Mh., Lin, C. W. Y., et al., "The Influence of Journal Self-Citations on Journal Impact Factor and Immediacy Index", *Online Information Review*, Vol. 36, No. 5, 2012.

Huang, M. H., Lin, C. W. Y., "Probing the Effect of Author Self-Citations on H Index: A Case Study of Environmental Engineering", *Journal of Information Science*, Vol. 37, No. 5, 2011.

Hung, C., Chi, Y. L., Chen, T. Y., "An Attentive Self-Organizing Neural Model for Text Mining", *Expert Systems with Applications*, Vol. 36, No. 3, 2009.

Huston, S. R., "Self-Citations in Archaeology: Age, Gender, Prestige, and the Self", *Journal of Archaeological Method and Theory*, Vol. 13, No. 1, 2006.

Hu, Z., Chen, C., Liu, Z., "How Are Collaboration and Productivity Correlated at Various Career Stages of Scientists?", *Scientometrics*, Vol. 101, 2014.

Hyland, K., "Humble Servants of the Discipline? Self-Mention in Research Articles", *English for Specific Purposes*, Vol. 20, No. 3, 2001.

Hyland, K., Jiang, F., "Changing Patterns of Self-Citation: Cumulative Inquiry Or Self-Promotion?", *Text & Talk*, Vol. 38, No. 3, 2018.

Jaric, I., Correia, R. A., Roberts, D. L., et al., "On the Overlap between Scientific and Societal Taxonomic Attentions—Insights for Conservation", *Science of the Total Environment*, Vol. 648, 2019.

Jarvenpaa, S., Staples, D., "The Use of Collaborative Electronic Media for Information Sharing: An Exploratory Study of Determinants", *Journal of Strategic Information Systems*, Vol. 9, No. 2, 2000.

Jeong, Y. S., Lee, S. H., Gweon, G., "Discovery of Research Interests of Authors over Time Using a Topic Model", 2016 *International Conference on Big Data and Smart Computing (Big Comp)*, 2016.

Jia, T., Wang, D. S., Szymanski, B. K., "How Innovators Choose Their Next Career Move", http://arxiv.org/abs/1709.03319, 2017.

Jia, T., Wang, D., Szymanski, K. B., "Quantifying Patterns of Research-Interest Evolution", *Nature Human Behaviour*, Vol. 1, No. 4, 2017.

Jung, S., Yoon, W. C., "An Alternative Topic Model Based on Common Interest Authors for Topic Evolution Analysis", *Journal of Informetrics*, Vol. 14, No. 3, 2020.

Kamsiang, N., Senivongse, T., "Identifying Common Research Interest through Matching of Ontological Research Profiles", *Proceedings of the World Congress on Engineering and Computer Science*, 2012.

Kanfer, R., "Motivation Theory and Industrial and Organizational Psychology", *Handbook of Industrial and Organizational Psychology*, Vol. 1, No. 2, 1990.

Kawamae, N., "Author Interest Topic Model", *Proceedings of the 33Rd International ACM SIGIR Conference on Research and Development in Information Retrieval*, 2010.

Kelly, D. C., Jennions, D. M., "The H Index and Career Assessment by Numbers", *Trends in Ecology Evolution*, Vol. 21, No. 4, 2006.

Kenekayoro, P., Buckley, K., Thelwall, M., "Clustering Research Group Website Homepages", *Scientometrics*, No. 102, 2015.

König, C. J., Fell, C. B., Kellnhofer, L., et al., "Are There Gender Differences among Researchers from Industrial Organizational Psychology?", *Scientometrics*, Vol. 105, 2015.

Kong, X., Jiang, H., Wang, W., et al., "Exploring Dynamic Research Interest and Academic Influence for Scientific Collaborator Recommendation", *Scientometrics*, Vol. 113, 2017.

Korman, A. K., "Hypothesis of Work Behavior Revisited and an Extension", *Academy of Management Review*, Vol. 1, No. 1, 1976.

Kyvik, S., "Age and Scientific Productivity: Differences between Fields of Learning", *Higher Education*, Vol. 19, No. 1, 1990.

Ladle, R. J., Todd, P. A., Malhado, A. C. M., "Assessing Insularity in Global Science", *Scientometrics*, Vol. 93, No. 3, 2012.

Larcombe, A. N., Voss, S. C., "Self-Citation: Comparison between Radiology, European Radiology and Radiology for 1997 – 1998", *Scientometrics*, Vol. 87, No. 2, 2010.

Lawani, S. M., "On the Heterogeneity and Classification of Author Self-Citations", *Journal of the American Society for Information Science*, Vol. 33, No. 5, 1982.

Lee, J. Y., "Exploring a Researcher's Personal Research History through Self-Citation Network and Citationidentity", *Journal of the Korean Society for Information Management*, Vol. 29, No. 1, 2012.

Liu, Y., Rousseau, R., "Interestingness and the Essence of Citation", *Journal of Documentation*, Vol. 69, No. 4, 2013.

Macroberts, M. H., Macroberts, B. R., "Problems of Citation Analysis: A Critical Review", *Journal of the American Society for Information Science*, Vol. 40, No. 5, 1989.

Macskassy, S. A., "Leveraging Contextual Information to Explore Posting and Linking Behaviors of Bloggers", 2010 *International Conference on Advances in Social Networks Analysis and Mining*, 2010.

Makarov, I., Gerasimova, O., Sulimov, P., et al., "Dual Network Embedding for Representing Research Interests in the Link Prediction Problem on Co-Authorship Networks", *PeerJ Computer Science*, No. 5, 2019.

Morgan, A. C., Way, S. F., Hoefer, M. J. D., et al., "The Unequal Impact of Parenthood in Academia", *Science Advances*, Vol. 7, No. 9, 2021.

Morgenroth, T., "The Who, When, and Why of the Glass Cliff Phenomenon: A Meta-Analysis of Appointments to Precarious Leadership Positions", *Psychological Bulletin*, Vol. 146, No. 9, 2020.

Mubin, O., Arsalan, M., Mahmud, A., "Tracking the Follow-Up of Work in Progress Papers", *Scientometrics*, Vol. 114, No. 3, 2018.

Nishizawa, H., Katsurai, M., Ohmukai, I., et al., "Measuring Researcher Relatedness with Changes in Their Research Interests", 2018 *Asia-Pacific Signal and Information Processing Association Annual Summit and Conference (APSIPA ASC)*, 2018.

Opthof, T., "Inflation of Impact Factors by Journal Self-Citation in Cardiovascular Science", *Netherlands Heart Journal*, Vol. 21, No. 4, 2013.

Petersen, A. M., Riccaboni, M., Stanley, H. E., et al., "Persistence and Uncertainty in the Academic Career", *Proceedings of the National Academy of Sciences*, Vol. 109, No. 14, 2012.

Pichappan, P., Sarasvady, S., "The Other Side of the Coin: The Intricacies of Author Self-Citations", *Scientometrics*, Vol. 54, No. 2, 2002.

Pramanik, S., Gora, S. T., Sundaram, R., et al., "On the Migration of Researchers across Scientific Domains", *Proceedings of the International AAAI Conference on Web and Social Media*, No. 13, 2019.

Pór, G., Molloy, J., "Nurturing Systemic Wisdom through Knowledge Ecology", *The Systems Thinker*, Vol. 11, No. 8, 2000.

Price, D. J., "Networks of Scientific Papers: The Pattern of Bibliographic References Indicates the Nature of the Scientific Research Front", *Science*, Vol. 149, No. 3683, 1965.

Purwitasari, D., Fatichah, C., Sumpeno, S., et al., "Identifying Collaboration Dynamics of Bipartite Author-Topic Networks with the Influences of Interest Changes", *Scientometrics*, Vol. 122, 2020.

Reimers, N., Gurevych, L., "Sentence-Bert: Sentence Embeddings Using Siamese Bert-Networks", 2019 *Conference on Empirical Methods in Natural Language Processing and the 9th Intenational Joint Coference on Natural Language Processing*, 2019.

Rosen-Zvi, M., Chemudugunta, C., Griffiths, T., et al., "Learning Author-Topic Models from Text Corpora", *ACM Transactions on Information Systems (Tois)*, Vol. 28, No. 1, 2010.

Rousseau, R., "Temporal Differences in Self-Citation Rates of Scientific Journals", *Scientometrics*, Vol. 44, No. 3, 2006.

Ruan, W., Hou, H., Hu, Z., "Detecting Dynamics of Hot Topics with Alluvial Diagrams: A Timeline Visualization", *Journal of Data and Information Science*, Vol. 2, No. 3, 2017.

Sabharwal, M., "Comparing Research Productivity across Disciplines and Career Stages", *Journal of Comparative Policy Analysis: Research and Practice*, Vol. 15, No. 2, 2013.

Sateli, B., Löffler, F., König-Ries, B., et al., "ScholarLens: Extracting Competences from Researchpublications for the Automatic Generation of Semantic User Profiles", *PeerJ Computer Science*, No. 3, 2017.

Savickas, M. L., "The Theory and Practice of Career Construction", *Career Development and Counseling: Putting Theory and Research to Work*, No. 1, 2005.

Schreiber, M., "A Case Study of the Hirsch Index for 26 Non-Prominent Physicists", *Annalen Der Physik*, Vol. 519, No. 9, 2007.

Schreiber, M., "Self-Citation Corrections for the Hirsch Index", *Europhysics Letters*, Vol. 78, No. 3, 2007.

Schreiber, M., "The Influence of Self-Citation Corrections on Egghe's G-Index", *Scientometrics*, Vol. 76, No. 1, 2008.

Schubert, A., Glänzel, W., Thijs, B., "The Weight of Author Self-Citations. a Fractional Approach to Self-Citation Counting", *Scientometrics*, Vol. 67, No. 3, 2006.

Seidel, S., Urquhart, C., "On Emergence and Forcing in Information Systems Grounded Theory Studies: The Case of Strauss and Corbin", *Journal of Information Technology*, Vol. 28, No. 3, 2013.

Shan, T. A., Gul, S., Gaur, R. C., "Authors Self-Citation Behavior in the Field of Library and Information Science", *Aslib Journal of Information Management*, Vol. 67, No. 4, 2015.

Shehatta, L., Al-Rubaish, A. M., "Impact of Country Self-Citations on Bibliometric Indicators and Ranking of Most Productive Countries", *Scientometrics*, Vol. 120, No. 2, 2019.

Shu, F., Larivière, V., "Chinese-Language Articles Are Biased in Citations", *Journal of Informetrics*, Vol. 9, No. 3, 2015.

Sinatra R., Deville P., Szell M., et al., "A Century of Physics", *Nature Physics*, Vol. 11, No. 10, 2015.

Sinatra, R., Wang, D., Deville, P., et al., "Quantifying the Evolution of Individual Scientific Impact", *Science*, Vol. 354, No. 6312, 2016.

Snyder, H., Bonzi, S., "Patterns of Self-Citation across Disciplines (1980 – 1989)", *Journal of Information Science*, Vol. 24, No. 6, 1998.

Sugimoto, C. R., Sugimoto, T. J., Tsou, A., et al., "Age Stratification and Cohort Effects in Scholarly Communication: A Study of Social Sciences", *Scientometrics*, Vol. 190, No. 2, 2016.

Su, R., Tay, L., Liao, H. Y., et al., "Toward a Dimensional Model of Vocational Interests", *The Journal of Applied Psychology*, Vol. 104, No. 5, 2019.

Thijs, B., Glänzel, W., "The Influence of Author Self-Citations on Bibliometric Meso-Indicators: The Case of European Universities", *Scientomet-*

rics, Vol. 66, No. 1, 2006.

Vîiu, G., "A Theoretical Evaluation of Hirsch-Type Bibliometric Indicators Confronted with Extreme Self-Citation", *Journal of Informetrics*, Vol. 10, No. 2, 2016.

Wacquant, L. J. D., Bourdieu, P., *An Invitation to Reflexive Sociology*, Cambridge: Polity Press, 1992.

Way, S. F., Morgan, A. C., Larremore, D. B., et al., "Productivity, Prominence, and the Effects of Academic Environment", *Proceedings of the National Academy of Sciences*, Vol. 116, No. 22, 2019.

Weng, Q., Mcelroy, C. J., "Organizational Career Growth, Affective Occupational Commitment and Turnover Intentions", *Journal of Vocational Behavior*, Vol. 80, No. 2, 2012.

Weng, S. S., Hsu, H. W., "The Study of Predicting Social Topic Trends", *Advances in E-Business Engineering for Ubiquitous Computing: Proceedings of the 16th International Conference on E-Business Engineering (Icebe 2019)*, 2020.

West, J. D., Jacquet, J., King, M. M., et al., "The Role of Gender in Scholarly Authorship", *Plos One*, Vol. 8, No. 7, 2013.

Wojick, D. E., Warnick, W. L., Carroll, B. C., et al., "The Digital Road to Scientific Knowledge Diffusion", *D-Lib Magazine*, Vol. 12, No. 6, 2006.

Wolfgang, G., Bart, T., Balázs, S., "A Bibliometric Approach to the Role of Author Self-Citations in Scientific Communication", *Scientometrics*, Vol. 59, No. 1, 2004.

Xi, X. W., Wei, J., Guo, Y., et al., "Academic Collaborations: A Recommender Framework Spanning Research Interests and Network Topology", *Scientometrics*, Vol. 127, No. 11, 2022.

Xu, S., Li, L., An, X., "Do Academic Inventors Have Diverse Interests?", *Scientometrics*, Vol. 128, No. 2, 2023.

Yitzhaki, M., "The 'Language Preference' in Sociology: Measures of Language Self-Citation, Relative Own-Language Preference Indicator, and Mutual Use of Languages", *Scientometrics*, Vol. 41, No. 1, 1998.

Yu, D., Shi, S., "Researching the Development of Atanassov Intuitionistic Fuzzy Set: Using a Citation Network Analysis", *Applied Soft Computing*, No. 32, 2015.

Zeng, A., Shen, Z., Zhou, J., et al., "Increasing Trend of Scientists to Switch between Topics", *Nature Communications*, Vol. 10, No. 1, 2019.

Zhang, W., Liang, Y., Dong, X., "Representation Learning in Academic Network Based on Research Interest and Meta-Path", *Knowledge Science, Engineering and Management: 12th International Conference*, 2019.

Zhao, Z., Chen, H., Zhang, J., et al., "Uer: An Open-Source Toolkit for Pre-Training Models", *2019 Conference on Empirical Methods in Natural Language Processing and the 9th International Joint Conference on Natural Language Processing*, 2019.

Zhivotovsky, A. L., Krutovsky, V. K., "Self-Citation Can Inflate H-Index", *Scientometrics*, Vol. 77, No. 2, 2008.

Zhou, L., Amadi, U., Zhang, D., "Is Self-Citation Biased? An Investigation via the Lens of Citation Polarity, Density, and Location", *Information Systems Frontiers*, Vol. 22, 2020.

Zhu, Y., Quan, L., Chen, P. Y., et al., "Predicting Coauthorship Using Bibliographic Network Embedding", *Journal of the Association for Information Science and Technology*, Vol. 74, No. 4, 2023.

Zuckerman, H., Cole, J. R., "Women in American Science", *Minerva*, Vol. 3, No. 1, 1975.